油田企业HSE培训教材

陆上采油

总主编　卢世红

主　编　赵　勇　黄日成

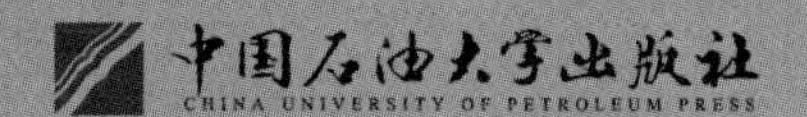

图书在版编目(CIP)数据

陆上采油 / 赵勇，黄日成主编. — 东营 ：中国石油大学出版社，2015.8

中国石化油田企业 HSE 培训教材 / 卢世红总主编

ISBN 978-7-5636-4854-2

Ⅰ. ①陆… Ⅱ. ①赵… ②黄… Ⅲ. ①石油开采—技术培训—教材 Ⅳ. ①TE35

中国版本图书馆 CIP 数据核字(2015)第 187914 号

丛 书 名：中国石化油田企业 HSE 培训教材
书　　名：陆上采油
总 主 编：卢世红
主　　编：赵　勇　黄日成

责任编辑：方　娜(电话 0532—86983560)
封面设计：赵志勇

出 版 者：中国石油大学出版社(山东 东营　邮编 257061)
网　　址：http://www.uppbook.com.cn
电子信箱：fangna8933@126.com
印 刷 者：沂南县汶凤印刷有限公司
发 行 者：中国石油大学出版社(电话 0532—86983560,86983437)
开　　本：170 mm×230 mm　印张:25.25　字数:480 千字
版　　次：2016 年 5 月第 1 版第 1 次印刷
定　　价：65.00 元

编审人员

总 主 编 卢世红

主　　编 赵　勇　黄日成

副 主 编 谢文献　李增强　王欣辉　李安星　付路长　冯胜利　李健康　刘召海　段崇聚　黄　东

编写人员 王树山　姜　军　卞海霞　张　鹏　岩　征　刘鲁宁　崔传智　陈团海　朱　渊　樊冬艳　谭小平　朱月萍　董玉红　张廷野　姜道军　吴　娟　张得军　刘莲萍　韩鲁平　臧冬冬　李永强　刘　涛　韩守刚　郭立谦　冯新永　张代红　王　莲　卜春霞　裴　佩　张宝胄　耿子斌

审定人员 （按姓氏笔画排序）

王国栋　卞海霞　李世民　徐建良　黄广庆　黄日成　谢立新

特别鸣谢

（按姓氏笔画排序）

马　勇　王　蔚　王永胜　王来忠　王家印　王智晓

方岱山　尹德法　卢云之　叶金龙　史有刚　成维松

毕道金　师祥洪　邬基辉　刘卫红　刘小明　刘玉东

闫　进　闫毓霞　江　键　祁建祥　孙少光　李　健

李发祥　李明平　李育双　杨　卫　杨　雷　肖太钦

吴绪虎　何怀明　宋俊海　张　安　张亚文　张光华

陈安标　罗宏志　周焕波　孟文勇　赵　忠　赵　彦

赵永贵　赵金禄　袁玉柱　栗明选　郭宝玉　酒尚利

曹广明　崔征科　彭　刚　葛志羽　雷　明　褚晓哲

魏　平　魏学津　魏增祥

前言 Preface

自发现和开发利用石油天然气以来，人们逐渐认识到其对人类社会进步的巨大促进作用，是当前重要的能源和战略物资。在石油天然气勘探、开发、储运等生产活动中发生过许多灾难性事故，这教训人们必须找到有效的预防办法。经过不断的探索研究，人们发现建立并实施科学、规范的 HSE（健康、安全、环境）管理体系就是预防灾难性事故发生的有效途径。

石油天然气工业具有高温高压、易燃易爆、有毒有害、连续作业、点多面广的特点，是一个高危行业。实践已经证明，要想顺利进行石油天然气勘探、开发、储运等生产活动，就必须加强 HSE 管理。

石油天然气勘探、开发、储运等生产活动中发生的事故，绝大多数是“三违”（违章指挥、违章操作、违反劳动纪律）造成的，其中基层员工的“违章操作”占了多数。为了贯彻落实国家法律法规、规章制度、标准，最大限度地减少事故，应从基层员工的培训抓起，使基层员工具有很强的 HSE 理念和责任感，能够自觉用规范的操作来规避作业中的风险；对配备的 HSE 设备设施和器材，能够真正做到“知用途、懂好坏、会使用”，以从根本上消除违章操作行为，尽可能地减少事故的发生。

为便于油田企业进行 HSE 培训，加强 HSE 管理，特组织编写了《中国石化油田企业 HSE 培训教材》。这是一套 HSE 培训的系列教材，包括：根据油田企业的实际，采用HSE管理体系的理念和方法，编写的《HSE管理体系》《法律法规》《特种设备》和《危险化学品》等通用分册；根据油田企业主要专业，按陆上或海上编写的20个专业分册，其内容一般包括专业概述、作业中HSE风险和产生原因、采取的控制措施、职业健康危害与预防、HSE设施设备和器材的配备与使用、现场应急事件的处置措施等内容。

本套教材主要面向生产一线的广大基层员工，涵盖了基层员工必须掌握的最基本的HSE知识，也是新员工、转岗员工的必读教材。利用本套教材进行学习和培训，可以替代“三级安全教育”和“HSE上岗证书”取证培训。从事HSE和生产管理、技术工作的有关人员通过阅读本套教材，能更好地与基层员工进行沟通，使其对基层的指导意见和HSE检查发现的问题或隐患的整改措施得到有效的落实。

为确保培训效果，提高培训质量，减少培训时间，使受训人员学以致用，立足于所从事岗位，“会识别危害与风险、懂实施操作要领、保护自身和他人安全、能够应对紧急情况的处置”，培训可采用“1＋X”方式，即针对不同专业，必须进行《HSE管理体系》和相应专业教材内容的培训，选读《法律法规》《特种设备》和《危险化学品》中的相关内容。利用本套教材对员工进行培训，统一发证管理，促使员工自觉学习，纠正不良习惯，必将取得良好的HSE业绩，为油田企业的可持续发展做出积极贡献。

本套教材编写历时六年，期间得到了中国石油化工集团公司安全监管局领导的大力支持、业内同行的热心帮助、中国石油大学（华东）相关专业老师的指导及各编写单位领导的重视，在此一并表示衷心感谢。

限于作者水平，书中难免有疏漏和不足之处，恳请读者提出宝贵意见。

总主编 

2015年12月

目 录
Contents

第一章　采油概述

第一节　采油方法简介

石油是一种不可再生资源，石油的开采关系到国民经济的全局，对经济的可持续发展和国家安全起着至关重要的作用。从 19 世纪 50 年代末开始便出现了专门开采石油的油井，早期油井很浅，用吊桶便可汲取，后来随着井深增加，开采方式更加多样，采油方法也变得越来越复杂，如图 1-1 所示。

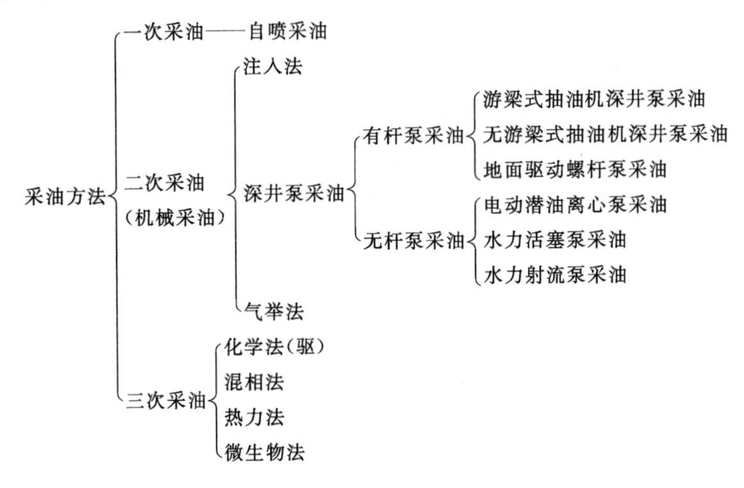

图 1-1　采油方法分类图

（1）一次采油。油层能量充足，完全依靠油层本身的能量将原油举升到地面的采油阶段，称为一次采油（Primary Oil Recovery），又称自喷采油，其采收率一般为 5%～10%。自喷采油具有设备简单、操作方便、产量较高、采油速度快、经济效益好等优点；但消耗大量的地层能量，所以当能量不足时产量下降很快。

（2）二次采油。在自喷采油后期，当油层本身的能量无法将原油举升到地面时，将流体注入地层来人工增加地层能量驱油或在井筒内人为施加机械能量将原油从井底举升到地面的采油阶段，称为二次采油（Secondary Oil Recovery），又称机械采油，其采收率一般为 30%～40%。主要包括注入法、气举法和深井泵采油。

① 注入法。注入法采油是指利用机械设备人为地向地层注入流体介质(水、气、油等),恢复或提高地层能量,将原油驱到井底并举升到地面的采油方式。由于水的来源广,成本低,驱油效果好以及注水设备简单、管理方便,国内外石油矿场普遍采用注水开发的方式进行石油开采。有的油田在开发初期,就将注水和采油同时进行,通过注水保持地层能量,延长油井自喷期,以获得较高的开发效益。

② 气举法。气举法采油是从地面向井筒注入高压气体将原油举升至地面的一种人工举升方式,气举采油具有井口和井下设备比较简单、适用性强、运行费用低等优点;但它的不足是必须有足够的气源,需要压缩机组和地面高压气管线等,地面设备系统复杂,一次性投资较大、系统效率较低等。气举法采油适用于高产量的深井,含砂量小、含水率低、油气比(即气油比,我国习惯称油气比)高和含有腐蚀性成分少的油井、定向井和水平井。

③ 深井泵采油。深井泵采油通常称为机械采油,是指将深井泵下入井内液面以下,通过地面能量带动深井泵工作,将原油举升到地面的采油方式。机械采油根据能量传递方式的不同分为有杆泵采油和无杆泵采油。有杆泵采油主要包括抽油机井采油和地面驱动螺杆泵井采油,它们都是借助抽油杆将地面动力传递给井下泵。前者是将抽油机悬点的往复运动通过抽油杆传递给井下柱塞泵;后者是将井口驱动头的旋转运动通过抽油杆传递给井下螺杆泵。无杆泵采油是利用电缆或高压液体将地面能量传输到井下,带动井下机组工作,把原油抽至地面的采油方法。

(3) 三次采油。采用水或气驱方式采油后,地层的残余油仍然占60%~70%,它们是以不连续的油块被圈捕在油藏砂岩孔隙中,采出液中含水85%~90%,有的甚至达到了98%,此时常规水驱开采几乎没有了经济价值。为了提高原油采收率,利用物理和化学的方法改变岩石和流体的物性,来改善驱油效果,这一采油阶段称为三次采油(Enhanced Oil Recovery)。三次采油方法分为以下4类:

① 化学法。即向油层中注入适当的化学药剂提高原油采收率的方法,其包括聚合物驱(Polymer Flooding)、表面活性剂驱(Surfactant Flooding)、碱水驱(Aikaline Flooding),以及在此基础上发展起来的碱-聚合物复合驱(AP)、碱-表面活性剂-聚合物复合驱(ASP)、表面活性剂-碱-聚合物复合驱(SAP)。

② 混相法。即向油层中注入能够同原油混相的物质提高原油采收率的方法,其包括二氧化碳混相驱、轻烷烃混相驱、惰性气体混相驱。

③ 热力法。即向油层中注入热源提高原油采收率的方法,包括蒸汽驱、火烧油层驱、蒸汽吞吐。

④ 微生物法。即向油层中注入微生物或者激活油层中原来存在的微生物提

高原油采收率的方法，其包括生物聚合物驱、微生物表面活性剂驱。

第二节　主要设备设施

采油设备设施主要有井口装置、采油设备、注入设备等。

一、井口装置

井口装置是引导和控制井下采出的油气混合物的流动方向、流量和进行油气生产的地面设备。按连接方式分，采油井口装置可分为螺纹式、法兰式和卡箍式 3 种。法兰式和卡箍式最常用。井口装置一般由采油树、套管头和油管头等部分组成。

采油树主要用于悬挂下入井中的油管柱，密封油管和套管之间的环形空间，控制和调节油井生产，保证作业施工，录取油压、套压资料，测试及清蜡等日常生产管理。

采油树型号表示方法为：KYS 最大工作压力/公称通径-工厂代号-设计次数。例如：国产 KYS25/65SL 型采油树（CYB-250 采油树），其最大工作压力为 25 MPa，公称通径为 65 mm，如图 1-2 所示。

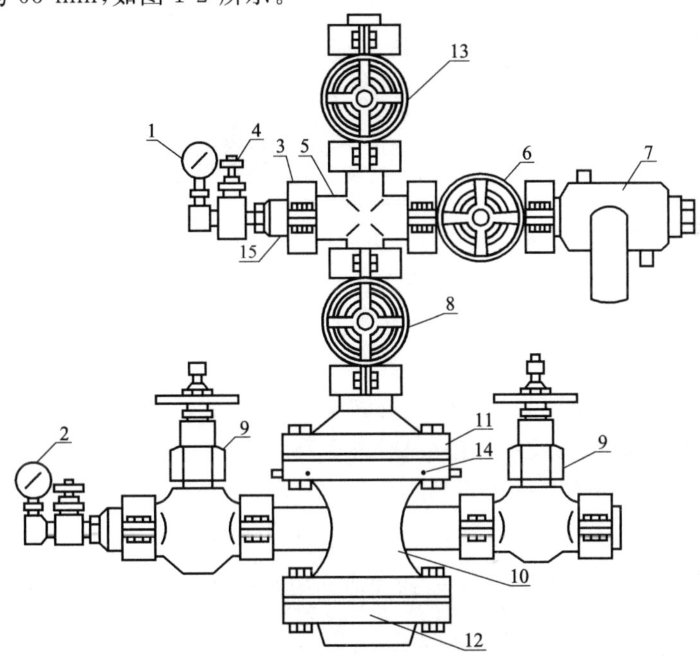

图 1-2　KYS 25/65SL 型采油树结构示意图

1—油压表；2—套压表；3—卡箍；4—压力表控制阀；5—油管四通；6—生产阀门；7—油嘴套；8—总阀门；9—套管阀门；10—套管四通；11—油管头上法兰；12—套管法兰；13—清蜡阀门；14—顶丝；15—接头

二、采油设备

(一)有杆泵采油设备

1. 游梁式抽油机

游梁式抽油机为目前油田现场使用较多的采油设备之一。其机型主要有常规游梁式曲柄平衡抽油机、常规游梁式复合平衡抽油机、双驴头抽油机、异相游梁式曲柄平衡抽油机、下偏杠铃游梁式复合平衡抽油机等。常规游梁式抽油机以特别能适应野外恶劣工作环境等明显优势,区别于其他众多类型的抽油机;并具有结构简单、易损件少、耐用、可靠性强、操作简单、维修方便、维修费用低等特点,一直占据着有杆泵采油地面设备的主导地位。

常规游梁式抽油机的结构如图 1-3 所示。常规游梁式抽油机结构简单、运行可靠、操作维护方便,但长冲程时平衡效果较差、能耗高。

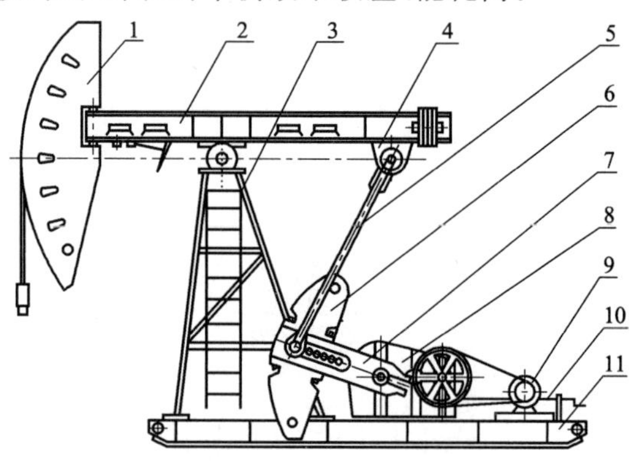

图 1-3 常规游梁式抽油机结构示意图

1—驴头;2—游梁;3—支架;4—横梁;5—连杆;6—平衡块;7—曲柄;8—减速箱;9—电动机;10—刹车装置;11—底座

安全警示标志的设置:

(1) 在减速箱底座两侧的平衡块旋转区域设置"旋转部位,禁止靠近"标志;

(2) 抽油机梯子处设置"先停机,后攀登"标志;

(3) 在抽油机梯子 2 m 处设置"登高系好安全带"标志;

(4) 在电动机皮带轮侧设置"当心皮带挤伤"标志;

(5) 在抽油机悬绳器上设置"当心碰头、挤手"标志;

(6) 在变压器下控制柜上一级开关上设置"拉合开关戴好绝缘手套"标志;

(7) 在抽油机节能箱门上设置"启停机戴好绝缘手套"标志;

(8) 在抽油机节能箱门内侧设置"当心电弧,侧身操作"标志。

2. 无游梁式抽油机

无游梁式抽油机与游梁式抽油机相比具有外部运动部件少、安全性能好、操作

简单、管理方便的优点。无游梁式抽油机主要有皮带式抽油机、链条式抽油机、直线式抽油机等。目前石油矿场使用较为广泛的是皮带式抽油机，如图 1-4 所示。

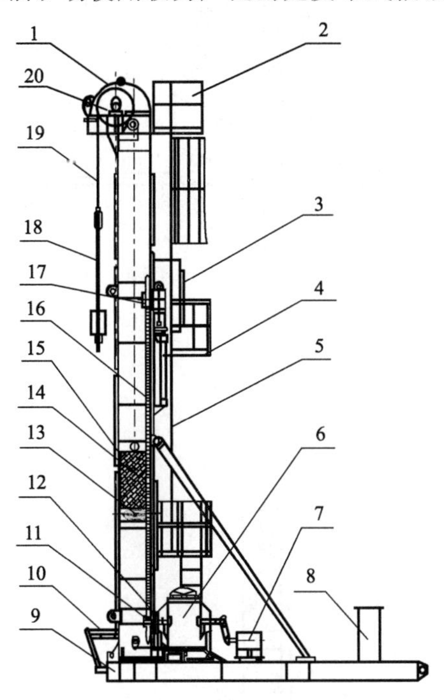

图 1-4　皮带式抽油机结构示意图

1—顶罩；2—顶平台；3—上链轮门；4—中平台；5—梯子；6—减速箱；7—电动机；8—电控柜；9—底座；10—前平台；11—主动轮；12—刹车系统；13—往返架；14—平衡箱；15—导向轮；16—链条；17—上链轮；18—吊绳及悬绳器；19—负荷皮带；20—滚筒

安全警示标志的设置：

(1) 在抽油机悬绳器处设置“当心碰头、挤手”标志；

(2) 在抽油机梯子处设置“先停机，后攀登”和“登高系好安全带”标志；

(3) 在减速箱处设置“先停机，后攀登”标志；

(4) 在电动机与减速箱皮带护罩处设置“当心皮带挤伤”标志。

(二) 旋转类采油设备

旋转类采油设备的典型代表为地面驱动螺杆泵，该设备分为地面驱动螺杆泵装置与地下采油螺杆泵装置。地面驱动螺杆泵装置主要由电机、减速箱等组成，主要作用是将电动机的旋转运动减速后，通过抽油杆带动螺杆泵工作，如图 1-5 所示。

地面驱动螺杆泵装置的地面设备投资少、系统效率高、耗电少、易于地面调参，适用于油气比、原油含砂量较高、井深在 1 000 m 以内的油井，但不适用于弯曲井、斜井，也不适于深井。

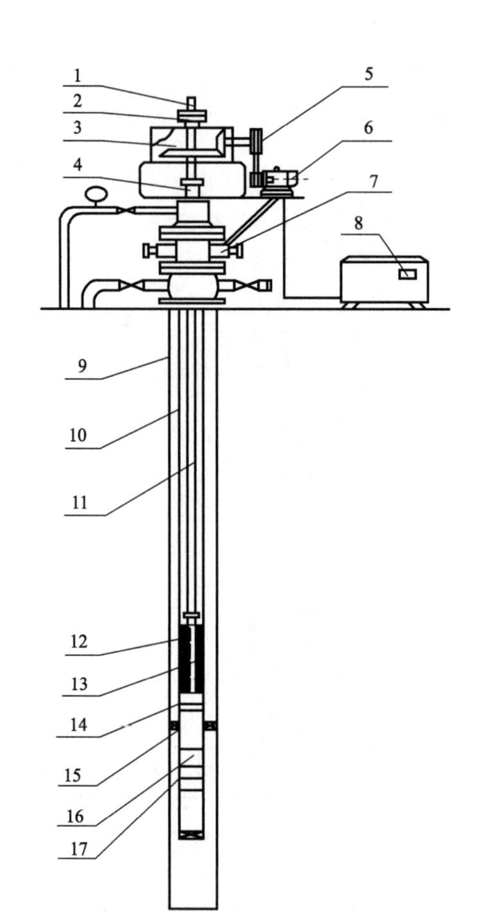

图 1-5　螺杆泵采油系统示意图

1—光杆;2—方卡子;3—减速箱;4—密封盒;5—皮带轮;6—电动机;7—专用井口;8—电控箱
9—套管;10—油管;11—抽油杆;12—定子;13—定位销;14—锚定工具;15—防蜡器;16—筛管;17—丝堵

安全警示标志的设置:

(1) 在减速箱处设置"先停机断电,后维护保养"标志;

(2) 在电动机与减速箱皮带护罩处设置"当心皮带挤伤"标志;

(2) 在光杆、方卡子等防护罩处设置"旋转部位,禁止靠近"标志。

(三) 无杆泵抽油设备

无杆泵采油与有杆泵采油的主要区别在于动力传递方式不同,它是利用电缆或高压液体将地面能量传输到井下,带动井下机组工作,将原油抽至地面,如电动潜油离心泵、水力活塞泵和水力射流泵等举升方式。目前石油矿场主要采用的是电动潜油离心泵采油。

电动潜油离心泵,简称电泵、电潜泵,是将电动机和多级离心泵同油管一起下入井内液面以下,地面电源通过变压器、控制屏和潜油电缆将电能输送给井下潜油

电机，电机将电能转换为机械能，带动多级离心泵旋转，把油井中的井液举升到地面，如图 1-6 所示。

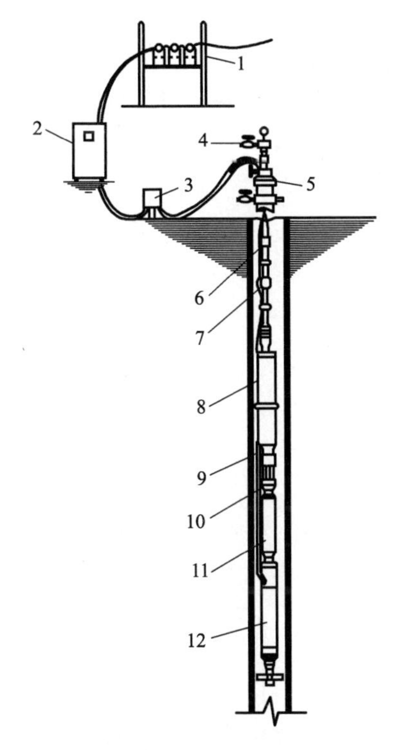

图 1-6　电潜泵采油系统示意图

1—变压器；2—控制屏；3—接线盒；4—出油干线；5—井口；6—泄油阀；7—单流阀；8—多级离心泵；9—潜油电缆；10—分离器；11—保护器；12—潜油电机

安全警示标志的设置：

（1）在控制柜处设置“高压危险”标志；

（2）在接线盒处设置“高压危险”标志；

（3）在控制屏处设置“当心触电”标志。

（四）计量站

油气计量站设在油井附近，主要用于量油和测气。它主要由集油阀组（俗称总机关）和油气计量分离器组成。计量站分为单井计量和多井计量 2 种。单井计量在井口进行。多井计量是将几口井的油、气计量工作集中进行，如图 1-7 所示。

安全警示标志的设置：

（1）在计量间墙上设置“禁止烟火”“注意通风”标志；

（2）在计量间内设置“应急通道”标志。

油气分离器是把油井生产出的原油和伴生天然气分离开来分别计量的装置，主要由分离筒、分离伞、散油帽、分离器隔板、加水漏斗、量油玻璃管等组成。从外形分，主要有 3 种形式，立式、卧式和球形，目前石油矿场主要使用的是立式油气分离器，如图 1-8 所示。

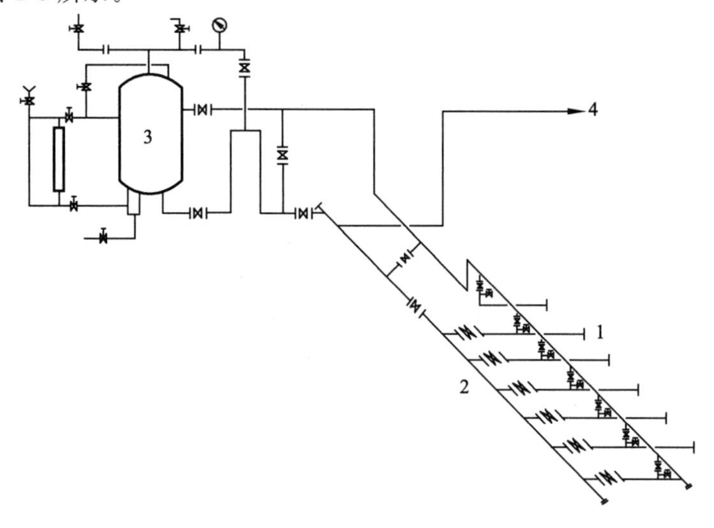

图 1-7　多井计量站流程示意图

1—单井来油；2—汇管；3—计量分离器；4—计量站出口

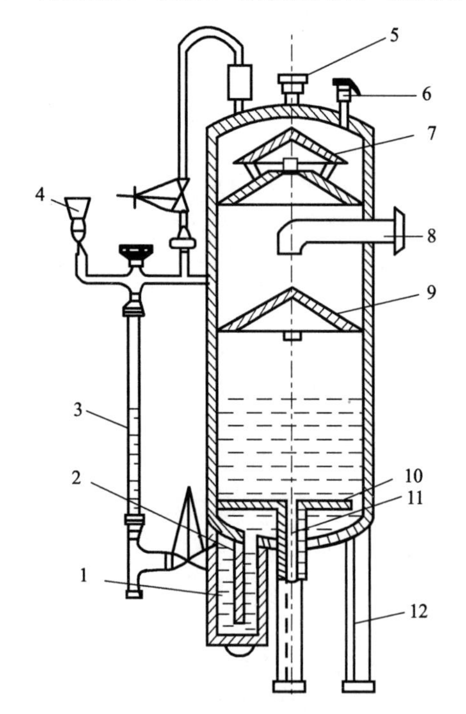

图 1-8　立式油气分离器结构示意图

1—水包；2—分离筒；3—量油玻璃管；4—加水漏斗；5—出气管；6—安全阀；7—分离伞；8—进油管；9—散油帽；10—分离器隔板；11—排油管；12—支架

(五) 加热设备

水套加热炉是石油矿场给油井产出的油气加温降黏的装置，主要由水套、火筒、火嘴、沸腾管和走油盘管 5 部分组成。采用走油盘管浸没在水套中的间接加热方法是为了防止原油结焦，如图 1-9 所示。

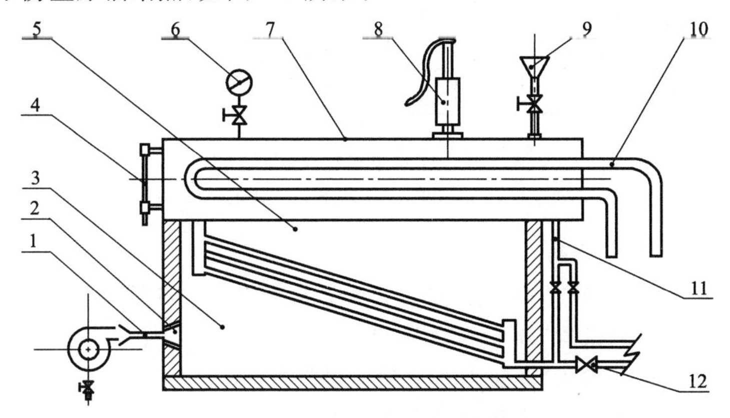

图 1-9　水套加热炉结构示意图

1—火嘴；2—燃烧器；3—炉膛；4—水位表；5—沸腾炉；6—压力表；7—水套；8—安全阀；9—加水漏斗；10—走油盘管；11—水循环管线；12—回水阀门

安全警示标志的设置：在加热炉的点火口处设置“先点火后开气，侧身操作”标志。

三、注入设备

为了保持地层能量，提升采油速度，提高油藏采收率，人们使用了各种注入设备，一般可分为注水设备、注聚设备和注蒸汽设备。注水设备用于向地层注水补充能量，保持地层压力；注聚设备用于向地层注入聚合物，提高驱油效果；注蒸汽设备用于向地层注入高温高压蒸汽，开采高黏度原油。

(一) 注水设备

注水设备是应用最广泛的注入设备，用于向地层补充能量，保持地层压力，提高油藏采收率。注水设备的主要执行系统是注水泵，另外，还包括润滑系统、冷却系统、电气控制保护系统、储水罐和管汇等。注水泵是油田注水系统的心脏，目前油田常用的注水泵主要是电动离心泵机组和电动柱塞泵机组。

1. 电动离心泵机组

电动离心泵机组的特点是流量大，维护简单，注水压力一般不超过 16 MPa，适合高渗透率、整装大油田注水。油田注水用的离心泵为高压多级分段式离心泵，主要由进水段、出水段、中段、叶轮、导叶、导叶套、泵轴和平衡装置等组成。主要泵型有 DF400-150，DF300-150，DF160-150，DF140-150 和 OK5F37 等，平均泵效为

76%,如图 1-10 所示。

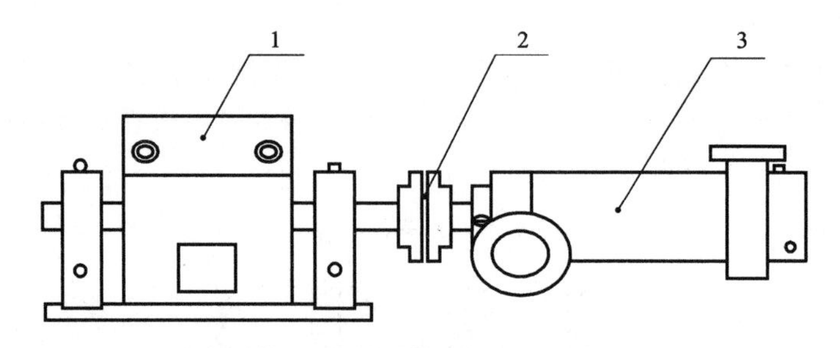

图 1-10　注水泵机组结构示意图

1—注水电机;2—联轴器;3—注水泵

安全警示标志的设置:

(1) 在配电柜上设置“高压危险”“非工作人员禁止入内”等标志;

(2) 在分水器上设置“高压危险”标志;

(3) 在储水罐上设置“非工作人员禁止攀爬”标志;

(4) 在注水泵房设置“穿戴劳动保护用品”标志;

(5) 在油料房设置“禁止烟火”标志;

(6) 在机组联轴器护罩处设置“旋转部位禁止靠近”标志。

2. 电动柱塞泵机组

电动柱塞泵机组具有压力高、效率高、电力配套设施简单(指 380 V 电压系统)等特点,适合注水量低、注水压力高的中低渗透率油田或断块油田。主要泵型有 3H-8/450,5ZBП-210/176,3DZ-8/40,5ZBП-37/170,5D-WS34/35,3S175/13 等,平均泵效为 86%,如图 1-11 所示。

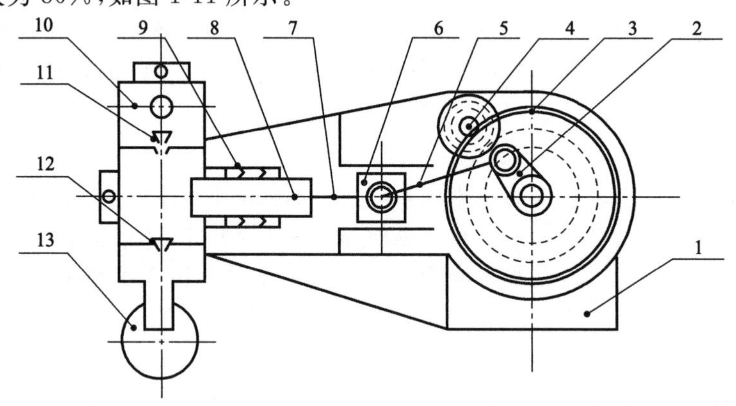

图 1-11　电动柱塞泵结构示意图

1—泵体;2—曲柄;3—减速齿轮;4—主动轴;5—连杆;6—十字头;7—介杆;8—柱塞;9—密封盒;10—阀箱;11—排出阀;12—吸入阀;13—上水室

高压注水井点需采用单井增压泵，重点解决井压过高、系统管网节流损失大和高注入压力井的欠注问题。

安全警示标志的设置：

(1) 在配电柜上设置“高压危险”“非工作人员禁止入内”等标志；

(2) 在分水器上设置“高压危险”标志；

(3) 在储水罐上设置“非工作人员禁止攀爬”标志；

(4) 在注水泵房设置“进入泵房穿戴劳动保护用品”标志；

(5) 在油料房设置“禁止烟火”标志；

(6) 在皮带护罩处设置“旋转部位禁止靠近”标志。

3. 配水间

配水间是控制、调节各注水井注水量的操作间，一般可分为单井配水间和多井配水间。单井配水间用于控制和调节一口井的注水量。多井配水间可以控制和调节 2～5 口井的注水量。正常注水时，配水间的洗井阀门和旁通阀门都是关闭的，注水泵站的来水经过截断阀门、注水管线、上流阀门、下流阀门，被分配到各注水井。洗井时，关闭截断阀门，打开洗井阀门和旁通阀门，即可进行洗井作业，如图 1-12所示。

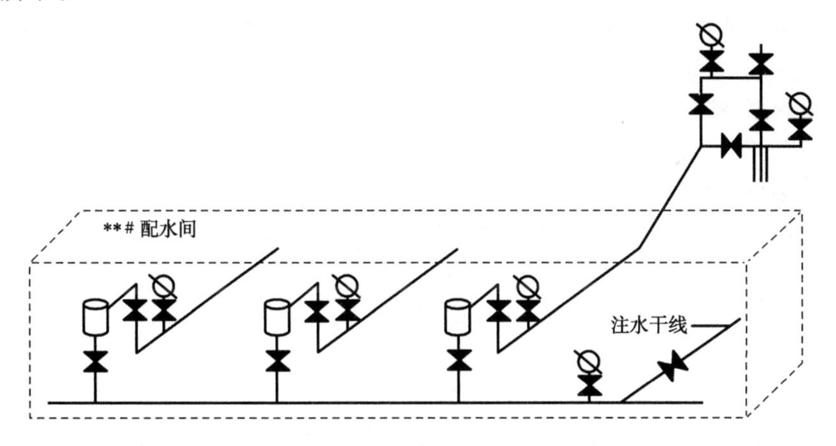

图 1-12 多井配水间注水流程示意图

安全警示标志的设置：

(1) 在配水间墙上设置“禁止烟火”“注意通风”标志；

(2) 在配水间内设置“应急通道”“高压危险”标志。

4. 注水井井口装置

(1) 注水井采油树。

目前国内陆上油田注水井采油树多采用 KZ-25/65 型，其试压强度 50.0 MPa，密封水压 25.0 MPa，工作压力 25.0 MPa，如图 1-13 所示。

(2) 注水井井口装置的安装形式。

各油田对注水的要求不同,井口安装形式也各异。注水井井口装置由最老式的七阀式演变为目前的三阀式,如图 1-13 和图 1-14 所示。

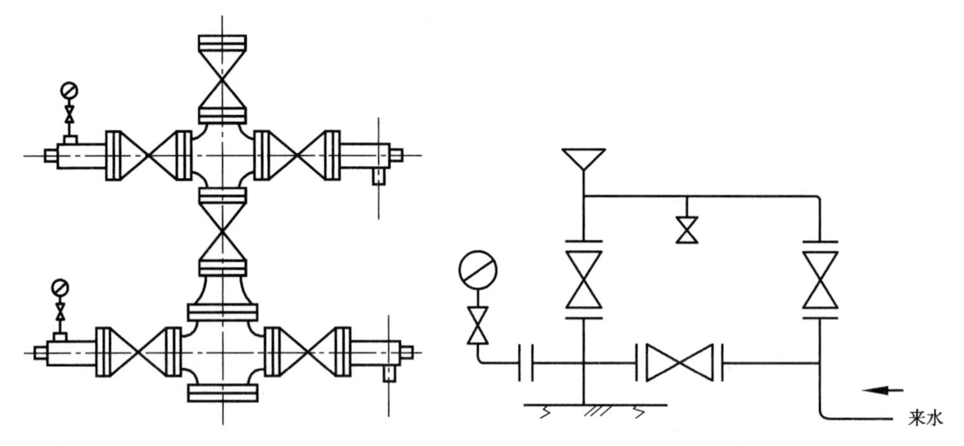

图 1-13　注水井采油树外形图　　图 1-14　三阀式注水井井口装置示意图

(二) 注聚设备

在三次采油技术中,聚合物驱油是石油矿场试验最多、技术成熟度相对较高的一种驱油方法,对于提高采收率、使老油田获得新生具有较好的效果。注聚设备主要包括注聚泵、螺杆泵、搅拌器(含分散装置和熟化罐)、静态混合器等。这里重点介绍注聚泵。

注聚泵是注聚合物地面处理系统的重要设备之一,通常采用往复柱塞泵。与柱塞式注水泵的主要区别在于吸入阀、排出阀的结构和衬套材质不同。因为聚合物受剪切易降解,所以注聚泵阀芯和阀座上一般不设置阀簧。为了吸入阀很好地工作,泵的入口应有0.02～0.04 MPa 的喂入压力。注聚泵的曲轴、十字头润滑多为油浴飞溅润滑。

安全警示标志的设置:

(1) 在配电柜上设置“高压危险”“非工作人员禁止入内”等标志;

(2) 在聚合物熟化罐上设置“非工作人员禁止攀爬”标志;

(3) 在油料房设置“禁止烟火”标志;

(4) 在皮带护罩处设置“旋转部位禁止靠近”标志。

(三) 注蒸汽设备

注蒸汽设备是将高温高压蒸汽注入地层或井内,降低原油黏度,提高原油流动性,以提高原油产量和油藏采收率。目前油田注汽设备有固定设备和可移动设备两种。注蒸汽设备主要包括注汽锅炉、水处理装置、注汽地面管线、注汽井口及井下装置等。

注汽锅炉也称为湿蒸汽发生器。注汽锅炉是稠油热采的关键设备，由锅炉本体设备和辅助设备两大部分组成。锅炉本体是注汽锅炉的骨架，由辐射段（即炉膛）、对流段、过渡段和给水换热器组成，如图 1-15 所示。

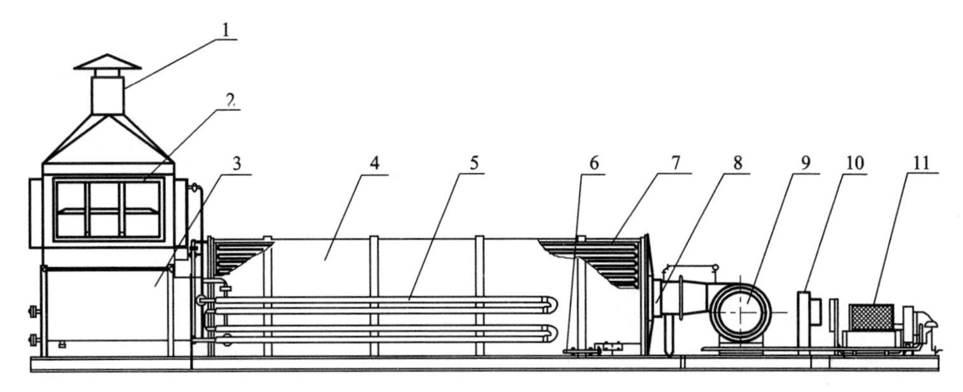

图 1-15　注汽锅炉结构示意图

1—烟囱；2—对流段；3—过渡段；4—炉衬；5—给水换热器；6—燃油电加热器；7—辐射段；8—燃烧器；9—鼓风机；10—控制屏；11—压缩机

注汽锅炉安全警示标志的设置：

(1) 在对流段操作平台处设置“非工作人员禁止攀登”“登高系好安全带”“高温高压严禁靠近”等标志；

(2) 在控制屏上设置“当心触电”“侧身合闸”“当心电弧”“戴好绝缘手套”等标志；

(3) 在柱塞泵和压缩机处设置“当心机械伤人”“当心皮带挤手”“先断电后维修”“必须戴护耳器”等标志；

(4) 在蒸汽出口处设置“高温高压严禁靠近”“当心刺漏伤人”“非工作人员禁止靠近”等标志。

水处理装置的作用是降低水的硬度和脱氧，主要由两组软化器、除氧器和盐液箱、控制屏等辅助设施组成。水处理系统交换器的基本操作过程分交换（运行）、反洗、再生（进盐）、置换和正洗 5 个步骤，如图 1-16 所示 。

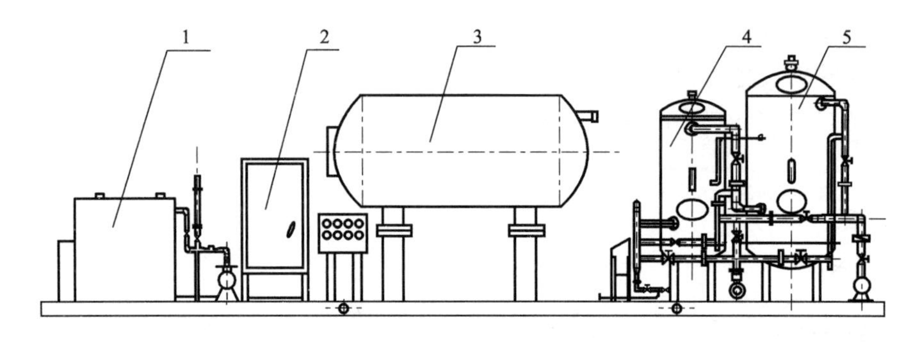

图 1-16　水处理装置结构示意图

1—盐液箱；2—控制屏；3—真空除氧器；4——一级软化器；5—二级软化器

水处理装置安全警示标志的设置：

(1) 在控制屏上设置“当心触电”“侧身合闸”“当心电弧”“戴好绝缘手套”等标志；

(2) 在软化器处设置“非工作人员禁止攀登”“当心滑落”等标志。

在注汽站区域安全警示标志的设置：

(1) 在油罐区和油泵房内设置“禁止烟火”“注意通风”“非工作人员禁止攀登”“禁止穿带钉鞋”“防止静电”等标志；

(2) 在储水罐处设置“非工作人员禁止攀登”等标志；

(3) 在配电室设置“当心触电”“侧身合闸”“当心电弧”“戴好绝缘手套”“配电重地闲人免进”等标志；

(4) 在院落门口设置“必须穿戴防护用品”“严禁火种”“工作重地闲人免进”等标志。

第三节　井场布置

油井井场应在满足修井施工和油井安全生产需求的前提下，尽可能少占用耕地，因此要科学合理地布置井场。油气井、计量站的防火间距、平面布置应符合 GB 50183《石油天然气工程设计防火规范》的规定。单井抽油的采油井口、加热炉和储油罐宜角形布置，加热炉应布置在当地最小频率风向的上风侧。抽油机在 2 m 以下外露的旋转部位应安装防护装置。当机械采油井场采用非防爆启动器时，与井口的水平距离不应小于 5 m。

自喷油井、气井至各级石油天然气站场的防火间距，应考虑油井管理、生产操作、道路通行及火灾事故发生时的消防操作等因素设置，根据 GB 50183 的要求，站

场内储罐、容器的防火距离均为 40 m，油井应置于站场的围墙以外，避免互相干扰和发生火灾。通常油气井与周围建(构)筑物、设施的防火间距参照表 1-1 执行。

表 1-1　油气井与周围建(构)筑物、设施的防火间距

建(构)筑物设施名称		与自喷油井、气井和注气井的间距/m	与机械采油井的间距/m
一、二、三、四级石油天然气站场出口及甲、乙类容器		40	20
100 人以上的居住区、村镇、公共福利设施		45	25
相邻厂矿企业		40	20
铁　路	国家铁路	40	20
	工业企业铁路	30	15
公　路	高速公路	30	20
	其他公路	15	10
架空通信线	国家一、二级	40	20
	其他通信线	15	10
35 kV 及以上独立变电所		40	20

无自喷能力且井场没有储罐和工艺容器的油井火灾危险性较小，防火间距可按修井作业所需间距确定。

(1) 当气井关井压力或注气井注气压力超过 25 MPa 时，与 100 人以上的居住区、村镇、公共福利设施及相邻厂矿企业的防火间距，应按表 1-1 中规定增加 50%。

(2) 无自喷能力且井场没有储罐和工艺容器的油井按表 1-1 执行有困难时，防火间距可适当缩小，但应满足修井作业要求。

第四节　岗位设置及 HSE 职责

一、基本条件

年满 18 周岁，身体健康，具有二级甲等及以上医院出具的健康证明，无职业禁忌症；新员工、转岗及离岗一年以上者上岗前应取得中国石化 HSE 培训合格证书；特殊作业人员应取得国家政府规定的“特种作业人员操作证”。

二、岗位设置

在采油厂内，采油专业主要包含采油队、注水（聚）队、集输站等基层队，其中注水队的设置与采油队的岗位设置基本一致，集输泵站的具体岗位设置在油气集输专业进行详细说明。

采油队主要设置队长或经理、指导员或支部书记、副队长、技术员、安全责任监督、班长、维修工、采油工、化验工等岗位。

三、主要岗位 HSE 职责

表 1-2　采油队主要岗位 HSE 职责

序号	岗位设置		内　　容
1	队长	上岗条件	具有“HSE 证书”“安全资格证”及岗位需要的其他证件
		HSE 岗位职责	① 全面负责本单位 HSE 管理工作； ② 组织制定本单位 HSE 管理规定、安全技术操作规程、安全防范措施； ③ 建立健全 HSE 管理机构，布置、监督、检查、考核、总结、评比 HSE 工作； ④ 抓好员工安全环保、职业卫生教育，开展班组 HSE 活动，建立健全 HSE 档案； ⑤ 组织开展隐患排查、治理，制定突发事件应急预案，并抓好演练； ⑥ 开展现场监督检查，抓好直接作业环节管理，做好重点施工安全监控； ⑦ 按照“四不放过”要求抓好事故管理
2	指导员	上岗条件	具有“HSE 证书”“安全资格证”及岗位需要的其他证件
		HSE 岗位职责	① 全面负责本单位 HSE 管理工作； ② 做好员工思想政治工作，保障 HSE 管理体系正常运行； ③ 组织开展各种安全活动，抓好本单位安全环保、职业卫生教育； ④ 组织开展技术练兵，提高员工 HSE 素质和技能； ⑤ 按照“四不放过”要求，抓好事故管理
3	副队长	上岗条件	具有“HSE 证书”“安全资格证”及岗位需要的其他证件
		HSE 岗位职责	① 协助队长制定本单位 HSE 管理规定，落实安全技术操作规程和安全防范措施； ② 组织施工现场 HSE 监督检查，抓好直接作业环节安全管理； ③ 开展危害识别和风险分析，抓好隐患排查与治理； ④ 配合队长抓好其他安全环保工作

续表 1-2

<table>
<tr><th>序号</th><th colspan="2">岗位设置</th><th>内　　容</th></tr>
<tr><td rowspan="2">4</td><td rowspan="2">技术员</td><td>上岗条件</td><td>具有“HSE 证书”及岗位需要的其他证件</td></tr>
<tr><td>HSE 岗位职责</td><td>① 负责油、气、水井设备、设施安全管理，制定安全技术操作规程；
② 抓好新工艺、新技术的安全环保管理，落实风险控制措施；
③ 制定油、气、水井地质、工艺设计安全环保措施，并监督执行；
④ 负责员工的 HSE 技术培训</td></tr>
<tr><td rowspan="2">5</td><td rowspan="2">安全责任监督</td><td>上岗条件</td><td>具有“HSE 证书”“安全资格证”</td></tr>
<tr><td>HSE 岗位职责</td><td>① 负责对基层单位有关安全标准、制度和操作规程的执行情况进行监督；
② 负责对生产现场进行安全检查，及时制止和纠正“三违”行为，消除事故隐患；
③ 定期对员工 HSE 业绩进行考核，并将考核情况存档；
④ 负责对关键装置、重点部位现场安全进行监督，对直接作业环节审批许可制度及现场落实情况进行监督；
⑤ 负责组织员工安全教育，并对员工持证上岗情况进行监督；
⑥ 负责对员工劳动保护用品发放、使用情况进行监督；
⑦ 负责对现场安全监控装置、消防设施、急救设施等安全装置的完好情况进行监督</td></tr>
<tr><td rowspan="2">6</td><td rowspan="2">采油班长</td><td>上岗条件</td><td>具有“职业资格证书”“HSE 证书”及岗位需要的其他证件</td></tr>
<tr><td>HSE 岗位职责</td><td>① 全面负责班组 HSE 管理工作；
② 严格执行各项规章制度及岗位安全技术操作规程；
③ 组织开展危害识别和风险分析，负责生产现场 HSE 检查及隐患整改，落实风险削减措施；
④ 负责用火、破土等直接作业环节施工现场监护、监督检查；
⑤ 负责开展班组安全活动，组织班组员工进行突发事件应急预案演练；
⑥ 负责班组安全、技术学习，对新员工、转岗员工进行岗位 HSE 教育</td></tr>
<tr><td rowspan="2">7</td><td rowspan="2">维修工</td><td>上岗条件</td><td>具有“特种作业人员证书”“HSE 证书”</td></tr>
<tr><td>HSE 岗位职责</td><td>① 严格执行各项规章制度及安全技术操作规程，特种作业人员必须持证上岗；
② 严格遵守直接作业环节有关票证管理规定，操作前必须进行危害辨识，执行风险削减措施；
③ 正确佩戴、使用各种防护用品和消防器材；
④ 参加班组安全活动、HSE 知识培训、岗位技术练兵和应急演练</td></tr>
</table>

续表 1-2

序号	岗位设置		内　　容
8	采油工	上岗条件	具有“职业资格证书”“HSE 证书”“特种设备作业人员证书”
		HSE 岗位职责	① 严格执行各项规章制度及安全技术操作规程； ② 严格遵守派工单制度，操作前必须进行危害辨识，执行风险削减措施； ③ 做好现场设备、设施的安全管理； ④ 正确佩戴、使用各种防护用品和消防器材； ⑤ 参加班组安全活动、HSE 知识培训、岗位技术练兵和应急演练
9	化验工	上岗条件	具有“职业资格证书”“HSE 证书”“危险化学品操作证书”
		HSE 岗位职责	① 严格执行各项规章制度及安全技术操作规程； ② 操作前必须进行危害辨识，执行风险削减措施； ③ 负责化验仪器、设备、油品安全管理，做好防火、防爆、防中毒工作； ④ 正确佩戴、使用防护用品和消防器材； ⑤ 参加班组安全活动、HSE 知识培训、岗位技术练兵和应急演练

注：表中上岗条件指基本条件之外的其他条件。

第二章　采油施工危险因素识别

采油生产过程主要产出物为油、气、水的混合物，主要设备包括大型机械设备、用电设备和生产管汇等。在油气生产、设备操作和维护施工过程中，一旦操作失误，将导致机械伤害、触电、中毒、烧烫伤等人身伤害，造成巨大的经济损失和社会影响。为提升一线操作人员技术水平和安全意识，规范操作，杜绝违章，防范事故，确保员工生命安全和油田安全生产，本章根据采油专业相关安全操作规程，阐述了产出物的危害，识别了操作项目存在的风险及其产生的原因。

第一节　采油生产的主要物质

一、原油

从地层深处开采出来的黄褐色乃至黑色的可燃性黏稠液体矿物称为原油。

(一) 化学组成及分类

原油的组成元素主要是C,H,O,S和N 5种。其中主要元素是C，占83%～87%；其次是H，占11%～14%；两者合计占96%～98%，两者比例(C∶H)为6～7.5。S,O和N 3种元素合计占1%～4%。除上述5种元素外，原油中发现的金属和非金属元素的种类很多，如Ni,V,Fe,K,Na,Ca,Mg,Cu,Al,Cl,I,P,As和Si等，但合计含量极微，一般都在0.003%以下。上述各种元素在原油中都不是以单质的结构存在，而是相互结合为含碳的各种化合物。

我国原油按其关键组分分为凝析油、石蜡基油、混合基油和环烷基油4类。密度小于0.82×10^3 kg/m^3的原油均归入凝析油类，其他3类再按其密度大小分为2个等级，共分4类7个编号。原油的分级是按照国际惯例，以硫含量(质量分数)作为分级指标的，4类7个编号的原油一律分为3级，原油分类见表2-1。

(二) 特性

从外观上看，原油大多呈流体或半流体状态，颜色多是黑色或深棕色，少数为暗绿、赤褐或黄色，并有特殊气味。原油含胶质和沥青质越多，颜色越深，气味越浓；含硫化物和氮化物多则气味发臭。不同产地的原油其密度也不相同，多数在

0.80×10^3～$0.98\times10^3\ kg/m^3$ 之间。凝固点的差异也较大，有的高达 30 ℃以上，有的低于－50 ℃。其原因是原油的化学组成成分不完全相同，含蜡越多凝固点越高。原油性质包括密度、馏分、黏度、凝固点、蒸气压、含蜡性、荧光性等。

表 2-1　原油分类表

项目		质量指标						
		凝析油	石蜡基		混合基		环烷基	
		0	Ⅰ	Ⅱ	Ⅲ	Ⅳ	Ⅴ	Ⅵ
密度(20 ℃) $/(\times10^3\ kg\cdot m^{-3})$		<0.82	≤0.86	≤0.86	≤0.89	≤0.89	≤0.93	>0.93
硫含量(质量分数)/%	低硫	<0.5	<0.5	<0.5	<0.5	<0.5	<0.5	<0.5
	含硫	0.5～2.0	0.5～2.0	0.5～2.0	0.5～2.0	0.5～2.0	0.5～2.0	0.5～2.0
	高硫	>2.0	>2.0	>2.0	>2.0	>2.0	>2.0	>2.0
水含量(质量分数)/%	优质	—	<0.5	<0.5	<0.5	<0.5	<1.0	<1.0
	合格	<0.5	<1.0	<1.0	<1.5	<1.5	<2.0	<2.0
盐含量/%		实测						
饱和蒸气压/Pa		在储存温度下应低于油田当地的大气压						

(三) 主要危害

1. 火灾爆炸

油气发生火灾时，火焰温度高，辐射热强烈。火焰中心温度为 1 800～2 100 ℃，气井火比油井火温度高，而且易引发爆炸。原油及其产品在一定温度下，能蒸发大量的蒸气。当油蒸气在空气达到一定浓度时，遇明火即发生化学性爆炸。储油容器内由于油蒸气压力过高，并超过容器所能承受的极限压力时，容器即发生物理性爆炸。石油火灾中，一般是两种爆炸共同存在。

2. 沸溢、爆喷

原油和重质油在储罐中着火燃烧时，时间稍长则容易产生沸溢、爆喷现象，使燃烧的油品大量外溢，甚至从罐中猛烈地喷出，形成巨大的火柱。这种现象是由热波造成的。原油及其产品是多种烃类的混合物，油品燃烧时，液体表面的轻馏分首先被烧掉，留下的重馏分则逐步下沉，并把热量带到下层，从而使油品逐层地往深部加热，这种现象称为“热波”。热油与冷油的分界面称为“热波面”，热波面处油温可达到 149～316 ℃。热波传播速度为 30～127 cm/h。当热波面与油中乳状水滴相遇或达到油罐底水层时，水被加热汽化，体积膨胀，并形成非常黏的泡沫，以很大的压力升腾至油面，把着火的油品带上高空，形成巨大火柱。

3. 静电荷集聚

在易燃液体中石油产品的电阻率很高，一般在 $10^{10}\ \Omega\cdot m$ 左右。电阻率越高，电导率越小，积累电荷的能力越强。因此，原油产品在泵送、灌装、装卸、运输等作业过程中，流动摩擦、喷射、冲击、过滤都会产生静电。静电集聚的危害主要是静电放电，如果静电放电产生的电火花能量达到或超过油品蒸气的最小点火能量就会引起燃烧或爆炸。石油产品的静电集聚能力强、最小点火能量低(例如汽油仅为 0.1～0.2 mJ)，这也是原油易燃性的另一特点。

二、天然气

在石油地质学中所指的天然气是指与石油有相似产状的、通常以烃类为主的气体，即指油田气、气田气、凝析气和煤层气等。

(一) 化学组成及分类

天然气是各种气体的混合物，其主要成分是各种碳氢化合物，其中甲烷(CH_4)占绝对多数，一般体积分数都大于 80%，其次为乙烷(C_2H_6)、丙烷(C_3H_8)、丁烷(C_4H_{10})及其他重质气态烃，它们是天然气中的主要可燃成分。除上述烃类气体外，天然气中还含有少量二氧化碳(CO_2)、氮气(N_2)、氧气(O_2)、氢气(H_2)、硫化氢(H_2S)、一氧化碳(CO)等气体和极少量氦(He)、氩(Ar)等惰性气体。

表 2-2 我国某些油气田天然气组成

类别	油气田名称	天然气组成(体积分数)/%									
		CH_4	C_2H_6	C_3H_8	$i\text{-}C_4H_{10}$	$n\text{-}C_4H_{10}$	$i\text{-}C_5H_{12}$	$n\text{-}C_5H_{12}$	CO_2	H_2S	N_2
四川纯气田	庙高寺	96.42	0.73	0.14					无		1.93
	傅家庙	95.77	1.10	0.37					0.08	0.69	2.24
	宋家场	97.17	1.02	0.2	0.04				0.47	无	1.09
	阳高寺	97.81	1.05	0.17	0.16		0.076		0.44	0.01	0.48
	兴隆场	96.74	1.07	0.32	0.07	0.09			0.045	无	1.54
	自流井	97.12	0.56	0.07					1.135	0.02	1.06
	威　远	86.80	0.11						4.44	0.88	8.10
油气田	大庆油田	91.3	2.0	1.3	0.9	0.9			0.2	0.2	0.38
	胜利伴生气	86.6	4.2	3.5	0.7	1.9			0.6	0.6	1.1
	胜利气井气	90.7	2.6	2.8	0.6	0.1	0.6	0.5	1.3	1.3	0.7

续表 2-2

类别	油气田名称	天然气组成(体积分数)/%									
		CH_4	C_2H_6	C_3H_8	i-C_4H_{10}	n-C_4H_{10}	i-C_5H_{12}	n-C_5H_{12}	CO_2	H_2S	N_2
油气田	大港油田	76.3	11.0	6.0	4.0	4.0	0.5	0.5	1.4	1.4	0.7
	辽河油田	81.5	8.5	8.5	5.0	5.0			1.0	1.0	1.0

由表 2-2 可以看出:四川某些气田代表了纯气田天然气的典型组成,其特点是甲烷体积分数一般超过 90%;其他油气田则是原油伴生天然气或凝析气田天然气的典型组成,C_2~C_5 气态烃的体积分数有所增多。

(二) 特性

标准状态下,同体积天然气与空气质量之比,称为天然气的相对密度,一般在 0.6~1.0 之间,比空气密度小。根据重烃含量把天然气分为干气和湿气,一般情况下相对密度在 0.58~1.6 之间的多为干气,相对密度在 1.6 以上的多为湿气。天然气在常温下为无色的易燃、易爆气体。天然气的性质是它所含各组分性质的综合体现。天然气中各主要烃组分的基本性质见表 2-3。

表 2-3 天然气中各主要烃组分的基本性质

项目 \ 组分	甲烷	乙烷	丙烷	正丁烷	异丁烷	其他
	CH_4	C_2H_6	C_3H_8	C_4H_{10}	i-C_4H_{10}	C_5~C_{11}
密度/($kg \cdot m^{-3}$)	0.72	1.36	2.01	2.71	2.71	3.45
爆炸上限(体积分数)/%	5.0	2.9	2.1	1.8	1.8	1.4
爆炸下限(体积分数)/%	15.0	13.0	9.5	8.4	8.4	8.3
自燃点/℃	645	530	510	490	—	—
理论燃烧温度/℃	1 830	2 020	2 043	2 057	2 057	—
燃烧 1 m^3 气所需空气量/m^3	9.54	16.7	23.9	31.02	31.02	38.18
最大火焰传播速度/($m \cdot s^{-1}$)	0.67	0.86	0.82	0.82	—	—

(三) 主要危害

1. 火灾爆炸

天然气不需要蒸发、熔化等过程,在正常条件下就具备燃烧条件,比液体、固体易燃,燃烧速度快,放出热量多,产生的火焰温度高,热辐射强,造成的危害大。天然气的爆炸浓度极限范围宽,爆炸空气重,易扩散积聚,爆炸威力大。引起火灾爆炸的因素主要归纳为静电、碰撞摩擦、用火作业、用电设备开关产生的电火花等。

2. 中毒

天然气中毒主要是由于天然气中含有高浓度的硫化氢。在含硫天然气生产过程中，因井喷及采、输气，脱硫设备跑、冒、漏气等原因，使工作环境充满大量硫化氢。不含硫天然气失控泄漏至室内，也可引起中毒。不含硫天然气或含硫化氢量很少（0～7.16 mg/m^3）的天然气，本身毒性微不足道，但是，空气中甲烷体积分数增高到10%以上时，氧的体积分数就相对减少，使人出现虚弱、眩晕等脑缺氧症状。

三、产出水

油田产出水又称“油田采水”或“采油污水”（Oilfield Produced Water，简称PW），是采油过程中伴随着原油一同从油井产出的水。

（一）特性

产出水的性质不仅与原油性质有关，而且受到油田注入水的性质和转油脱水的运行条件等诸多因素的影响。一般而言，常规的水驱采油污水主要具有以下特点：

（1）水温高。一般水温为40～60 ℃，个别油田有所差异。

（2）矿化度高。一般为2 000～50 000 mg/L。无机盐离子主要包括Ca^{2+}、Mg^{2+}、K^+、Na^+、Fe^{2+}、Cl^-、HCO_3^-、CO_3^{2-}等。

（3）pH较高。一般都偏碱性，pH为7.5～8.5。

（4）污水含有细菌。主要是腐生菌和硫酸盐还原菌以及铁细菌、硫细菌等。

（5）溶解有一定量的气体。如溶解氧、二氧化碳、硫化氢、烃类气体等，以及一些环烷酸等有机质。

（6）含有一定量的悬浮固体。如泥沙，包括黏土、粉砂；各种腐蚀产物及垢，包括Fe_2O_3、CaO、FeS、$CaCO_3$、$CaSO_4$等；有机物，包括胶质沥青质和石蜡类等。

（7）含有一定量的原油。以乳化油、分散油和原油的形式存在，以及一定量的胶体物质。

目前，为了确保原油产量，一些处于中后期开采的油田已纷纷采用了聚合物驱油技术，由于高分子聚丙烯酰胺的存在致使采出水的特性发生了较大变化，主要体现在：

（1）采出水的黏度增加。45 ℃时水驱采出水的黏度一般为0.6 mPa·s，而聚合物驱采出水的黏度随着聚合物含量的增加而增加，一般为0.8～1.1 mPa·s。

（2）采出水中的油珠变小。通过粒径测试发现，聚合物驱采出水中油珠粒径小于10 μm的占90%以上，油珠粒径中值为3～5 μm。

（3）微观测试结果表明聚合物使油水界面水膜强度增大，界面电荷增强，导致采出水中小油珠稳定地存在于水体中。

(4) 采出水很容易受剪切而进一步乳化，聚并成大油珠的能力下降。

(二) 产出水的危害

1. 对水体环境的污染

油田产出水中含有原油及大量的有害成分，当石油进入水域后，由于自然降解而需耗用大量的氧气。当进入水体中的溶解氧为 8 mg/L 时，则完全氧化 1 kg 油需要 4.1×10^5 L 水中的氧，相当于横截面为 1 m^2、深为 410 m 水柱中的含氧量。由此可见，被油污染的水域将会造成局部的缺氧状态，水体水质恶化、腐化使水生植物的光合作用遭到破坏，水生动物则因缺氧而死亡，令生态系统失衡。另外，溶解于水中的原油还具有一定毒性，被鱼类摄入后会导致中毒，影响生长并有异味，成为油臭色而不能食用。

2. 对土壤的污染

未按要求排放的油田产出水流出后，可能会附着于农作物植株上或渗透到植物体内，直接影响农作物的生长；另一方面，油类覆盖土壤会产生阻塞作用，隔绝氧气供给，促进土壤的还原作用，使水温、地温升高，危害作物的生长发育。例如，当黄瓜、西葫芦等蔬菜受油危害后，叶片卷曲、植株萎缩、生长缓慢；严重时，地上茎部表皮腐烂，随后整个植株枯黄死去。

3. 火灾隐患

油在水面形成的大量油膜可能成为火灾隐患，直接危及人类的生命和财产安全。在原苏联的伊谢特河和伏尔加河河面上，由于漂流着大量的石油，曾因有人不慎把燃着的烟头丢入河中而引起两场意想不到的大火。

四、硫化氢

(一) 特性

硫化氢(H_2S)是一种无色、剧毒、酸性的气体，具有臭鸡蛋味，即使在 0.3～4.6 ppm(1 ppm 为 10^{-6})的低含量时，也可以闻到臭鸡蛋味并损伤人的嗅觉；当含量高于 4.6 ppm 时，人的嗅觉迅速钝化而感觉不出它的存在，因此气味不能用作警示措施。其相对密度为 1.189，比空气密度大。

H_2S 气体以适当的比例与空气或氧气混合，便会发生爆炸。完全干燥的 H_2S 在室温下不与空气中的氧气发生反应，但点火时能在空气中燃烧，并产生有毒的 SO_2 气体。H_2S 气体能溶于水、乙醇及甘油中，化学性质不稳定。含 H_2S 的水溶液对金属具有强烈的腐蚀作用。

(二) 危害

1. 对人体的危害

H_2S 是一种恶臭且毒性很大的气体，属Ⅱ级毒物，是强烈的神经毒物，对黏膜

有明显刺激作用。低浓度中毒要经过一段时间后，才出现头疼、流泪、恶心、气喘等症状；当吸入大量 H_2S 时，人会立即昏迷，H_2S 质量浓度高达 1 000 mg/m^3 时，人会失去知觉，很快中毒死亡。

阈限值：我国规定几乎所有工作人员长期暴露都不会产生不利影响的最大 H_2S 质量浓度为 15 mg/m^3(10 ppm)。

安全临界浓度：工作人员在露大安全工作 8 h 可接受的 H_2S 最大质量浓度为 30 mg/m^3(20 ppm)。

危险临界浓度：对工作人员生命和健康产生不可逆转的或延迟性影响的 H_2S 质量浓度为 150 mg/m^3(100 ppm)。

2. 火灾爆炸

H_2S 有毒且易燃，燃烧时呈蓝色火焰并产生 SO_2，SO_2 气体有特殊气味和强烈刺激性。H_2S 与空气混合达到 4.3%～45.5%(体积分数)时，遇火源可引起强烈爆炸。由于其蒸气比空气密度大，故会积聚在低洼处或在地面扩散，若遇火源会发生燃烧。H_2S 遇热分解为氢和硫，当它与氧化剂，如硝酸、三氧化氯等接触时，可引起强烈反应和燃烧。

3. 腐蚀

H_2S 溶于水后形成弱酸，对金属的腐蚀形式有电化学腐蚀、氢脆和硫化物应力腐蚀开裂，以后两者为主，一般统称为氢脆破坏。

根据美国腐蚀工程师协会 MR-01—1975 或 SY 0599—1997《天然气地面设施抗硫化物应力开裂金属材料要求》的规定，如果含硫天然气总压等于或大于 0.448 MPa，H_2S 分压等于或大于 0.343 kPa，就存在硫化物应力腐蚀开裂的危险。如果含 H_2S 介质中还含有其他腐蚀性组分，如 CO_2、Cl^-、残酸等，将促使 H_2S 对钢材的腐蚀速率大幅度加快。因此，在进行油套管管柱设计时应向耐蚀合金管材供应方提出此问题，并根据电化学腐蚀电位差选择适当的匹配方案并采用防护措施。

4. 对环境的危害

H_2S 进入大气后很快被氧化为 SO_2，使工厂及城市局部大气中 SO_2 浓度升高，这对人和动植物有伤害作用。SO_2 在大气中氧化成 SO_4^{2-}，是形成酸雨和降低能见度的主要原因。

五、二氧化硫

(一) 特性

二氧化硫(SO_2)是一种无色、有刺激性气味、有毒、易液化、比空气密度大的气体。容易与水结合形成亚硫酸，具有中等程度的腐蚀性，可以缓慢地与空气中的氧结合，形成腐蚀性和刺激性更强的硫酸。当燃料在富氧条件下燃烧时，也可生成少量的 SO_3，SO_3 是无色液体或白色气溶胶的固体粒子。SO_2 是形成硫酸型酸雨的根源。

（二）危害

1. 对人体的危害

SO_2 随同空气被吸入人体，可直接作用于呼吸道黏膜，也可以溶于液体中，引发或加重呼吸系统的各种疾病，如鼻炎、气管炎、哮喘、肺气肿、肺癌等，SO_2 对皮肤和眼结膜具有强刺激作用，对青少年的生长发育有不良影响，可降低免疫功能和抗病能力。

2. 对植物的危害

植物对 SO_2 敏感，主要通过叶面气孔进入植物体。如果 SO_2 浓度和持续时间超过了本身的自解机能（即阈值）就会破坏植物的正常生理功能，使光合作用降低，影响体内物质代谢和酶的活性，从而导致叶细胞质壁分离、崩溃，叶绿素分解等。从表观看，叶片出现伤斑、枯黄、卷、落、枯死等症状。

六、一氧化碳

（一）特性

在通常状况下，一氧化碳（CO）是无色、无臭、无味、有毒的气体，熔点－199 ℃，沸点－91.5 ℃。CO 不易溶于水或少量溶于水，但在氯仿、乙酸等有机溶剂中易于溶解，在空气中燃烧呈蓝色火焰，遇热、明火易燃烧爆炸，在 400～700 ℃间分解为 C 和 CO_2，CO 在酒精中的溶解度是水中的 7 倍，CO 的相对密度是 0.967，比空气密度略小。

（二）危害

CO 进入人体之后会和血液中的血红蛋白结合，进而减少血红蛋白与氧气的结合，导致人体缺氧，这就是 CO 中毒。

CO 的中毒症状表现在以下几个方面：

（1）轻度中毒。患者可出现头痛、头晕、失眠、视物模糊、耳鸣、恶心、呕吐、全身乏力、心动过速、短暂昏厥。血中碳氧血红蛋白的体积分数达 10％～20％。

（2）中度中毒。除上述症状加重外，口唇、指甲、皮肤黏膜出现樱桃红色，多汗，血压先升高后降低，心率加速，心律失常，烦躁，一时性感觉和运动分离（即尚有思维，但不能行动）。症状继续加重，可出现嗜睡、昏迷。中度中毒时，血中碳氧血红蛋白体积分数为 30％～40％。经及时抢救，可较快清醒，一般无并发症和后遗症。

（3）重度中毒。患者迅速进入昏迷状态。初期四肢肌张力增加，或有阵发性

强直性痉挛；晚期肌张力显著降低，患者面色苍白或青紫，血压下降，瞳孔散大，最后因呼吸麻痹而死亡。经抢救存活者可有严重并发症及后遗症。

七、二氧化碳

（一）特性

在标准状况下，二氧化碳（CO_2）是无色、无臭、无毒、略有酸性的气体，相对分子质量为44.01，不能燃烧，容易被液化，常压下便能冷凝成固体；密度约为空气密度的1.53倍。CO_2 可溶于原油和凝析油，也可溶于极性较强的溶剂。CO_2 易溶于水，溶解度随温度的升高而降低，随压力的升高而增大。CO_2 与水在一定条件下可形成水合物，会对井下设备及集输设备等产生腐蚀作用。

（二）危害

1. 中毒

一般情况下，CO_2 不是有毒物质，但高浓度的 CO_2 对机体具有毒性。当空气中的 CO_2 分压增高而超过血液 CO_2 分压时，则血液中 CO_2 不仅不能弥散入肺泡，相反，空气中的 CO_2 可以迅速地弥散入血液，必将造成体内 CO_2 滞留，从而产生 CO_2 中毒。CO_2 急性中毒的机理为：高浓度的 CO_2 使机体发生缺氧窒息，高浓度 CO_2 本身对呼吸中枢具有抑制和麻醉作用。

2. 腐蚀

CO_2 溶于水产生碳酸，进而引起电化学腐蚀。在不同介质温度下，根据腐蚀的不同形态，CO_2 的腐蚀分为全面腐蚀和局部腐蚀：温度较低时，主要发生金属的活性溶解，对碳钢发生全面腐蚀；温度较高时，金属由于腐蚀产物在表面的不均匀分布，主要发生局部腐蚀。根据SY 7515—1989，当天然气中 CO_2 分压高于0.1 MPa时有明显腐蚀；CO_2 分压为0.05～0.1 MPa时应考虑腐蚀作用；CO_2 分压低于0.05 MPa时一般不考虑腐蚀作用。当 CO_2 和 H_2S 共存时，CO_2 可加速 H_2S 对金属的腐蚀。

第二节　自喷采油

自喷采油是完全利用地层天然能量将原油从生产井井底举升到地面的采油方式，具有工艺简单、管理方便、油井产量高等特点。自喷井生产管理有15项主要操作，主要存在液体刺漏伤人、烧伤、烫伤、中毒、机械伤害等风险。

一、井口

（1）自喷井开井操作，见表2-4。

表2-4　自喷井开井操作的步骤、风险及其产生原因

序号	操作步骤		风　险	产生原因
	操作项	操作关键点		
1	倒流程	倒计量站生产流程	中　毒	① 站内存在有毒有害气体； ② 未进行有毒有害气体检测； ③ 未采取防护措施； ④ 未打开门窗通风换气
			紧急情况无法撤离	① 应急通道堵塞； ② 房门未采取开启固定措施
			液体刺漏伤人	① 倒错流程； ② 管线腐蚀穿孔、阀门密封损坏
			丝杠弹出伤人	① 丝杠与闸板连接处损坏； ② 未侧身操作
2	点加热炉	点加热炉	爆　炸	① 点火前未预先通风，炉膛内存在可燃气体； ② 未做到先点火后开气
			回火烧伤	① 炉膛内存在可燃气体； ② 点火时站位不合理
3	开　井	观察压力	液体刺漏伤人	① 倒错流程； ② 管线腐蚀穿孔、阀门密封损坏
		倒计量站放空流程	丝杠弹出伤人	① 丝杠与闸板连接处损坏； ② 未侧身操作
		倒井口生产流程	液体刺漏伤人	① 倒错流程； ② 未侧身操作
			丝杠弹出伤人	① 丝杠与闸板连接处损坏； ② 未侧身操作

续表 2-4

序号	操作步骤		风　险	产生原因
	操作项	操作关键点		
4	调整炉火	控制供气阀门	回火烧伤	站位不合理
5	更换压力表	更换油压、回压表	液体刺漏伤人	① 操作阀门不平稳； ② 拆卸压力表未泄尽余压
6	量油测气	量油测气	中　毒	① 站内存在有毒有害气体； ② 未进行有毒有害气体检测； ③ 未采取防护措施； ④ 未打开门窗通风换气

（2）自喷井关井操作，见表 2-5。

表 2-5　自喷井关井操作的步骤、风险及其产生原因

序号	操作步骤		风　险	产生原因
	操作项	操作关键点		
1	记录压力	记录油、套压值	人身伤害	站位不合理
2	关　井	倒井口流程	液体刺漏伤人	① 倒错流程； ② 管线腐蚀穿孔、阀门密封损坏
			丝杠弹出伤人	① 丝杠与闸板连接处损坏； ② 未侧身操作
3	停加热炉	关　火	回火烧伤	站位不合理
4	倒计量站流程	关闭计量站下流阀门	中　毒	① 站内存在有毒有害气体； ② 未进行有毒有害气体检测； ③ 未采取防护措施； ④ 未打开门窗通风换气
			紧急情况无法撤离	① 应急通道堵塞； ② 房门未采取开启固定措施
			液体刺漏伤人	① 操作不平稳； ② 管线腐蚀穿孔、阀门密封损坏
			丝杠弹出伤人	① 丝杠与闸板连接处损坏； ② 未侧身操作

续表 2-5

序号	操作步骤		风　险	产生原因
	操作项	操作关键点		
5	放　空	倒放空流程	液体刺漏伤人	① 倒错流程； ② 未侧身操作
			丝杠弹出伤人	① 丝杠与闸板连接处损坏； ② 未侧身操作
6	更换压力表	更换油压、回压表	液体刺漏伤人	① 未侧身操作； ② 操作阀门不平稳； ③ 拆卸压力表未泄尽余压

(3) 自喷井清蜡操作，见表 2-6。

表 2-6　自喷井清蜡操作的步骤、风险及其产生原因

序号	操作步骤		风　险	产生原因
	操作项	操作关键点		
1	检　查	检查绞车	磕伤、碰伤	站位不合理
		检查刹车	磕伤、碰伤	① 未戴安全帽； ② 站位不合理； ③ 未正确使用管钳、活动扳手
2	下刮蜡片	安装防喷管	砸　伤	① 配合不协调； ② 未正确使用工具； ③ 防喷管坠落砸伤
		试　压	液体刺漏伤人	① 倒错流程； ② 未侧身操作
		下刮蜡片	钢丝伤人	① 刹车失灵； ② 人员进入绞车与井口之间的危险区域； ③ 绞车、滑轮、井口未达到三点一线
3	起刮蜡片	起刮蜡片	钢丝伤人	① 钢丝绳有破损； ② 井口和绞车之间及周围有人； ③ 起刮蜡片时用力过猛，遇卡硬提

续表 2-6

序号	操作步骤		风　险	产生原因
	操作项	操作关键点		
3	起刮蜡片	放空、取出刮蜡片	液体刺漏伤人	① 倒错流程； ② 未侧身操作； ③ 未泄尽压力
		卸防喷管	砸　伤	① 配合不协调； ② 未正确使用工具； ③ 防喷管坠落砸伤

（4）自喷井更换油嘴操作，见表 2-7。

表 2-7　自喷井更换油嘴操作的步骤、风险及其产生原因

序号	操作步骤		风　险	产生原因
	操作项	操作关键点		
1	检查流程	检查井口流程	磕伤、碰伤	① 检查井口流程时站位不当； ② 未注意检查线路上的管线、设施位置
2	倒流程	倒入备用流程	液体刺漏伤人	① 倒错流程； ② 未侧身操作
			丝杠弹出伤人	① 丝杠与闸板连接处损坏； ② 未侧身操作
3	更换油嘴	取出旧油嘴	液体刺漏伤人	① 原生产流程未关严； ② 未放空； ③ 未泄尽余压； ④ 未侧身操作
			挤伤、砸伤	未正确使用管钳、油嘴扳手、撬杠
		安装新油嘴	挤伤、砸伤	① 未正确使用管钳、油嘴扳手、撬杠； ② 装油嘴、丝堵操作不稳
4	恢复流程	倒生产流程	液体刺漏伤人	① 倒错流程； ② 未侧身操作
			丝杠弹出伤人	① 丝杠与闸板连接处损坏； ② 未侧身操作

(5) 井口取油样操作，见表 2-8。

表 2-8 井口取油样操作的步骤、风险及其产生原因

序号	操作步骤		风险	产生原因
	操作项	操作关键点		
1	取样	打开取样阀门	中毒	① 伴生气含有毒气体； ② 操作人员站在下风口取样； ③ 未戴好防护用具
			液体刺漏伤人	① 打开阀门不平稳； ② 未侧身操作阀门； ③ 取样桶未对准取样弯头出口； ④ 取样桶与取样弯头出口的距离太远
		关闭取样阀门	中毒	操作人员站在下风口关闭取样阀门

(6) 单井拉油操作，见表 2-9。

表 2-9 单井拉油操作的步骤、风险及其产生原因

序号	操作步骤		风险	产生原因
	操作项	操作关键点		
1	装车前检查	车辆检查	火灾或交通事故	证件不齐全
		加热炉检查	气体中毒	① 站位不合理； ② 加热炉未熄火或停火时间较短
2	装车	装车	气体中毒	站位不合理
			火灾或爆炸	① 车辆未熄火即装车； ② 车辆未连接防静电设施； ③ 车辆未安装防火帽； ④ 罐车或储罐附近随意动火或吸烟； ⑤ 在罐车或储罐周围接打手机
			环境污染	打开阀门过猛
			坠落伤人	上下罐车、储罐未抓稳踏实
3	原油运送	车辆离开储罐	车辆伤害	车辆移动方向有人

续表 2-9

序号	操作步骤		风　险	产生原因
	操作项	操作关键点		
3	原油运送	运　输	交通事故	原油运送过程中车辆违反交通法规
			原油外溅	路况不好时车辆行驶不平稳
4	卸　油	车辆倒入卸油台	车辆伤害	① 车辆倒行方向有人； ② 车辆停稳后未打好掩木
		卸　油	火灾或爆炸	① 车辆进站前未安装防火帽； ② 没有连接防静电设施； ③ 站内随意动火或吸烟； ④ 站内接打手机
			原油外溅	开关卸油阀门不平稳

二、计量站

（1）单井量油、测气操作，见表 2-10。

表 2-10　单井量油、测气操作的步骤、风险及其产生原因

序号	操作步骤		风　险	产生原因
	操作项	操作关键点		
1	检查流程	检查环境	紧急情况无法撤离	① 应急通道堵塞； ② 房门未采取开启固定措施
			中　毒	① 站内存在有毒有害气体； ② 未进行有毒有害气体检测； ③ 未采取防护措施； ④ 未打开门窗通风换气
		检查流程	磕伤、碰伤	① 未戴安全帽； ② 站位不合理
2	检查分离器	检查分离器流程	磕伤、碰伤	① 站位不合理； ② 未侧身操作

续表 2-10

序号	操作步骤		风险	产生原因
	操作项	操作关键点		
3	倒流程	倒计量站流程	液体刺漏伤人	① 倒错流程； ② 管线腐蚀穿孔、阀门密封填料老化
			丝杠弹出伤人	① 丝杠与闸板连接处损坏； ② 未侧身操作
4	量　油	开关阀门	玻璃管爆裂伤人	① 操作人员离开岗位； ② 倒流程不及时； ③ 分离器压力异常，量油时憋压造成玻璃管爆裂伤人
5	测　气	开关阀门	液体刺漏伤人	① 倒流程不及时； ② 未侧身操作
			丝杆弹出伤人	① 丝杠与闸板连接处损坏； ② 未侧身操作

(2) 更换计量站阀门操作(以上流阀门为例)，见表 2-11。

表 2-11　更换计量站阀门操作(以上流阀门为例)的步骤、风险及其产生原因

序号	操作步骤		风险	产生原因
	操作项	操作关键点		
1	检查流程	检查计量站流程	紧急情况无法撤离	① 应急通道堵塞； ② 房门未采取开启固定措施
			中　毒	① 站内存在有毒有害气体； ② 未进行有毒有害气体检测； ③ 未采取防护措施； ④ 未打开门窗通风换气
			磕伤、碰伤	未戴安全帽
2	关　井	关井口流程	液体刺漏伤人	① 倒错流程； ② 管线腐蚀穿孔、阀门密封垫圈老化
			丝杠弹出伤人	① 丝杠与闸板连接处损坏； ② 未侧身操作

续表 2-11

序号	操作步骤		风　险	产生原因
	操作项	操作关键点		
3	倒流程	放　空	液体刺漏伤人	① 倒错流程憋压； ② 管线腐蚀穿孔、阀门密封填料老化
			丝杠弹出伤人	① 丝杠与闸板连接处损坏； ② 未侧身操作
4	更换阀门	拆、装阀门	液体刺漏伤人	① 放空不彻底； ② 卸松螺丝后未进行二次卸压
			磕伤、碰伤	① 未戴安全帽； ② 未正确使用活动扳手
			砸　伤	① 站位不合理； ② 配合不协调
5	试　压	倒流程	液体刺漏伤人	① 倒错流程； ② 管线腐蚀穿孔、阀门密封填料老化
			丝杠弹出伤人	① 丝杠与闸板连接处损坏； ② 未侧身操作
6	开　井	开、关阀门	液体刺漏伤人	① 倒错流程； ② 管线腐蚀穿孔、阀门密封垫圈老化
			丝杠弹出伤人	① 丝杠与闸板连接处损坏； ② 未侧身操作

(3) 更换计量站闸板阀密封填料操作(以下流阀门为例),见表 2-12。

表 2-12　更换计量站闸板阀密封填料操作(以下流阀门为例)的步骤、风险及其产生原因

序号	操作步骤		风　险	产生原因
	操作项	操作关键点		
1	检查流程	检查计量站流程	紧急情况无法撤离	① 应急通道堵塞； ② 房门未采取开启固定措施
			中　毒	① 站内存在有毒有害气体； ② 未进行有毒有害气体检测； ③ 未采取防护措施； ④ 未打开门窗通风换气
			磕伤、碰伤	未戴安全帽

续表 2-12

序号	操作步骤		风　险	产生原因
	操作项	操作关键点		
2	倒流程	倒计量站流程	液体刺漏伤人	① 倒错流程； ② 管线腐蚀穿孔、阀门密封填料老化
			丝杠弹出伤人	① 丝杠与闸板连接处损坏； ② 未侧身操作
3	更换填料	取旧填料	液体刺漏伤人	① 未放空，带压操作； ② 未侧身操作
			磕伤、碰伤	未正确使用活动扳手、起子
		安装新填料	磕伤、碰伤	未正确使用活动扳手、起子
4	试　压	开、关阀门	液体刺漏伤人	① 倒错流程； ② 管线腐蚀穿孔、阀门密封填料老化
			丝杠弹出伤人	① 丝杠与闸板连接处损坏； ② 未侧身操作

（4）冲洗计量分离器操作，见表 2-13。

表 2-13　冲洗计量分离器操作的步骤、风险及其产生原因

序号	操作步骤		风　险	产生原因
	操作项	操作关键点		
1	检查流程	检查计量站流程	紧急情况无法撤离	① 应急通道堵塞； ② 房门未采取开启固定措施
			中　毒	① 站内存在有毒有害气体； ② 未进行有毒有害气体检测； ③ 未采取防护措施； ④ 未打开门窗通风换气
			磕伤、碰伤	未戴安全帽
2	冲洗分离器	倒冲洗分离器流程	液体刺漏伤人	① 倒错流程； ② 管线腐蚀穿孔、阀门密封垫圈老化
			丝杠弹出伤人	① 丝杠与闸板连接处损坏； ② 未侧身操作

续表 2-13

序号	操作步骤		风　险	产生原因
	操作项	操作关键点		
3	恢复原流程	开、关阀门	液体刺漏伤人	① 倒错流程； ② 管线腐蚀穿孔、阀门密封填料老化
			丝杠弹出伤人	① 丝杠与闸板连接处损坏； ② 未侧身操作

（5）更换计量分离器量油玻璃管（板）操作，见表 2-14。

表 2-14　更换计量分离器量油玻璃管（板）操作的步骤、风险及其产生原因

序号	操作步骤		风　险	产生原因
	操作项	操作关键点		
1	检查流程	检查计量站流程	紧急情况无法撤离	① 应急通道堵塞； ② 房门未采取开启固定措施
			中　毒	① 站内存在有毒有害气体； ② 未进行有毒有害气体检测； ③ 未采取防护措施； ④ 未打开门窗通风换气
			磕伤、碰伤	① 未戴安全帽； ② 站位不合理
2	放　空	打开放空阀门	液体刺漏伤人	① 操作不平稳； ② 管线腐蚀穿孔、阀门密封垫圈老化
			丝杠弹出伤人	① 丝杠与闸板连接处损坏； ② 未侧身操作
3	更换玻璃管（板）	卸旧玻璃管（板）	液体刺漏伤人	带压操作
			磕伤、碰伤	未正确使用活动扳手
			扎　伤	操作不平稳
		装新玻璃管（板）	扎　伤	未正确使用锉刀，未平稳操作
			磕伤、碰伤	站位不合理，未平稳操作

续表 2-14

序号	操作步骤		风　险	产生原因
	操作项	操作关键点		
4	试　压	恢复原流程	液体刺漏伤人	① 倒错流程憋压； ② 管线腐蚀穿孔、阀门密封填料老化
			丝杠弹出伤人	① 丝杠与闸板连接处损坏； ② 未侧身操作

三、加热炉

(1) 加热炉启炉操作(以水套式加热炉为例)，见表 2-15。

表 2-15　加热炉启炉操作(以水套式加热炉为例)的步骤、风险及其产生原因

序号	操作步骤		风　险	产生原因
	操作项	操作关键点		
1	点火前检查	检查加热炉	磕伤、碰伤	未戴安全帽
2	点　火	加热炉点火	爆　炸	① 点火前未预先通风，炉膛内可燃气未排尽； ② 未遵守“先点火，后开气”原则
			回火烧伤	站在下风口点火
3	调　温	调整炉火	回火烧伤	站在下风口调整炉火
4	投运后检查	巡回检查	回火烧伤	站在下风口检查加热炉火焰燃烧情况

(2) 加热炉停炉操作(以水套式加热炉为例)，见表 2-16。

表 2-16　加热炉停炉操作(以水套式加热炉为例)的步骤、风险及其产生原因

序号	操作步骤		风　险	产生原因
	操作项	操作关键点		
1	检　查	检查加热炉	磕伤、碰伤	未戴安全帽
2	停　炉	关　火	回火烧伤	站在下风口关闭供气阀门

(3) 加热炉巡回检查操作，见表 2-17。

表 2-17　加热炉巡回检查操作的步骤、风险及其产生原因

序号	操作步骤		风　险	产生原因
	操作项	操作关键点		
1	检查加热炉	巡回检查	磕伤、碰伤	未戴安全帽
2	调　温	调整炉火	回火烧伤	站在下风口调整炉火
3	检查水位	观察液位计	烫　伤	玻璃管爆裂，站位不合理

（4）水套加热炉加水操作，见表 2-18。

表 2-18　水套加热炉加水操作的步骤、风险及其产生原因

序号	操作步骤		风　险	产生原因
	操作项	操作关键点		
1	加水前检查	检查加热炉	烧　伤	站在下风口检查炉火
		观察液位计	烫　伤	玻璃管爆裂，站位不合理
2	补　水	加　水	摔　伤	登高未抓稳踏实
3	调　温	调整炉火	烧　伤	站在下风口调整炉火

第三节　机械采油

一、有杆泵采油

1. 游梁式抽油机有杆泵采油

游梁式抽油机采油作业的操作主要包括对采油树、抽油机、控制柜等地面设备的安装、维护保养、参数调整、油井测试等操作过程，有 20 个主要操作项目，主要存在操作触电、机械伤害、高空坠落、流体刺漏伤人、火灾、爆炸和车辆伤害等风险。

（1）更换游梁式抽油机毛辫子操作，见表 2-19。

表 2-19　更换游梁式抽油机毛辫子操作的步骤、风险及其产生原因

序号	操作步骤		风　险	产生原因
	操作项	操作关键点		
1	停　抽	打开控制柜门	触　电	① 未戴绝缘手套； ② 未用验电器确认控制柜外壳无电

续表 2-19

序号	操作步骤		风　险	产生原因
	操作项	操作关键点		
1	停　抽	停　抽	电弧灼伤	未侧身按停止按钮
		拉刹车	机械伤害	① 拉刹车人员站位不合理； ② 刹车操作不到位
2	断　电	先断开控制柜开关，再断开上一级开关	触　电	① 未戴绝缘手套； ② 未用验电器确认控制柜上一级开关外壳无电
			电弧灼伤	未侧身拉闸断电
3	刹　车	检查刹车	机械伤害	① 进入曲柄旋转区域； ② 未悬挂警示标志
4	卸负荷	安装卸载卡子	机械伤害	① 井口操作时直接用手抓光杆、毛辫子； ② 戴手套使用手锤； ③ 砸方卡子时未遮挡保护脸部； ④ 未正确使用活动扳手
		松刹车	人身伤害	① 抽油机周围有人； ② 松刹车不平稳
			设备损坏	① 抽油机周围有障碍物； ② 松刹车不平稳
		合控制柜上一级开关	触　电	① 未戴绝缘手套； ② 未用验电器确认控制柜上一级开关外壳无电
			电弧灼伤	未侧身合闸送电
		启动抽油机	触　电	① 未戴绝缘手套； ② 未用验电器确认控制柜外壳无电
			电弧灼伤	未侧身合空气开关及按启动按钮
			机械伤害	① 长发未盘入安全帽内； ② 劳动保护用品穿戴不整齐
			设备损坏	① 不松刹车启动抽油机； ② 未利用惯性启动抽油机

续表 2-19

序号	操作步骤		风险	产生原因
	操作项	操作关键点		
4	卸负荷	停抽	触电	① 未戴绝缘手套； ② 未用验电器确认控制柜外壳无电
			电弧灼伤	未侧身按停止按钮
		拉刹车	机械伤害	① 拉刹车人员站位不合理； ② 刹车操作不到位
		先断开控制柜开关，再断开上一级开关	触电	① 未戴绝缘手套； ② 未用验电器确认控制柜上一级开关外壳无电
			电弧灼伤	未侧身拉闸断电
5	刹车	检查刹车	机械伤害	① 进入曲柄旋转区域； ② 未悬挂警示标志
6	更换毛辫子	更换毛辫子	高空坠落	① 高空作业人员未正确佩戴及使用安全带； ② 高空作业人员站位不合理，操作不平稳
			物体打击	① 高空作业时工具类、物品类未系保险绳或放置不平稳； ② 高空作业时地面人员进入井口危险区域； ③ 地面配合人员未戴安全帽
		拆除卸载卡子	机械伤害	① 井口操作时直接用手抓光杆、毛辫子； ② 戴手套使用手锤； ③ 砸方卡子时未遮挡保护脸部； ④ 未正确使用锉刀
7	开抽	松刹车	人身伤害	① 未检查抽油机周围是否有人； ② 松刹车不平稳
			设备损坏	① 未检查抽油机周围是否有障碍物； ② 松刹车不平稳
		合控制柜上一级开关	触电	① 未戴绝缘手套； ② 未用验电器确认控制柜上一级开关外壳无电
			电弧灼伤	未侧身合闸送电

续表 2-19

序号	操作步骤		风险	产生原因
	操作项	操作关键点		
7	开抽	启动抽油机	触电	① 未戴绝缘手套； ② 未用验电器确认控制柜外壳无电
			电弧灼伤	未侧身合空气开关及按启动按钮
			机械伤害	① 长发未盘入安全帽内； ② 劳动保护用品穿戴不整齐
			设备损坏	① 不松刹车启动抽油机； ② 未利用惯性启动抽油机
8	开抽后检查	检查井口流程	磕伤、碰伤	① 未正确使用管钳； ② 井口检查时未注意悬绳器运行位置
		检查毛辫子	人身伤害	① 站位不合理； ② 不停抽处理故障
		检查抽油机运转情况	人身伤害	① 进入旋转部位； ② 检查时站位不合理，距离运转设备太近； ③ 不停抽处理故障

（2）调整游梁式抽油机曲柄平衡操作，见表 2-20。

表 2-20　调整游梁式抽油机曲柄平衡操作的步骤、风险及其产生原因

序号	操作步骤		风险	产生原因
	操作项	操作关键点		
1	测电流	打开控制柜门	触电	① 未戴绝缘手套； ② 未用验电器确认控制柜外壳无电
		钳形电流表测电流	仪表损坏	① 选择仪表规格、挡位不合适； ② 使用方法不正确
2	停抽	打开控制柜门	触电	① 未戴绝缘手套； ② 未用验电器确认控制柜上外壳无电
		停抽	电弧灼伤	未侧身按停止按钮
		拉刹车	机械伤害	① 拉刹车人员站位不合理； ② 刹车操作不到位

续表 2-20

<table>
<tr><th rowspan="2">序号</th><th colspan="2">操作步骤</th><th rowspan="2">风　险</th><th rowspan="2">产生原因</th></tr>
<tr><th>操作项</th><th>操作关键点</th></tr>
<tr><td rowspan="2">3</td><td rowspan="2">断　电</td><td rowspan="2">先断开控制柜开关，再断开上一级开关</td><td>触　电</td><td>① 未戴绝缘手套；
② 未用验电器确认控制柜上一级开关外壳无电</td></tr>
<tr><td>电弧灼伤</td><td>未侧身拉闸断电</td></tr>
<tr><td>4</td><td>刹　车</td><td>检查刹车</td><td>机械伤害</td><td>① 进入曲柄旋转区域；
② 未悬挂警示标志</td></tr>
<tr><td rowspan="2">5</td><td rowspan="2">调平衡</td><td rowspan="2">移动平衡块</td><td>高空坠落</td><td>① 高空作业人员未正确佩戴及使用安全带；
② 未清理减速箱上的油污；
③ 高处作业人员站位不合理，操作不平稳</td></tr>
<tr><td>物体打击</td><td>① 高空作业时工具类、物品类未系保险绳或放置不平稳；
② 高空作业时地面人员进入危险区域；
③ 地面配合人员未戴安全帽；
④ 停抽时曲柄倾角大于 5°；
⑤ 戴手套使用大锤；
⑥ 移动平衡块时未确认前方无人；
⑦ 移动平衡块不平稳</td></tr>
<tr><td rowspan="7">6</td><td rowspan="7">开　抽</td><td rowspan="2">松刹车</td><td>人身伤害</td><td>① 未检查抽油机周围是否有人；
② 松刹车不平稳</td></tr>
<tr><td>设备损坏</td><td>① 未检查抽油机周围是否有障碍物；
② 松刹车不平稳</td></tr>
<tr><td rowspan="2">合控制柜上一级开关</td><td>触　电</td><td>① 未戴绝缘手套；
② 未用验电器确认控制柜上一级开关外壳无电</td></tr>
<tr><td>电弧灼伤</td><td>未侧身合闸送电</td></tr>
<tr><td rowspan="3">启动抽油机</td><td>触　电</td><td>① 未戴绝缘手套；
② 未用验电器确认控制柜外壳无电</td></tr>
<tr><td>电弧灼伤</td><td>未侧身合空气开关及按启动按钮</td></tr>
<tr><td>机械伤害</td><td>① 长发未盘入安全帽内；
② 劳动保护用品穿戴不整齐；
③ 平衡块紧固不到位</td></tr>
</table>

续表 2-20

序号	操作步骤		风　险	产生原因
	操作项	操作关键点		
6	开　抽	启动抽油机	设备损坏	① 不松刹车启动抽油机； ② 未利用惯性启动抽油机； ③ 平衡块紧固不到位
7	开抽后检查	测电流	触　电	① 未戴绝缘手套； ② 未用验电器确认控制柜外壳无电
			仪表损坏	① 选择仪表规格、挡位不合适； ② 使用方法不正确
		检查井口流程	磕伤、碰伤	① 未正确使用管钳； ② 井口检查时未注意悬绳器运行位置
		检查抽油机运转情况	人身伤害	① 进入旋转部位； ② 检查时站位不合理，距离运转设备太近； ③ 不停抽处理故障

（3）调整游梁式抽油机冲次操作，见表 2-21。

表 2-21　调整游梁式抽油机冲次操作的步骤、风险及其产生原因

序号	操作步骤		风　险	产生原因
	操作项	操作关键点		
1	停　抽	打开控制柜门	触　电	① 未戴绝缘手套； ② 未用验电器确认控制柜外壳无电
		停　抽	电弧灼伤	未侧身按停止按钮
		拉刹车	机械伤害	① 拉刹车人员站位不合理； ② 刹车操作不到位
2	断　电	先断开控制柜开关，再断开上一级开关	触　电	① 未戴绝缘手套； ② 未用验电器确认控制柜上一级开关外壳无电
			电弧灼伤	未侧身拉闸断电
3	刹　车	检查刹车	机械伤害	① 进入曲柄旋转区域； ② 未悬挂警示标志

续表 2-21

序号	操作步骤		风　险	产生原因
	操作项	操作关键点		
4	更换皮带轮	卸原皮带轮	人身伤害	① 未正确使用活动扳手、撬杠； ② 跨越抽油机底座操作不平稳； ③ 未正确使用拔轮器，操作配合不当； ④ 戴手套卸皮带； ⑤ 站位不合理； ⑥ 配合者双手脱离皮带轮
		装新皮带轮	人身伤害	① 戴手套使用大锤； ② 安装皮带轮人员配合不当
5	开　抽	松刹车	人身伤害	① 未检查抽油机周围是否有人； ② 松刹车不平稳
			设备损坏	① 未检查抽油机周围是否有障碍物； ② 松刹车不平稳
		合控制柜上一级开关	触　电	① 未戴绝缘手套； ② 未用验电器确认控制柜上一级开关外壳无电
			电弧灼伤	未侧身合闸送电
		启动抽油机	触　电	① 未戴绝缘手套； ② 未用验电器确认控制柜外壳无电
			电弧灼伤	未侧身合空气开关及按启动按钮
			机械伤害	① 长发未盘入安全帽内； ② 劳动保护用品穿戴不整齐
			设备损坏	① 不松刹车启动抽油机； ② 未利用惯性启动抽油机
6	开抽后检查	测电流	触　电	① 未戴绝缘手套； ② 未用验电器确认控制柜外壳无电
			仪表损坏	① 选择仪表规格、挡位不合适； ② 使用方法不正确
		检查井口流程	磕伤、碰伤	① 未正确使用管钳； ② 井口检查时未注意悬绳器运行位置

续表 2-21

序号	操作步骤		风　险	产生原因
	操作项	操作关键点		
6	开抽后检查	检查抽油机运转情况	人身伤害	① 进入旋转部位； ② 检查时站位不合理，距离运转设备太近； ③ 不停抽处理故障

（4）调整游梁式抽油机冲程操作，见表 2-22。

表 2-22　调整游梁式抽油机冲程操作的步骤、风险及其产生原因

序号	操作步骤		风　险	产生原因
	操作项	操作关键点		
1	停　抽	打开控制柜门	触　电	① 未戴绝缘手套； ② 未用验电器确认控制柜外壳无电
		停　抽	电弧灼伤	未侧身按停止按钮
		拉刹车	机械伤害	① 拉刹车人员站位不合理； ② 刹车操作不到位
2	断　电	先断开控制柜开关，再断开上一级开关	触　电	① 未戴绝缘手套； ② 未用验电器确认控制柜上一级开关外壳无电
			电弧灼伤	未侧身拉闸断电
3	刹　车	检查刹车	机械伤害	① 进入曲柄旋转区域； ② 未悬挂警示标志
4	卸负荷	安装卸载卡子	机械伤害	① 井口操作时直接用手抓光杆、毛辫子； ② 戴手套使用手锤； ③ 砸方卡子时未遮挡保护脸部； ④ 未正确使用活动扳手
		松刹车	人身伤害	① 未检查抽油机周围是否有人； ② 松刹车不平稳
			设备损坏	① 未检查抽油机周围是否有障碍物； ② 松刹车不平稳
		合控制柜上一级开关	触　电	① 未戴绝缘手套； ② 未用验电器确认控制柜上一级开关外壳无电
			电弧灼伤	未侧身合闸送电

续表 2-22

序号	操作步骤		风　险	产生原因
	操作项	操作关键点		
4	卸负荷	启动抽油机	触　电	① 未戴绝缘手套； ② 未用验电器确认控制柜外壳无电
			电弧灼伤	未侧身合空气开关及按启动按钮
			机械伤害	① 长发未盘入安全帽内； ② 劳动保护用品穿戴不整齐
			设备损坏	① 不松刹车启动抽油机； ② 未利用惯性启动抽油机
		停　抽	触　电	① 未戴绝缘手套； ② 未用验电器确认控制柜外壳无电
			电弧灼伤	未侧身按停止按钮
		拉刹车	机械伤害	① 拉刹车人员站位不合理； ② 刹车操作不到位
		先断开控制柜开关，再断开上一级开关	触　电	① 未戴绝缘手套； ② 未用验电器确认控制柜上一级开关外壳无电
			电弧灼伤	未侧身拉闸断电
5	刹　车	检查刹车	机械伤害	① 进入曲柄旋转区域； ② 未悬挂警示标志
6	调整冲程	挂倒链	高空坠落	① 高处作业人员未正确佩戴及使用安全带； ② 高处作业人员站位不合理，操作不平稳
			物体打击	① 高空作业时工具类、物品类未系保险绳或放置不平稳； ② 高空作业时地面人员进入井口危险区域； ③ 地面配合人员未戴安全帽
			人身伤害	① 未正确使用倒链； ② 操作人员配合不协调

续表 2-22

序号	操作步骤		风 险	产生原因
	操作项	操作关键点		
6	调整冲程	卸曲柄销	砸伤、摔伤	① 用大锤退卸曲柄销时配合不当； ② 用绳类工具拽曲柄销时不稳； ③ 戴手套使用大锤
		装曲柄销	砸伤、挤伤	① 未正确使用倒链； ② 推曲柄销时配合不当
		摘倒链	高空坠落	① 高处作业人员未正确佩戴及使用安全带； ② 高处作业人员站位不合理，操作不平稳
			物体打击	① 高空作业时工具类、物品类未系保险绳或放置不平稳； ② 高空作业时地面人员进入井口危险区域； ③ 地面配合人员未戴安全帽
			人身伤害	拆卸倒链配合不协调
7	调整防冲距	安装卸载卡子	机械伤害	① 井口操作时直接用手抓光杆、毛辫子； ② 戴手套使用手锤； ③ 砸方卡子时未遮挡保护脸部； ④ 未正确使用活动扳手
		松刹车	人身伤害	① 未检查抽油机周围是否有人； ② 松刹车不平稳
			设备损坏	① 未检查抽油机周围是否有障碍物； ② 松刹车不平稳
		合控制柜上一级开关	触 电	① 未戴绝缘手套； ② 未用验电器确认控制柜上一级开关外壳无电
			电弧灼伤	未侧身合闸送电
		启动抽油机	触 电	① 未戴绝缘手套； ② 未用验电器确认控制柜外壳无电
			电弧灼伤	未侧身合空气开关及按启动按钮

续表 2-22

<table>
<tr><th rowspan="2">序号</th><th colspan="2">操作步骤</th><th rowspan="2">风 险</th><th rowspan="2">产生原因</th></tr>
<tr><th>操作项</th><th>操作关键点</th></tr>
<tr><td rowspan="12">7</td><td rowspan="12">调整防冲距</td><td rowspan="2">启动抽油机</td><td>机械伤害</td><td>① 长发未盘入安全帽内；
② 劳动保护用品穿戴不整齐</td></tr>
<tr><td>设备损坏</td><td>① 不松刹车启动抽油机；
② 未利用惯性启动抽油机</td></tr>
<tr><td rowspan="2">停 抽</td><td>触 电</td><td>① 未戴绝缘手套；
② 未用验电器确认控制柜外壳无电</td></tr>
<tr><td>电弧灼伤</td><td>未侧身按停止按钮</td></tr>
<tr><td>拉刹车</td><td>机械伤害</td><td>① 拉刹车人员站位不合理；
② 刹车操作不到位</td></tr>
<tr><td rowspan="2">先断开控制柜开关，再断开上一级开关</td><td>触 电</td><td>① 未戴绝缘手套；
② 未用验电器确认控制柜上一级开关外壳无电</td></tr>
<tr><td>电弧灼伤</td><td>未侧身拉闸断电</td></tr>
<tr><td>检查刹车</td><td>机械伤害</td><td>① 进入曲柄旋转区域；
② 未悬挂警示标志</td></tr>
<tr><td>移动悬绳器方卡子</td><td>机械伤害</td><td>① 井口操作时直接用手抓光杆、毛辫子；
② 戴手套使用手锤；
③ 砸方卡子时未遮挡保护脸部；
④ 未正确使用活动扳手</td></tr>
<tr><td>拆除卸载卡子</td><td>机械伤害</td><td>① 井口操作时直接用手抓光杆、毛辫子；
② 戴手套使用手锤；
③ 砸方卡子时未遮挡保护脸部；
④ 未正确使用锉刀</td></tr>
<tr><td rowspan="3">8</td><td rowspan="3">开 抽</td><td rowspan="2">松刹车</td><td>人身伤害</td><td>① 未检查抽油机周围是否有人；
② 松刹车不平稳</td></tr>
<tr><td>设备损坏</td><td>① 未检查抽油机周围是否有障碍物；
② 松刹车不平稳</td></tr>
<tr><td>合控制柜上一级开关</td><td>触 电</td><td>① 未戴绝缘手套；
② 未用验电器确认控制柜上一级开关外壳无电</td></tr>
</table>

续表 2-22

序号	操作步骤		风　险	产生原因
	操作项	操作关键点		
8	开　抽	合控制柜上一级开关	电弧灼伤	未侧身合闸送电
		启动抽油机	触　电	① 未戴绝缘手套； ② 未用验电器确认控制柜外壳无电
			电弧灼伤	未侧身合空气开关及按启动按钮
			机械伤害	① 长发未盘入安全帽内； ② 劳动保护用品穿戴不整齐
			设备损坏	① 不松刹车启动抽油机； ② 未利用惯性启动抽油机
9	开抽后检查	测电流	触　电	① 未戴绝缘手套； ② 未用验电器确认控制柜外壳无电
			仪表损坏	① 选择仪表规格、挡位不合适； ② 使用方法不正确
		检查井口流程	磕伤、碰伤	① 未正确使用管钳； ② 井口检查时未注意悬绳器运行位置
		检查抽油机运转情况	人身伤害	① 进入旋转部位； ② 检查时站位不合理，距离运转设备太近； ③ 不停抽处理故障

(5) 抽油机井碰泵操作，见表 2-23。

表 2-23　抽油机井碰泵操作的步骤、风险及其产生原因

序号	操作步骤		风　险	产生原因
	操作项	操作关键点		
1	停　抽	打开控制柜门	触　电	① 未戴绝缘手套； ② 未用验电器确认控制柜外壳无电
		停　抽	电弧灼伤	未侧身按停止按钮
		拉刹车	机械伤害	① 拉刹车人员站位不合理； ② 刹车操作不到位

续表 2-23

序号	操作步骤		风 险	产生原因
	操作项	操作关键点		
2	断 电	先断开控制柜开关,再断开上一级开关	触 电	① 未戴绝缘手套; ② 未用验电器确认控制柜上一级开关外壳无电
			电弧灼伤	未侧身拉闸断电
3	刹 车	检查刹车	机械伤害	① 进入曲柄旋转区域; ② 未悬挂警示标志
4	卸负荷	安装卸载卡子	机械伤害	① 井口操作时直接用手抓光杆、毛辫子; ② 戴手套使用手锤; ③ 砸方卡子时未遮挡保护脸部; ④ 未正确使用活动扳手
		松刹车	人身伤害	① 未检查抽油机周围是否有人; ② 松刹车不平稳
			设备损坏	① 未检查抽油机周围是否有障碍物; ② 松刹车不平稳
		合控制柜上一级开关	触 电	① 操作控制柜上一级开关未戴绝缘手套; ② 未用验电器确认控制柜上一级开关外壳无电
			电弧灼伤	未侧身合闸送电
		启动抽油机	触 电	① 操作控制柜未戴绝缘手套; ② 未用验电器确认控制柜外壳无电
			电弧灼伤	未侧身合空气开关及按启动按钮
			机械伤害	① 长发未盘入安全帽内; ② 劳动保护用品穿戴不整齐
			设备损坏	① 不松刹车启动抽油机; ② 未利用惯性启动抽油机
		停 抽	触 电	① 未戴绝缘手套; ② 未用验电器确认控制柜外壳无电
			电弧灼伤	未侧身按停止按钮

续表 2-23

序号	操作步骤		风　险	产生原因
	操作项	操作关键点		
4	卸负荷	拉刹车	机械伤害	① 拉刹车人员站位不合理； ② 刹车操作不到位
		先断开控制柜开关，再断开上一级开关	触　电	① 未戴绝缘手套； ② 未用验电器确认控制柜上一级开关外壳无电
			电弧灼伤	未侧身拉闸断电
5	刹　车	检查刹车	机械伤害	① 进入曲柄旋转区域； ② 未悬挂警示标志
6	下放抽油杆柱	移动悬绳器方卡子	机械伤害	① 井口操作时直接用手抓光杆、毛辫子； ② 戴手套使用手锤； ③ 砸方卡子时未遮挡保护脸部； ④ 未正确使用活动扳手
		拆除卸载卡子	人身伤害	① 井口操作时直接用手抓光杆、毛辫子； ② 戴手套使用手锤； ③ 砸方卡子时未遮挡保护脸部； ④ 未正确使用活动扳手、锉刀
7	碰　泵	松刹车	人身伤害	① 未检查抽油机周围是否有人； ② 松刹车不平稳
			设备损坏	① 未检查抽油机周围是否有障碍物； ② 松刹车不平稳
		合控制柜上一级开关	触　电	① 操作控制柜上一级开关未戴绝缘手套； ② 未用验电器确认控制柜上一级开关外壳无电
			电弧灼伤	未侧身合闸送电
		启动抽油机	触　电	① 操作控制柜未戴绝缘手套； ② 未用验电器确认控制柜外壳无电
			电弧灼伤	未侧身合空气开关及按启动按钮
			机械伤害	① 长发未盘入安全帽内； ② 劳动保护用品穿戴不整齐

续表 2-23

序号	操作步骤		风　险	产生原因
	操作项	操作关键点		
7	碰　泵	启动抽油机	设备损坏	① 不松刹车启动抽油机； ② 未利用惯性启动抽油机
		碰　泵	设备损坏	未按规定次数碰泵
8	卸负荷	停　抽	触　电	① 未戴绝缘手套； ② 未用验电器确认控制柜外壳无电
			电弧灼伤	未侧身按停止按钮
		拉刹车	机械伤害	① 拉刹车人员站位不合理； ② 刹车操作不到位
		先断开控制柜开关，再断开上一级开关	触　电	① 未戴绝缘手套； ② 未用验电器确认控制柜上一级开关外壳无电
			电弧灼伤	未侧身拉闸断电
		检查刹车	机械伤害	① 进入曲柄旋转区域； ② 未悬挂警示标志
		安装卸载卡子	机械伤害	① 井口操作时直接用手抓光杆、毛辫子； ② 戴手套使用手锤； ③ 砸方卡子时未遮挡保护脸部； ④ 未正确使用活动扳手
		松刹车	人身伤害	① 未检查抽油机周围是否有人； ② 松刹车不平稳
			设备损坏	① 未检查抽油机周围是否有障碍物； ② 松刹车不平稳
		合控制柜上一级开关	触　电	① 未戴绝缘手套； ② 未用验电器确认控制柜上一级开关外壳无电
			电弧灼伤	未侧身合闸送电
		启动抽油机	触　电	① 未戴绝缘手套； ② 未用验电器确认控制柜外壳无电
			电弧灼伤	未侧身合空气开关及按启动按钮

续表 2-23

序号	操作步骤		风险	产生原因
	操作项	操作关键点		
8	卸负荷	启动抽油机	机械伤害	① 长发未盘入安全帽内； ② 劳动保护用品穿戴不整齐
			设备损坏	① 不松刹车启动抽油机； ② 未利用惯性启动抽油机
		停抽	触电	① 未戴绝缘手套； ② 未用验电器确认控制柜外壳无电
			电弧灼伤	未侧身操作空气开关及按停止按钮
		拉刹车	机械伤害	① 拉刹车人员站位不合理； ② 刹车操作不到位
		先断开控制柜开关,再断开上一级开关	触电	① 未戴绝缘手套； ② 未用验电器确认控制柜上一级开关外壳无电
			电弧灼伤	未侧身拉闸断电
9	刹车	检查刹车	机械伤害	① 进入曲柄旋转区域； ② 未悬挂警示标志
10	恢复防冲距	移动悬绳器方卡子	机械伤害	① 井口操作时直接用手抓光杆、毛辫子； ② 戴手套使用手锤； ③ 砸方卡子时未遮挡保护脸部； ④ 未正确使用活动扳手
		拆除卸载卡子	机械伤害	① 井口操作时直接用手抓光杆、毛辫子； ② 戴手套使用手锤； ③ 砸方卡子时未遮挡保护脸部； ④ 未正确使用锉刀
11	开抽	松刹车	人身伤害	① 未检查抽油机周围是否有人； ② 松刹车不平稳
			设备损坏	① 未检查抽油机周围是否有障碍物； ② 松刹车不平稳
		合控制柜上一级开关	触电	① 未戴绝缘手套； ② 未用验电器确认控制柜上一级开关外壳无电

续表 2-23

序号	操作步骤		风　险	产生原因
	操作项	操作关键点		
11	开　抽	合控制柜上一级开关	电弧灼伤	未侧身合闸送电
		启动抽油机	触　电	① 未戴绝缘手套； ② 未用验电器确认控制柜外壳无电
			电弧灼伤	未侧身合空气开关及按启动按钮
			机械伤害	① 长发未盘入安全帽内； ② 劳动保护用品穿戴不整齐
			设备损坏	① 不松刹车启动抽油机； ② 未利用惯性启动抽油机
12	开抽后检查	测电流	触　电	① 未戴绝缘手套； ② 未用验电器确认控制柜外壳无电
			仪表损坏	① 选择仪表规格、挡位不合适； ② 使用方法不正确
		检查井口流程	磕伤、碰伤	① 未正确使用管钳； ② 井口检查时未注意悬绳器运行位置
		检查抽油机运转情况	人身伤害	① 进入旋转部位； ② 检查时站位不合理，距离运转设备太近； ③ 不停抽处理故障

（6）更换抽油机电机传动皮带操作，见表 2-24。

表 2-24　更换抽油机电机传动皮带操作的步骤、风险及其产生原因

序号	操作步骤		风　险	产生原因
	操作项	操作关键点		
1	停　抽	打开控制柜门	触　电	① 未戴绝缘手套； ② 未用验电器确认控制柜外壳无电
		停　抽	电弧灼伤	未侧身按停止按钮
		拉刹车	机械伤害	① 拉刹车人员站位不合理； ② 刹车操作不到位

续表 2-24

序号	操作步骤		风险	产生原因
	操作项	操作关键点		
2	断电	先断开控制柜开关，再断开上一级开关	触电	① 未戴绝缘手套； ② 未用验电器确认控制柜上一级开关外壳无电
			电弧灼伤	未侧身拉闸断电
3	刹车	检查刹车	机械伤害	① 进入曲柄旋转区域； ② 未悬挂警示标志
4	移电机	卸顶丝及固定螺丝	磕伤、碰伤	① 小撬杠、活动扳手使用不当； ② 跨越抽油机底座操作不平稳； ③ 未戴安全帽
		前移电机	磕伤、碰伤	① 未正确使用撬杠； ② 未检查前方是否有人
			设备损坏	撬杠支点选择不合理
5	更换皮带	摘旧皮带、装新皮带	挤伤	① 戴手套盘皮带； ② 手抓皮带盘皮带； ③ 手抓皮带试皮带松紧
6	移电机	后移电机	磕伤、碰伤	① 未正确使用撬杠； ② 未检查前方是否有人； ③ 手抓皮带试松紧
			设备损坏	撬杠支点选择不合理
		紧顶丝及固定螺丝	磕伤、碰伤	① 小撬杠、活动扳手使用不当； ② 跨越抽油机底座操作不平稳
7	开抽	松刹车	人身伤害	① 未检查抽油机周围是否有人； ② 松刹车不平稳
			设备损坏	① 未检查抽油机周围是否有障碍物； ② 松刹车不平稳
		合控制柜上一级开关	触电	① 未戴绝缘手套； ② 未用验电器确认控制柜上一级开关外壳无电
			电弧灼伤	未侧身合闸送电

续表 2-24

序号	操作步骤		风　险	产生原因
	操作项	操作关键点		
7	开　抽	启动抽油机	触　电	① 未戴绝缘手套； ② 未用验电器确认控制柜外壳无电
			电弧灼伤	未侧身合空气开关及按启动按钮
			机械伤害	① 长发未盘入安全帽内； ② 劳动保护用品穿戴不整齐
			设备损坏	① 不松刹车启动抽油机； ② 未利用惯性启动抽油机
8	开抽后检查	检查井口流程	磕伤、碰伤	① 未正确使用管钳； ② 井口检查时未注意悬绳器运行位置
		检查抽油机运转情况	人身伤害	① 进入旋转部位； ② 检查时站位不合理，距离运转设备太近； ③ 不停抽处理故障

(7) 更换抽油机井光杆密封圈操作，见表 2-25。

表 2-25　更换抽油机井光杆密封圈操作的步骤、风险及其产生原因

序号	操作步骤		风　险	产生原因
	操作项	操作关键点		
1	停　抽	打开控制柜门	触　电	① 未戴绝缘手套； ② 未用验电器确认控制柜外壳无电
		停　抽	电弧灼伤	未侧身按停止按钮
		拉刹车	机械伤害	① 拉刹车人员站位不合理； ② 刹车操作不到位
2	断　电	先断开控制柜开关，再断开上一级开关	触　电	① 未戴绝缘手套； ② 未用验电器确认控制柜上一级开关外壳无电
			电弧灼伤	未侧身拉闸断电
3	刹　车	检查刹车	机械伤害	① 进入曲柄旋转区域； ② 未悬挂警示标志

续表 2-25

序号	操作步骤		风　险	产生原因
	操作项	操作关键点		
4	更换密封圈	取旧密封圈	井液刺出伤人	① 胶皮阀门未关严； ② 光杆不居中； ③ 卸松盘根盒压盖后，未晃动放尽余压
			砸伤、碰伤	① 专用固定器紧固不牢； ② 专用固定器紧固位置低于头部； ③ 未正确使用管钳、活动扳手、起子
		锯密封圈	钢锯伤手	操作钢锯不平稳
		加新密封圈	碰　伤	未正确使用管钳、活动扳手、起子
			井液刺出伤人	试压时人员站位不合理
5	开　抽	松刹车	人身伤害	① 松刹车前未检查抽油机周围是否有人； ② 松刹车不平稳
			设备损坏	① 松刹车前未检查抽油机周围是否有障碍物； ② 松刹车不平稳
		合控制柜上一级开关	触　电	① 未戴绝缘手套； ② 未用验电器确认控制柜上一级开关外壳无电
			电弧灼伤	未侧身合闸送电
		启动抽油机	触　电	① 未戴绝缘手套； ② 开抽前未用验电器确认控制柜外壳无电
			电弧灼伤	未侧身合空气开关及按启动按钮
			机械伤害	① 长发未盘入安全帽内； ② 劳动保护用品穿戴不整齐
			设备损坏	① 不松刹车启动抽油机； ② 未利用惯性启动抽油机

续表 2-25

序号	操作步骤		风　险	产生原因
	操作项	操作关键点		
6	开抽后检查	检查井口流程	磕伤、碰伤	① 未正确使用管钳； ② 井口检查时未注意悬绳器运行位置
		检查抽油机运转情况	人身伤害	① 进入旋转部位； ② 检查时站位不合理，距离运转设备太近； ③ 不停抽处理故障

(8) 游梁式抽油机井开井操作，见表 2-26。

表 2-26　游梁式抽油机井开井操作的步骤、风险及其产生原因

序号	操作步骤		风　险	产生原因
	操作项	操作关键点		
1	开井前检查	井口流程	挂伤、碰伤	① 未正确使用管钳、活动扳手； ② 检查时未注意悬绳器运行位置； ③ 未按要求穿戴好劳动保护用品
		电气设备	触　电	① 未戴绝缘手套； ② 未用验电器确认电缆及用电设备是否漏电； ③ 接地线连接不良
		传动部位	挤　伤	① 戴手套盘皮带； ② 手抓皮带盘皮带； ③ 手抓皮带试松
		刹　车	机械伤害	① 拉刹车人员站位不合理； ② 进入曲柄旋转区域； ③ 未悬挂警示标志
2	倒流程	倒计量站生产流程	中　毒	① 计量站内存在有毒有害气体； ② 未打开门窗通风换气； ③ 未进行有毒有害气体检测； ④ 未佩戴防护面具
			紧急情况无法撤离	① 应急通道堵塞； ② 房门未采取开启固定措施

续表 2-26

序号	操作步骤		风　险	产生原因
	操作项	操作关键点		
2	倒流程	倒计量站生产流程	液体刺漏伤人	① 倒错流程； ② 管线腐蚀穿孔、阀门密封填料老化严重
			丝杠弹出伤人	① 丝杠与闸板连接处损坏； ② 未侧身操作
		倒井口生产流程	液体刺漏伤人	① 倒错流程； ② 管线腐蚀穿孔、阀门密封垫圈老化严重
			丝杠弹出伤人	① 丝杠与闸板连接处损坏； ② 未侧身操作
3	开　抽	松刹车	人身伤害	① 未检查抽油机周围是否有人； ② 松刹车不平稳
			设备损坏	① 未检查抽油机周围是否有障碍物； ② 松刹车不平稳
		合控制柜上一级开关	触　电	① 未戴绝缘手套； ② 未用验电器确认控制柜上一级开关外壳无电
			电弧灼伤	未侧身合闸送电
		启动抽油机	触　电	① 未戴绝缘手套； ② 未用验电器确认控制柜外壳无电
			电弧灼伤	未侧身合空气开关及按启动按钮
			机械伤害	① 长发未盘入安全帽内； ② 劳动保护用品穿戴不整齐
			设备损坏	① 不松刹车启动抽油机； ② 未利用惯性启动抽油机
4	开抽后检查	测电流	触　电	① 未戴绝缘手套； ② 未用验电器确认控制柜外壳无电
			仪表损坏	① 选择仪表规格、挡位不合适； ② 使用方法不正确

续表 2-26

序号	操作步骤		风　险	产生原因
	操作项	操作关键点		
4	开抽后检查	检查井口流程	磕伤、碰伤	① 未正确使用管钳； ② 井口检查时未注意悬绳器运行位置
		检查抽油机运转情况	人身伤害	① 进入旋转部位； ② 检查时站位不合理，距离运转设备太近； ③ 不停抽处理故障

(9) 更换井口回压阀门操作，见表 2-27。

表 2-27　更换井口回压阀门操作的步骤、风险及其产生原因

序号	操作步骤		风　险	产生原因
	操作项	操作关键点		
1	停　抽	打开控制柜门	触　电	① 未戴绝缘手套； ② 操作前未用验电器确认控制柜外壳无电
		停　抽	电弧灼伤	未侧身按停止按钮
		拉刹车	机械伤害	① 拉刹车人员站位不合理； ② 刹车操作不到位
2	断　电	先断开控制柜开关，再断开上一级开关	触　电	① 未戴绝缘手套； ② 未用验电器确认控制柜上一级开关外壳无电
			电弧灼伤	未侧身拉闸断电
3	刹　车	检查刹车	人身伤害	① 进入曲柄旋转区域； ② 未悬挂警示标志
4	倒流程	倒井口停井流程	液体刺漏伤人	① 倒错流程； ② 管线腐蚀穿孔、阀门密封垫圈老化严重
			丝杠弹出伤人	① 丝杠与闸板连接处损坏； ② 未侧身操作
		倒计量站放空流程	中　毒	① 计量站内存在有毒有害气体； ② 未打开门窗通风换气； ③ 未进行有毒有害气体检测； ④ 未佩戴防护面具

续表 2-27

序号	操作步骤		风　险	产生原因
	操作项	操作关键点		
4	倒流程	倒计量站放空流程	紧急情况无法撤离	① 应急通道堵塞； ② 房门未采取开启固定措施
			高压液体刺漏伤人	① 倒错流程； ② 管线腐蚀穿孔、阀门密封填料老化严重
			丝杠弹出伤人	① 丝杠与闸板连接处损坏； ② 未侧身操作
5	更换回压阀门	卸、装回压阀门	液体刺漏伤人	① 卸阀门前未确认生产阀门关严； ② 计量站未放空； ③ 卸松固定螺丝后，未侧身撬动法兰二次泄压
			磕伤、碰伤	① 未戴安全帽； ② 未正确使用活动扳手、撬杠
6	试　压	倒计量站流程	液体刺漏伤人	① 倒错流程； ② 管线腐蚀穿孔、阀门密封填料老化严重
			丝杠弹出伤人	① 丝杠与闸板连接处损坏； ② 未侧身操作
		倒井口流程	液体刺漏伤人	① 微开回压阀门试压时未避开井液可能刺出部位； ② 倒错流程； ③ 管线腐蚀穿孔、阀门密封垫圈老化严重
			丝杠弹出伤人	① 丝杠与闸板连接处损坏； ② 未侧身操作
7	开　抽	松刹车	人身伤害	① 未检查抽油机周围是否有人； ② 松刹车不平稳
			设备损坏	① 未检查抽油机周围是否有障碍物； ② 松刹车不平稳
		合控制柜上一级开关	触　电	① 未戴绝缘手套； ② 未用验电器确认控制柜上一级开关外壳无电

续表 2-27

序号	操作步骤		风险	产生原因
	操作项	操作关键点		
7	开抽	合控制柜上一级开关	电弧灼伤	未侧身合闸送电
		启动抽油机	触电	① 未戴绝缘手套； ② 开抽前未用验电器确认控制柜外壳无电
			电弧灼伤	未侧身合空气开关及按启动按钮
			机械伤害	① 长发未盘入安全帽内； ② 劳动保护用品穿戴不整齐
			设备损坏	① 不松刹车启动抽油机； ② 未利用惯性启动抽油机
8	开抽后检查	检查井口流程	磕伤、碰伤	① 未正确使用管钳、活动扳手； ② 井口检查时未注意悬绳器运行位置
		检查抽油机运转情况	人身伤害	① 进入旋转部位； ② 检查时站位不合理，距离运转设备太近； ③ 不停抽处理故障

（10）油井液面测试操作，见表 2-28。

表 2-28 油井液面测试操作的步骤、风险及其产生原因

序号	操作步骤		风险	产生原因
	操作项	操作关键点		
1	放空	开、关套管阀门	丝杠弹出伤人	① 丝杠与闸板连接处损坏； ② 未侧身操作
			气体刺伤	未避开压力方向
			中毒	操作人员站在下风口
2	连接仪器	装井口连接器	机械伤害	① 未正确使用管钳、勾头扳手； ② 撞针未缩回； ③ 安全销未锁定； ④ 井口连接器放空未关上

续表 2-28

序号	操作步骤		风　险	产生原因
	操作项	操作关键点		
3	测液面	击　发	仪器飞出伤人	① 井口连接器未上紧； ② 击发时未开套管阀门； ③ 未侧身操作
		操作记录仪	仪器损坏	① 放置不平稳； ② 使用方法不正确
4	拆除仪器	卸井口连接器	人身伤害	① 未正确使用管钳、勾头扳手； ② 套管阀门未关严； ③ 井口连接器未放空

(11) 抽油机井示功图测试操作,见表 2-29。

表 2-29　抽油机井示功图测试操作的步骤、风险及其产生原因

序号	操作步骤		风　险	产生原因
	操作项	操作关键点		
1	停　抽	打开控制柜门	触　电	① 未戴绝缘手套； ② 未用验电器确认控制柜外壳无电
		停　抽	电弧灼伤	未侧身按停止按钮
		拉刹车	机械伤害	① 拉刹车人员站位不合理； ② 刹车操作不到位
2	断　电	先断开控制柜开关,再断开上一级开关	触　电	① 未戴绝缘手套； ② 未用验电器确认控制柜上一级开关外壳无电
			电弧灼伤	未侧身拉闸断电
3	刹　车	检查刹车	机械伤害	① 进入曲柄旋转区域； ② 未悬挂警示标志
4	测示功图	安装传感器	人身伤害	① 未停机安装传感器； ② 上、下井口未站稳； ③ 未戴安全帽
			仪器损坏	仪器安装不牢固

续表 2-29

序号	操作步骤		风险	产生原因
	操作项	操作关键点		
4	测示功图	松刹车	人身伤害	① 抽油机周围有人； ② 松刹车不平稳
			设备损坏	① 抽油机周围有障碍物； ② 松刹车不平稳
		合控制柜上一级开关	触电	① 未戴绝缘手套； ② 未用验电器确认控制柜上一级开关外壳无电
			电弧灼伤	未侧身合闸送电
		启动抽油机	触电	① 未戴绝缘手套； ② 未用验电器确认控制柜外壳无电
			电弧灼伤	未侧身合空气开关及按启动按钮
			机械伤害	① 长发未盘入安全帽内； ② 劳动保护用品穿戴不整齐
			设备损坏	① 不松刹车启动抽油机； ② 未利用惯性启动抽油机
5	停抽	打开控制柜门	触电	① 未戴绝缘手套； ② 未用验电器确认控制柜外壳无电
		停抽	电弧灼伤	未侧身按停止按钮
		拉刹车	机械伤害	① 拉刹车人员站位不合理； ② 刹车操作不到位
6	断电	先断开控制柜开关，再断开上一级开关	触电	① 未戴绝缘手套； ② 未用验电器确认控制柜上一级开关外壳无电
			电弧灼伤	未侧身拉闸断电
7	刹车	检查刹车	机械伤害	① 进入曲柄旋转区域； ② 未悬挂警示标志
8	取传感器	取传感器	人身伤害	① 未停机取传感器； ② 上、下井口未站稳； ③ 未戴安全帽

续表 2-29

序号	操作步骤		风　险	产生原因
	操作项	操作关键点		
8	取传感器	取传感器	仪器损坏	传感器未抓牢
9	开　抽	松刹车	人身伤害	① 抽油机周围有人； ② 松刹车不平稳
			设备损坏	① 抽油机周围有障碍物； ② 松刹车不平稳
		合控制柜上一级开关	触　电	① 未戴绝缘手套； ② 未用验电器确认控制柜上一级开关外壳无电
			电弧灼伤	未侧身合闸送电
		启动抽油机	触　电	① 未戴绝缘手套； ② 未用验电器确认控制柜外壳无电
			电弧灼伤	未侧身合空气开关及按启动按钮
			机械伤害	① 长发未盘入安全帽内； ② 劳动保护用品穿戴不整齐
			设备损坏	① 不松刹车启动抽油机； ② 未利用惯性启动抽油机
10	开抽后检查	检查井口流程	磕伤、碰伤	① 未正确使用管钳； ② 井口检查时未注意悬绳器运行位置
		检查抽油机运转情况	人身伤害	① 进入旋转部位； ② 检查时站位不合理，距离运转设备太近； ③ 不停抽处理故障

（12）油井管线焊补堵漏操作，见表 2-30。

表 2-30　油井管线焊补堵漏操作的步骤、风险及其产生原因

序号	操作步骤		风　险	产生原因
	操作项	操作关键点		
1	停　抽	打开控制柜门	触　电	① 未戴绝缘手套； ② 未用验电器确认控制柜外壳无电

续表 2-30

序号	操作步骤		风　险	产生原因
	操作项	操作关键点		
1	停　抽	停　抽	电弧灼伤	未侧身按停止按钮
		拉刹车	机械伤害	① 拉刹车人员站位不合理； ② 刹车操作不到位
2	断　电	先断开控制柜开关，再断开上一级开关	触　电	① 未戴绝缘手套； ② 未用验电器确认控制柜上一级开关外壳无电
			电弧灼伤	未侧身拉闸断电
3	刹　车	检查刹车	机械伤害	① 进入曲柄旋转区域； ② 未悬挂警示标志
4	倒流程、放空	倒井口生产流程	液体刺漏伤人	① 倒错流程； ② 管线腐蚀穿孔、阀门密封垫圈老化严重
			丝杠弹出伤人	① 丝杠与闸板连接处损坏； ② 未侧身操作
		倒计量站生产流程	中　毒	① 计量站内存在有毒有害气体； ② 未打开门窗通风换气； ③ 未进行有毒有害气体检测； ④ 未佩戴防护面具
			紧急情况无法撤离	① 应急通道堵塞； ② 房门未采取开启固定措施
			液体刺漏伤人	① 倒错流程； ② 管线腐蚀穿孔、阀门密封填料老化严重
			丝杠弹出伤人	① 丝杠与闸板连接处损坏； ② 未侧身操作
		接管线放空	液体刺漏伤人	① 管线连接不牢固； ② 管线腐蚀； ③ 未放尽压力
5	清理管线穿孔处	挖操作坑	淹溺、烫伤	站位不当、落入水坑
			中　毒	坑内聚集有毒有害气体

续表 2-30

序号	操作步骤		风　险	产生原因
	操作项	操作关键点		
6	补　焊	作业车就位	车辆伤害	作业车移动方向有人
		补焊穿孔处	发生火灾	未清理周围可燃物及坑内油污
			中　毒	坑内聚集有毒有害气体
			带压操作	未放尽余压
			电弧灼伤	未戴专用防护用具
		作业车驶离	车辆伤害	作业车移动方向有人
7	倒流程、试压	倒计量站流程	中　毒	① 计量站内存在有毒有害气体； ② 未打开门窗通风换气； ③ 未进行有毒有害气体检测； ④ 未佩戴防护面具
			紧急情况无法撤离	① 应急通道堵塞； ② 房门未采取开启固定措施
			液体刺漏伤人	① 倒错流程； ② 管线腐蚀穿孔、阀门密封填料老化严重
			丝杠弹出伤人	① 丝杠与闸板连接处损坏； ② 未侧身操作
		倒井口生产流程	液体刺漏伤人	① 倒错流程； ② 管线腐蚀穿孔、阀门密封垫圈老化严重
			丝杠弹出伤人	① 丝杠与闸板连接处损坏； ② 未侧身操作
8	开　抽	松刹车	人身伤害	① 抽油机周围有人； ② 松刹车不平稳
			设备损坏	① 抽油机周围有障碍物； ② 松刹车不平稳
		合控制柜上一级开关	触　电	① 未戴绝缘手套； ② 未用验电器确认控制柜上一级开关外壳无电
			电弧灼伤	未侧身合闸送电

续表 2-30

序号	操作步骤		风　险	产生原因
	操作项	操作关键点		
8	开　抽	启动抽油机	触　电	① 未戴绝缘手套； ② 未用验电器确认控制柜外壳无电
			电弧灼伤	未侧身合空气开关及按启动按钮
			机械伤害	① 长发未盘入安全帽内； ② 劳动保护用品穿戴不整齐
			设备损坏	① 不松刹车启动抽油机； ② 未利用惯性启动抽油机
9	开抽后检查	检查井口流程	磕伤、碰伤	① 未正确使用管钳； ② 井口检查时未注意悬绳器运行位置
		检查抽油机运转情况	人身伤害	① 进入旋转部位； ② 检查时站位不合理，距离运转设备太近； ③ 不停抽处理故障

（13）油井地面管线扫线操作，见表 2-31。

表 2-31　油井地面管线扫线操作的步骤、风险及其产生原因

序号	操作步骤		风　险	产生原因
	操作项	操作关键点		
1	停　抽	打开控制柜门	触　电	① 未戴绝缘手套； ② 未用验电器确认控制柜外壳无电
		停　抽	电弧灼伤	未侧身按停止按钮
		拉刹车	机械伤害	① 拉刹车人员站位不合理； ② 刹车操作不到位
2	断　电	先断开控制柜开关，再断开上一级开关	触　电	① 未戴绝缘手套； ② 未用验电器确认控制柜上一级开关外壳无电
			电弧灼伤	未侧身拉闸断电
3	刹　车	检查刹车	机械伤害	① 进入曲柄旋转区域； ② 未悬挂警示标志

续表 2-31

序号	操作步骤		风　险	产生原因
	操作项	操作关键点		
4	连接扫线流程	压风机车就位	车辆伤害	压风机车移动方向有人
		连接扫线流程	砸　伤	① 使用工具不正确； ② 配合不协调
5	倒扫线流程	倒计量站流程	液体刺漏伤人	① 倒错流程； ② 管线腐蚀穿孔、阀门密封垫圈老化严重
			丝杠弹出伤人	① 丝杠与闸板连接处损坏； ② 未侧身操作
		倒井口流程	液体刺漏伤人	① 倒错流程； ② 管线腐蚀穿孔、阀门密封垫圈老化严重
			丝杠弹出伤人	① 丝杠与闸板连接处损坏； ② 未侧身操作
6	扫　线	启动压风机	气体刺漏伤人	① 压风机管线破损； ② 压风机管线两端未固定； ③ 被扫油井流程未倒进干线
			人身伤害	① 压风机及扫线流程危险区域有人； ② 压风机管线两端未固定
		扫　线	人身伤害	① 扫线过程有人进入危险区域； ② 压力不稳，管线甩动
		倒计量站流程	中　毒	① 计量站内存在有毒有害气体； ② 未打开门窗通风换气； ③ 未进行有毒有害气体检测； ④ 未佩戴防护面具
			紧急情况无法撤离	① 应急通道堵塞； ② 房门未采取开启固定措施
			高压液体刺漏伤人	① 倒错流程； ② 管线腐蚀穿孔、阀门密封填料老化严重

续表 2-31

序号	操作步骤		风　险	产生原因
	操作项	操作关键点		
6	扫　线	停止压风机	管线未扫净	① 扫线压力低于生产回压； ② 下流阀门未关严
7	拆除扫线流程	倒井口流程	高压液体刺漏伤人	① 倒错流程； ② 管线腐蚀穿孔、阀门密封垫圈老化严重
			丝杠弹出伤人	① 丝杠与闸板连接处损坏； ② 未侧身操作
		拆除扫线流程	砸　伤	① 使用工具不正确； ② 配合不协调
			气体刺伤	① 泄压不彻底； ② 取样阀门未关严
		压风机车驶离井场	车辆伤害	压风机车移动方向有人

（14）井口憋压操作，见表 2-32。

表 2-32　井口憋压操作的步骤、风险及其产生原因

序号	操作步骤		风　险	产生原因
	操作项	操作关键点		
1	憋　压	倒井口生产流程	液体刺漏伤人	① 倒错流程； ② 管线腐蚀穿孔、阀门密封垫圈老化严重
			丝杠弹出伤人	① 丝杠与闸板连接处损坏； ② 未侧身操作
2	停　抽	打开控制柜门	触　电	① 未戴绝缘手套； ② 未用验电器确认控制柜外壳无电
		停　抽	电弧灼伤	未侧身按停止按钮
		拉刹车	机械伤害	① 拉刹车人员站位不合理； ② 刹车操作不到位

续表 2-32

序号	操作步骤		风险	产生原因
	操作项	操作关键点		
3	断电	先断开控制柜开关，再断开上一级开关	触电	① 未戴绝缘手套； ② 未用验电器确认控制柜上一级开关外壳无电
			电弧灼伤	未侧身拉闸断电
4	刹车	检查刹车	机械伤害	① 进入曲柄旋转区域； ② 未悬挂警示标志
5	稳压	倒井口生产流程	液体刺漏伤人	① 倒错流程； ② 管线腐蚀穿孔、阀门密封垫圈老化严重
			丝杠弹出伤人	① 丝杠与闸板连接处损坏； ② 未侧身操作
6	开抽	松刹车	人身伤害	① 抽油机周围有人； ② 松刹车不平稳
			设备损坏	① 抽油机周围有障碍物； ② 松刹车不平稳
		合控制柜上一级开关	触电	① 未戴绝缘手套； ② 未用验电器确认控制柜上一级开关外壳无电
			电弧灼伤	未侧身合闸送电
		启动抽油机	触电	① 未戴绝缘手套； ② 未用验电器确认控制柜外壳无电
			电弧灼伤	未侧身合空气开关及按启动按钮
			机械伤害	① 长发未盘入安全帽内； ② 劳动保护用品穿戴不整齐
			设备损坏	① 不松刹车启动抽油机； ② 未利用惯性启动抽油机
7	开抽后检查	检查井口流程	磕伤、碰伤	① 未正确使用管钳； ② 井口检查时未注意悬绳器运行位置

续表 2-32

序号	操作步骤		风　险	产生原因
	操作项	操作关键点		
7	开抽后检查	检查抽油机运转情况	人身伤害	① 进入旋转部位； ② 检查时站位不合理，距离运转设备太近； ③ 不停抽处理故障

（15）抽油机井热洗操作，见表 2-33 。

表 2-33　抽油机井热洗操作的步骤、风险及其产生原因

序号	操作步骤		风　险	产生原因
	操作项	操作关键点		
1	测电流	测电流	触　电	① 未戴绝缘手套； ② 未用验电器确认控制柜外壳无电
			仪表损坏	① 选择仪表规格、挡位不合适； ② 使用方法不正确
2	放套管气	开套管阀门	液体刺漏伤人	① 倒错流程； ② 管线腐蚀穿孔、阀门密封垫圈老化严重
			丝杠弹出伤人	① 丝杠与闸板连接处损坏； ② 未侧身操作
3	热　洗	热洗车就位	车辆伤害	热洗车行进方向有人
		连接热洗管线	砸　伤	① 使用工具不正确； ② 配合不协调
		启泵热洗	液体刺漏伤人	① 管线连接不牢靠； ② 管线腐蚀
		倒井口生产流程	液体刺漏伤人	① 倒错流程； ② 管线腐蚀穿孔、阀门密封垫圈老化严重
			丝杠弹出伤人	① 丝杠与闸板连接处损坏； ② 未侧身操作
		拆除热洗管线	液体刺漏伤人	① 套管阀门未关严； ② 泄压不彻底

续表 2-33

序号	操作步骤		风险	产生原因
	操作项	操作关键点		
3	热洗	拆除热洗管线	碰伤、砸伤	① 使用工具不正确； ② 配合不协调
		热洗车驶离	车辆伤害	热洗车行进方向有人
4	测电流	测电流	触电	① 操作控制柜未戴绝缘手套； ② 未用验电器确认控制柜外壳无电
			仪表损坏	① 选择仪表规格、挡位不合适； ② 使用方法不正确

（16）调整游梁式抽油机驴头对中操作，见表 2-34。

表 2-34　调整游梁式抽油机驴头对中操作的步骤、风险及其产生原因

序号	操作步骤		风险	产生原因
	操作项	操作关键点		
1	停抽	打开控制柜门	触电	① 未戴绝缘手套； ② 未用验电器确认控制柜外壳无电
		停抽	电弧灼伤	未侧身按停止按钮
		拉刹车	机械伤害	① 拉刹车人员站位不合理； ② 刹车操作不到位
2	断电	先断开控制柜开关，再断开上一级开关	触电	① 未戴绝缘手套； ② 未用验电器确认控制柜上一级开关外壳无电
			电弧灼伤	未侧身拉闸断电
3	刹车	检查刹车	机械伤害	① 进入曲柄旋转区域； ② 未悬挂警示标志
4	卸负荷	安装卸载卡子	人身伤害	① 井口操作时直接用手抓光杆、毛辫子； ② 戴手套使用手锤； ③ 砸方卡子时未遮挡保护脸部； ④ 停抽位置过高，人员登高操作
		松刹车	人身伤害	① 抽油机周围有人； ② 松刹车不平稳

续表 2-34

序号	操作步骤		风　险	产生原因
	操作项	操作关键点		
4	卸负荷	松刹车	设备损坏	① 抽油机周围有障碍物； ② 松刹车不平稳
		合控制柜上一级开关	触　电	① 未戴绝缘手套； ② 未用验电器确认控制柜上一级开关外壳无电
			电弧灼伤	未侧身合闸送电
		启动抽油机	触　电	① 未戴绝缘手套； ② 未用验电器确认控制柜外壳无电
			电弧灼伤	未侧身合空气开关及按启动按钮
			机械伤害	① 长发未盘入安全帽内； ② 劳动保护用品穿戴不整齐
			设备损坏	① 不松刹车启动抽油机； ② 未利用惯性启动抽油机
		停　抽	触　电	① 未戴绝缘手套； ② 未用验电器确认控制柜外壳无电
			电弧灼伤	未侧身按停止按钮
		拉刹车	机械伤害	① 拉刹车人员站位不合理； ② 刹车操作不到位
		先断开控制柜开关，再断开上一级开关	触　电	① 未戴绝缘手套； ② 未用验电器确认控制柜上一级开关外壳无电
			电弧灼伤	未侧身拉闸断电
		检查刹车	机械伤害	① 进入曲柄旋转区域； ② 未悬挂警示标志
5	拆除悬绳器	拆除悬绳器方卡子	人身伤害	① 井口操作时直接用手抓光杆、毛辫子； ② 戴手套使用手锤； ③ 砸方卡子时未遮挡保护脸部； ④ 未正确使用工具

续表 2-34

序号	操作步骤		风　险	产生原因
	操作项	操作关键点		
6	驴头对中	调整中轴承总成顶丝	人身伤害	① 恶劣天气进行维修作业； ② 高空人员不佩戴安全带； ③ 工具、物品不系保险绳； ④ 操作不平稳； ⑤ 地面人员进入危险区域
7	安装悬绳器	松刹车	人身伤害	① 抽油机周围有人； ② 松刹车不平稳
			设备损坏	① 抽油机周围有障碍物； ② 松刹车不平稳
		合控制柜上一级开关	触　电	① 未戴绝缘手套； ② 未用验电器确认控制柜上一级开关外壳无电
			电弧灼伤	未侧身合闸送电
		启动抽油机	触　电	① 未戴绝缘手套； ② 未用验电器确认控制柜外壳无电
			电弧灼伤	未侧身合空气开关及按启动按钮
			机械伤害	① 长发未盘入安全帽内； ② 劳动保护用品穿戴不整齐
			设备损坏	① 不松刹车启动抽油机； ② 未利用惯性启动抽油机
		停　抽	触　电	① 未戴绝缘手套； ② 未用验电器确认控制柜外壳无电
			电弧灼伤	未侧身按停止按钮
		拉刹车	机械伤害	① 拉刹车人员站位不合理； ② 刹车操作不到位
		先断开控制柜开关，再断开上一级开关	触　电	① 未戴绝缘手套； ② 未用验电器确认控制柜上一级开关外壳无电
			电弧灼伤	未侧身拉闸断电

续表 2-34

序号	操作步骤		风 险	产生原因
	操作项	操作关键点		
7	安装悬绳器	安装悬绳器方卡子	人身伤害	① 井口操作时直接用手抓光杆、毛辫子； ② 戴手套使用手锤； ③ 砸方卡子时未遮挡保护脸部； ④ 未正确使用工具
8	拆除卸载卡子	点松刹车	人身伤害	① 抽油机周围有人； ② 点松刹车不平稳
			设备损坏	① 抽油机周围有障碍物； ② 点松刹车不平稳
		拆除卸载卡子	人身伤害	① 井口操作时直接用手抓光杆、毛辫子； ② 戴手套使用手锤； ③ 砸方卡子时未遮挡保护脸部； ④ 未正确使用工具
9	开 抽	合控制柜上一级开关	触 电	① 未戴绝缘手套； ② 未用验电器确认控制柜上一级开关外壳无电
			电弧灼伤	未侧身合闸送电
		启动抽油机	触 电	① 未戴绝缘手套； ② 未用验电器确认控制柜外壳无电
			电弧灼伤	未侧身合空气开关及按启动按钮
			机械伤害	① 长发未盘入安全帽内； ② 劳动保护用品穿戴不整齐
			设备损坏	① 不松刹车启动抽油机； ② 未利用惯性启动抽油机
10	开抽后检查	检查井口流程	磕伤、碰伤	① 未正确使用管钳； ② 井口检查时未注意悬绳器运行位置
		检查毛辫子	人身伤害	① 站位不合理； ② 不停抽处理故障
		检查抽油机运转情况	人身伤害	① 进入旋转部位； ② 检查时站位不合理，距离运转设备太近； ③ 不停抽处理故障

(17) 测量游梁式抽油机剪刀差操作，见表 2-35 。

表 2-35　测量游梁式抽油机剪刀差操作的步骤、风险及其产生原因

序号	操作步骤		风　险	产生原因
	操作项	操作关键点		
1	停　抽	打开控制柜门	触　电	① 未戴绝缘手套； ② 未用验电器确认控制柜外壳无电
		停　抽	电弧灼伤	未侧身按停止按钮
		拉刹车	机械伤害	① 拉刹车人员站位不合理； ② 刹车操作不到位
2	断　电	先断开控制柜开关，再断开上一级开关	触　电	① 未戴绝缘手套； ② 未用验电器确认控制柜上一级开关外壳无电
			电弧灼伤	未侧身拉闸断电
3	刹　车	检查刹车	机械伤害	① 进入曲柄旋转区域； ② 未悬挂警示标志
4	测量底座横向水平度	穿行抽油机	碰　伤	① 未戴安全帽； ② 不停抽穿行抽油机； ③ 停抽时刹车操作不到位； ④ 未注意抽油机周围环境
5	测量剪刀差	攀爬抽油机	坠　落	攀爬抽油机未抓稳踏实
6	开　抽	松刹车	人身伤害	① 抽油机周围有人； ② 松刹车不平稳
			设备损坏	① 抽油机周围有障碍物； ② 松刹车不平稳
		合控制柜上一级开关	触　电	① 未戴绝缘手套； ② 未用验电器确认控制柜上一级开关外壳无电
			电弧灼伤	未侧身合闸送电
		启动抽油机	触　电	① 未戴绝缘手套； ② 未用验电器确认控制柜外壳无电
			电弧灼伤	未侧身合空气开关及按启动按钮
			机械伤害	① 长发未盘入安全帽内； ② 劳动保护用品穿戴不整齐

续表 2-35

序号	操作步骤		风　险	产生原因
	操作项	操作关键点		
6	开　抽	启动抽油机	设备损坏	① 不松刹车启动抽油机； ② 未利用惯性启动抽油机
7	开抽后检查	检查井口流程	磕伤、碰伤	① 未正确使用管钳； ② 井口检查时未注意悬绳器运行位置
		检查抽油机运转情况	人身伤害	① 进入旋转部位； ② 检查时站位不合理，距离运转设备太近； ③ 不停抽处理故障

（18）抽油机一级保养操作，见表 2-36 。

表 2-36　抽油机一级保养操作的步骤、风险及其产生原因

序号	操作步骤		风　险	产生原因
	操作项	操作关键点		
1	停　抽	打开控制柜门	触　电	① 未戴绝缘手套； ② 未用验电器确认控制柜外壳无电
		停　抽	电弧灼伤	未侧身按停止按钮
		拉刹车	机械伤害	① 拉刹车人员站位不合理； ② 刹车操作不到位
2	断　电	先断开控制柜开关，再断开上一级开关	触　电	① 未戴绝缘手套； ② 未用验电器确认控制柜上一级开关外壳无电
			电弧灼伤	未侧身拉闸断电
3	保　养	检查、调整刹车	碰伤、砸伤	① 未戴安全帽； ② 进入曲柄旋转区域； ③ 未悬挂警示标志造成误合闸
		清除油污	高空坠落	① 高空作业人员未系安全带； ② 攀爬抽油机未抓稳踏牢
		紧固螺丝	高空坠落	① 高空作业人员未系安全带； ② 攀爬抽油机未抓稳踏牢
			碰　伤	使用扳手不正确

续表 2-36

序号	操作步骤		风　险	产生原因
	操作项	操作关键点		
3	保　养	检查、保养减速箱	高空坠落	① 高空作业人员未系安全带； ② 站位不合理,操作不平稳
			物体打击	① 高空作业时工具类、物品类未系保险绳或放置不得当； ② 地面人员进入危险区域
		加注黄油	高空坠落	① 高空作业人员未系安全带； ② 攀爬抽油机未抓稳踏牢
		检查皮带	挤　伤	① 戴手套盘皮带； ② 手抓皮带盘皮带； ③ 手抓皮带检查皮带松紧
		检查井口	碰　伤	① 未注意悬绳器位置； ② 劳动保护用品穿戴不整齐
		检查电气设备	触　电	① 未戴绝缘手套操作电气设备； ② 未用验电器检验用电设备是否带电
4	开　抽	松刹车	人身伤害	① 抽油机周围有人； ② 松刹车不平稳
			设备损坏	① 抽油机周围有障碍物； ② 松刹车不平稳
		合控制柜上一级开关	触　电	① 未戴绝缘手套； ② 未用验电器确认控制柜上一级开关外壳无电
			电弧灼伤	未侧身合闸送电
		启动抽油机	触　电	① 未戴绝缘手套； ② 未用验电器确认控制柜外壳无电
			电弧灼伤	未侧身合空气开关及按启动按钮
			机械伤害	① 长发未盘入安全帽内； ② 劳动保护用品穿戴不整齐
			设备损坏	① 不松刹车启动抽油机； ② 未利用惯性启动抽油机

续表 2-36

序号	操作步骤		风 险	产生原因
	操作项	操作关键点		
5	开抽后检查	检查井口流程	磕伤、碰伤	① 未正确使用管钳； ② 井口检查时未注意悬绳器运行位置
		检查抽油机运转情况	人身伤害	① 进入旋转部位； ② 检查时站位不合理，距离运转设备太近； ③ 不停抽处理故障

(19) 抽油机二级保养操作，见表 2-37。

表 2-37 抽油机二级保养操作的步骤、风险及其产生原因

序号	操作步骤		风 险	产生原因
	操作项	操作关键点		
1	停 抽	打开控制柜门	触 电	① 未戴绝缘手套； ② 未用验电器确认控制柜外壳无电
		停 抽	电弧灼伤	未侧身按停止按钮
		拉刹车	机械伤害	① 拉刹车人员站位不合理； ② 刹车操作不到位
2	断 电	先断开控制柜开关，再断开上一级开关	触 电	① 未戴绝缘手套； ② 未用验电器确认控制柜上一级开关外壳无电
			电弧灼伤	未侧身拉闸断电
3	保 养	检查、调整刹车	刹车失灵，人身伤害	① 未戴安全帽； ② 刹车操作不平稳； ③ 进入曲柄旋转区域； ④ 未悬挂警示标志
		加注黄油	高空坠落	① 高处作业人员未系安全带； ② 攀爬抽油机未抓稳踏牢
		清除油污	高空坠落	① 高处作业人员未系安全带； ② 攀爬抽油机未抓稳踏牢
		清洗减速箱	高处坠落	① 高处作业人员未系安全带； ② 站位不合理，操作不平稳
			物体打击	① 高处作业时工具类、物品类未系保险绳或放置不得当； ② 地面人员进入危险区域

续表 2-37

序号	操作步骤		风　险	产生原因
	操作项	操作关键点		
3	保　养	清洗减速箱	火灾事故	① 井场有烟火； ② 清洗铁器碰撞产生火花； ③ 没有配备消防器材
		校　正	高空坠落	① 高空作业人员未系安全带； ② 站位不合理
			物体打击	① 高处作业时工具类、物品类未系好保险绳或放置不平稳； ② 地面人员进入危险区域
		调整驴头	高空坠落	① 高空作业人员未系安全带； ② 站位不合理
			物体打击	① 高空作业时工具类、物品类未系保险绳或放置不平稳； ② 地面人员进入危险区域
		检查曲柄销、螺帽	高空坠落	① 高空作业人员未系安全带； ② 站位不合理
			物体打击	① 高空作业时工具类、物品类未系保险绳或放置不平稳； ② 地面人员进入危险区域
		检查电机	触　电	① 操作用电设备前未用高压验电器验电； ② 未戴绝缘手套操作电气设备
		检查皮带	挤　伤	① 戴手套盘皮带； ② 手抓皮带盘皮带； ③ 手抓皮带检查皮带松紧
4	开　抽	松刹车	人身伤害	① 抽油机周围有人； ② 松刹车不平稳
			设备损坏	① 抽油机周围有障碍物； ② 松刹车不平稳
		合控制柜上一级开关	触　电	① 未戴绝缘手套； ② 未用验电器确认控制柜上一级开关外壳无电
			电弧灼伤	未侧身合闸送电

续表 2-37

序号	操作步骤		风 险	产生原因
	操作项	操作关键点		
4	开 抽	启动抽油机	触 电	① 未戴绝缘手套； ② 未用验电器确认控制柜外壳无电
			电弧灼伤	未侧身合空气开关及按启动按钮
			机械伤害	① 长发未盘入安全帽内； ② 劳动保护用品穿戴不整齐
			设备损坏	① 不松刹车启动抽油机； ② 未利用惯性启动抽油机
5	开抽后检查	检查井口流程	磕伤、碰伤	① 未正确使用管钳； ② 井口检查时未注意悬绳器运行位置
		检查毛辫子	人身伤害	① 站位不合理； ② 不停抽处理故障
		检查抽油机运转情况	人身伤害	① 进入旋转部位； ② 检查时站位不合理，距离运转设备太近； ③ 不停抽处理故障

(20) 抽油机井巡回检查操作，见表 2-38。

表 2-38 抽油机井巡回检查操作的步骤、风险及其产生原因

序号	操作步骤		风 险	产生原因
	操作项	操作关键点		
1	检查井场	井 口	火灾事故	井场吸烟
2	检查电气设备	电气设备	触 电	① 未用高压验电器确认电气设备外壳无电； ② 未戴绝缘手套操作电气设备
			电弧伤人	未侧身操作
3	检查刹车	刹 车	人身伤害	① 未戴安全帽； ② 进入曲柄旋转区域

续表 2-38

序号	操作步骤		风险	产生原因
	操作项	操作关键点		
4	传动部位	电　机	机械伤害	① 长发未盘入安全帽内； ② 劳动保护服装未穿戴整齐
		减速装置	碰　伤	未停机进入旋转区域
5	旋转部位	曲柄-连杆-游梁机构	碰　伤	未停机进入旋转区域
6	检查支架、底座部位	固定螺丝	砸伤、碰伤	未正确使用扳手
			碰　伤	进入防护栏内检查
7	悬绳器	毛辫子、方卡子	碰　伤	① 未注意悬绳器运行位置； ② 劳动保护用品穿戴不整齐
8	井口部位	检查井口	碰　伤	① 未注意悬绳器运行位置； ② 劳动保护用品穿戴不整齐
		检查水套炉	烧　伤	① 未侧身观察炉火； ② 未站在上风口观察炉火
9	地面流程	检查管线	淹　溺	流程沿线有不明水坑
		检查计量站	中　毒	① 站内存在有毒气体； ② 未进行有毒有害气体检测； ③ 未采取防护措施； ④ 未打开门窗通风换气
			紧急情况无法撤离	① 应急通道堵塞； ② 房门未采取开启固定措施
			碰　伤	检查计量站流程时未戴安全帽

2. 皮带式无游梁抽油机井采油

无游梁式抽油机可分为皮带式抽油机、链条抽油机、液压抽油机、电动机换向智能抽油机等类型。除抽油机结构不同外，无游梁抽油机井的各种作业操作种类、范围与常规游梁式抽油机井在安装、维护、保养方面有所不同，但存在的危险因素相似。这里仅以皮带式抽油机为例进行介绍，主要有 5 个操作项目。

(1) 皮带式抽油机井开井操作，见表 2-39。

表 2-39　皮带式抽油机井开井操作的步骤、风险及其产生原因

序号	操作步骤		风　险	产生原因
	操作项	操作关键点		
1	开抽前检查	检查井口流程	挂伤、碰伤	① 未正确使用管钳、活动扳手； ② 未按要求穿戴好劳动保护用品
		检查抽油机	挤伤、碰伤	① 未正确使用活动扳手； ② 链条箱门未采取开启固定措施
			高空坠落	① 攀爬抽油机未踩稳； ② 攀爬抽油机未系安全带
		检查电气设备	触　电	① 未戴绝缘手套； ② 未用验电器确认电缆及用电设备是否漏电； ③ 接地线连接不良
2	开　抽	松刹车	人身伤害	① 抽油机周围有人； ② 松刹车不平稳
			设备损坏	① 抽油机周围有障碍物； ② 松刹车不平稳
		合控制柜上一级开关	触　电	① 未戴绝缘手套； ② 未用验电器确认控制柜上一级开关外壳无电
			电弧灼伤	未侧身合闸送电
		启动抽油机	触　电	① 未戴绝缘手套； ② 未用验电器确认控制柜外壳无电
			电弧灼伤	未侧身合空气开关及按启动按钮
			设备损坏	不松刹车启动抽油机
3	开抽后检查	检查抽油机运转情况	人身伤害	不停抽处理故障
		检查井口流程	碰　伤	① 未注意悬绳器运行位置； ② 劳动保护用品穿戴不整齐
		检查电机及皮带	机械伤害	① 劳动保护用品穿戴不整齐； ② 长发未盘入安全帽内
		测电流	触　电	① 未戴绝缘手套； ② 未用验电器检验电气设备是否带电
			仪表损坏	① 选择仪表规格、挡位不合适； ② 使用方法不正确

(2) 皮带式抽油机井停井操作，见表 2-40。

表 2-40　皮带式抽油机井停井操作的步骤、风险及其产生原因

序号	操作步骤		风　险	产生原因
	操作项	操作关键点		
1	停　机	打开控制柜门	触　电	① 未戴绝缘手套； ② 未用验电器确认控制柜外壳无电
		停　抽	电弧灼伤	未侧身合闸及按停止按钮
		拉刹车	挤　伤	操作不平稳
2	断　电	拉控制柜上一级开关	触　电	① 未戴绝缘手套； ② 未用验电器确认控制柜上一级开关外壳无电
			电弧灼伤	未侧身拉闸断电
3	刹　车	检查刹车	机械伤害	① 刹车操作不到位； ② 未悬挂警示标志
4	倒流程	倒关井流程	液体刺漏伤人	① 倒错流程； ② 管线腐蚀穿孔，阀门密封垫圈老化
			丝杠弹出伤人	① 丝杠与闸板连接处损坏； ② 未侧身操作

(3) 皮带式抽油机调平衡操作，见表 2-41。

表 2-41　皮带式抽油机调平衡操作的步骤、风险及其产生原因

序号	操作步骤		风　险	产生原因
	操作项	操作关键点		
1	测电流	测电流	触　电	① 未用高压验电器验电； ② 未戴绝缘手套操作电气设备
			仪表损坏	① 选择仪表规格、挡位不合适； ② 使用方法不正确
2	停　抽	打开控制柜门	触　电	① 未戴绝缘手套； ② 未用验电器确认控制柜外壳无电
		停　抽	电弧灼伤	未侧身操作空气开关及按停止按钮
		拉刹车	挤　伤	操作不平稳

续表 2-41

序号	操作步骤		风 险	产生原因
	操作项	操作关键点		
3	断 电	先断开控制柜开关，再断开上一级开关	触 电	① 未戴绝缘手套； ② 未用验电器确认控制柜上一级开关外壳无电
			电弧灼伤	未侧身拉闸断电
4	刹 车	检查刹车	人身伤害	① 刹车操作不到位； ② 未悬挂警示标志
5	调平衡	打开链条箱门	磕伤、碰伤	① 使用工具不正确； ② 链条箱门未采取开启固定措施
		增减平衡块	摔伤、砸伤	① 未踩稳踏实； ② 未抓牢平衡块； ③ 操作人员配合不协调
		关闭链条箱门	机械伤害	① 使用工具不正确； ② 操作不平稳
6	开 抽	松刹车	人身伤害	① 抽油机周围有人； ② 松刹车不平稳
			设备损坏	① 抽油机周围有障碍物； ② 松刹车不平稳
		合控制柜上一级开关	触 电	① 未戴绝缘手套； ② 未用验电器确认控制柜上一级开关外壳无电
			电弧灼伤	未侧身合闸
		启动抽油机	触 电	① 未戴绝缘手套； ② 未用验电器确认控制柜外壳无电
			电弧灼伤	未侧身合空气开关及按启动按钮
			机械伤害	① 长发未盘入安全帽内； ② 劳动保护用品穿戴不整齐
			设备损坏	不松刹车启动抽油机
7	开抽后检查	检查抽油机运转情况	人身伤害	① 检查时站位不合理，距离运转设备太近； ② 不停抽处理故障

续表 2-41

序号	操作步骤		风　险	产生原因
	操作项	操作关键点		
7	开抽后检查	检查井口流程	碰　伤	① 未注意悬绳器运行位置； ② 劳动保护用品穿戴不整齐
		检查电机及皮带	机械伤害	① 劳动保护用品穿戴不整齐； ② 长发未盘入安全帽内
		测电流	触　电	① 未戴绝缘手套； ② 未用验电器确认控制柜外壳无电
			仪表损坏	① 选择仪表规格、挡位不合适； ② 使用方法不正确

(4) 更换皮带式抽油机毛辫子操作，见表 2-42。

表 2-42　更换皮带式抽油机毛辫子操作的步骤、风险及其产生原因

序号	操作步骤		风　险	产生原因
	操作项	操作关键点		
1	停　抽	打开控制柜门	触　电	① 未戴绝缘手套； ② 未用验电器确认控制柜外壳无电
		停　抽	电弧灼伤	未侧身操作启空气开关及按停止按钮
		拉刹车	机械伤害	① 拉刹车人员站位不合理； ② 刹车操作不到位
2	断　电	先断开控制柜开关，再断开上一级开关	触　电	① 未戴绝缘手套； ② 未用验电器确认控制柜上一级开关外壳无电
			电弧灼伤	未侧身拉闸断电
3	刹　车	检查刹车	机械伤害	① 刹车操作不到位； ② 未悬挂警示标志
4	卸负荷	安装卸载卡子	人身伤害	① 直接用手抓光杆、毛辫子； ② 戴手套使用手锤； ③ 不注意遮挡面部； ④ 未正确使用工具

续表 2-42

序号	操作步骤		风　险	产生原因
	操作项	操作关键点		
4	卸负荷	松刹车	人身伤害	① 抽油机周围有人； ② 松刹车不平稳
			设备损坏	① 抽油机周围有障碍物； ② 松刹车不平稳
		合控制柜上一级开关	触　电	① 未戴绝缘手套； ② 未用验电器确认控制柜上一级开关外壳无电
			电弧灼伤	未侧身合闸
		启动抽油机	触　电	① 未戴绝缘手套； ② 未用验电器确认控制柜外壳无电
			电弧灼伤	未侧身合空气开关及按启动按钮
			机械伤害	① 长发未盘入安全帽内； ② 劳动保护用品穿戴不整齐
			设备损坏	不松刹车启动抽油机
		停　抽	触　电	① 未戴绝缘手套； ② 未用验电器确认控制柜外壳无电
			电弧灼伤	未侧身按停止按钮
		拉刹车	机械伤害	① 拉刹车人员站位不合理； ② 刹车操作不到位
		先断开控制柜开关，再断开上一级开关	触　电	① 未戴绝缘手套； ② 未用验电器确认控制柜上一级开关外壳无电
			电弧灼伤	未侧身拉闸
		检查刹车	机械伤害	① 刹车操作不到位； ② 未悬挂警示标志

续表 2-42

序号	操作步骤		风　险	产生原因
	操作项	操作关键点		
5	更换毛辫子	井口操作	摔　伤	未站稳踏牢
			人身伤害	① 直接用手抓光杆、毛辫子； ② 戴手套使用手锤； ③ 不注意遮挡面部； ④ 未正确使用工具
6	开　抽	松刹车	人身伤害	① 抽油机周围有人； ② 松刹车不平稳
			设备损坏	① 抽油机周围有障碍物； ② 松刹车不平稳
		合控制柜上一级开关	触　电	① 未戴绝缘手套； ② 未用验电器确认控制柜上一级开关外壳无电
			电弧灼伤	未侧身操作
		启动抽油机	触　电	① 未戴绝缘手套； ② 未用验电器确认控制柜外壳无电
			电弧灼伤	未侧身合空气开关及按启动按钮
			机械伤害	① 长发未盘入安全帽内； ② 劳动保护用品穿戴不整齐
			设备损坏	不松刹车启动抽油机
7	开抽后检查	抽油机运转情况	人身伤害	① 检查时站位不合理，距离抽油机太近； ② 不停抽处理故障
		井　口	碰　伤	① 未注意悬绳器运行位置； ② 劳动保护用品穿戴不整齐
		电机及皮带	机械伤害	① 劳动保护用品穿戴不整齐； ② 长发未盘入安全帽内

（5）皮带式抽油机井巡回检查操作，见表 2-43。

表 2-43　皮带式抽油机井巡回检查操作的步骤、风险及其产生原因

序号	操作步骤		风　险	产生原因
	操作项	操作关键点		
1	井　口	检查井场	火灾事故	井场吸烟
2	电气设备	检查电气设备	触　电	① 未戴绝缘手套； ② 未用验电器检验电气设备外壳是否带电
			电弧灼伤	未侧身操作
3	刹　车	检查刹车	碰　伤	未正确使用扳手
4	传动部位	检查电机	挤　伤	头发未盘入安全帽内
		检查减速装置	碰　伤	站位不合理
5	支架、底座	检查固定螺丝	碰伤、砸伤	未正确使用扳手
6	悬绳器	毛辫子、方卡子	碰　伤	① 未注意悬绳器运行位置； ② 劳动保护用品穿戴不整齐
7	井口部位	检查井口	碰　伤	① 未注意悬绳器运行位置； ② 劳动保护用品穿戴不整齐
8	地面管线	检查管线	淹　溺	流程沿线有不明水坑
9	水套炉	检查水套炉	爆　炸	水位不符合要求
			烧　伤	① 未侧身观察炉火； ② 未站在上风口观察炉火
10	计量站	检查计量站流程	火　灾	① 计量站周围有可燃物； ② 计量站周围有火源
			中　毒	① 站内存在有毒有害气体； ② 未进行有毒有害气体检测； ③ 未采取防护措施； ④ 未打开门窗通风换气
			紧急情况无法撤离	① 应急通道堵塞； ② 房门未采取开启固定措施
			碰　伤	检查计量站流程时未戴安全帽

3. 地面驱动螺杆泵井采油

地面驱动螺杆泵井采油主要有5个操作项目，主要存在触电、液体刺漏伤人、中毒、机械伤害等风险。

(1) 螺杆泵井开井操作，见表2-44。

表2-44　螺杆泵井开井操作的步骤、风险及其产生原因

序号	操作步骤		风　险	产生原因
	操作项	操作关键点		
1	开抽前检查	井口流程及驱动装置	挂伤、碰伤	① 未正确使用管钳、活动扳手； ② 未按要求穿戴好劳动保护用品
		检查电路	触　电	① 未戴绝缘手套； ② 未用验电器确认电缆及用电设备漏电； ③ 接地线连接不良
2	倒流程	倒井口流程	液体刺漏伤人	① 倒错流程； ② 管线腐蚀穿孔、阀门密封垫圈老化严重
			丝杠弹出伤人	① 丝杠与闸板连接处损坏； ② 未侧身操作
		倒计量站流程	中　毒	① 计量站内存在有毒有害气体； ② 未打开门窗通风换气； ③ 未进行有毒有害气体检测； ④ 未佩戴防护面具
			紧急情况无法撤离	① 应急通道堵塞； ② 房门未采取开启固定措施
			液体刺漏伤人	① 倒错流程； ② 管线腐蚀穿孔、阀门密封填料老化严重
			丝杠弹出伤人	① 丝杠与闸板连接处损坏； ② 未侧身操作
3	开　抽	合控制柜上一级开关	触　电	① 未戴绝缘手套； ② 未用验电器确认控制柜上一级开关外壳无电
			电弧灼伤	未侧身合闸送电
		按启动按钮	触　电	① 未戴绝缘手套； ② 未用验电器确认控制柜外壳无电

续表 2-44

序号	操作步骤		风 险	产生原因
	操作项	操作关键点		
3	开 抽	按启动按钮	电弧灼伤	未侧身合空气开关及按启动按钮
4	开抽后检查	测电流	触 电	① 未戴绝缘手套； ② 未用验电器确认控制柜外壳无电
			仪表损坏	① 选择仪表规格、挡位不合适； ② 使用方法不正确
		井口流程	机械伤害	① 未正确使用管钳； ② 检查时站在井口驱动装置皮带轮一侧

（2）螺杆泵井关井操作，见表 2-45。

表 2-45 螺杆泵井关井操作的步骤、风险及其产生原因

序号	操作步骤		风 险	产生原因
	操作项	操作关键点		
1	停 抽	按停止按钮	触 电	① 未戴绝缘手套； ② 未用验电器确认控制柜外壳无电
			电弧灼伤	未侧身按停止按钮
		先断开控制柜开关，再断开上一级开关	触 电	① 未戴绝缘手套； ② 未用验电器确认控制柜上一级开关外壳无电
			电弧灼伤	未侧身拉闸断电
2	倒流程	倒井口流程	机械伤害	① 未穿戴好劳动保护用品； ② 光杆未停止自转就靠近设备进行操作
			液体刺漏伤人	① 倒错流程； ② 管线腐蚀穿孔、阀门密封垫圈老化严重
			丝杠弹出伤人	① 丝杠与闸板连接处损坏； ② 未侧身操作
		倒计量站流程	中 毒	① 计量站内存在有毒有害气体； ② 未进行有毒有害气体检测； ③ 未穿戴防护用具； ④ 未打开门窗通风换气

续表 2-45

序号	操作步骤		风　险	产生原因
	操作项	操作关键点		
2	倒流程	倒计量站流程	紧急情况无法撤离	① 应急通道堵塞； ② 房门未采取开启固定措施
			液体刺漏伤人	① 倒错流程； ② 管线腐蚀穿孔、阀门密封垫圈老化严重
			丝杠弹出伤人	① 丝杠与闸板连接处损坏； ② 未侧身操作

(3) 螺杆泵井维护操作，见表 2-46。

表 2-46　螺杆泵井维护操作的步骤、风险及其产生原因

序号	操作步骤		风　险	产生原因
	操作项	操作关键点		
1	停　抽	按停止按钮	触　电	① 未戴绝缘手套； ② 未用验电器确认控制柜外壳无电
			电弧灼伤	未侧身拉空气开关及按停止按钮
		先断开控制柜开关，再断开上一级开关	触　电	① 未戴绝缘手套； ② 未用验电器确认控制柜上一级开关外壳无电
			电弧灼伤	未侧身拉闸断电
2	维　护	电控柜	触　电	① 未戴绝缘手套； ② 未用验电器确认电缆及用电设备漏电； ③ 接地线连接不良
			人身伤害	未正确使用电工工具
		井口流程及驱动装置	机械伤害	① 光杆未停止自转就靠近设备进行检查； ② 戴手套盘皮带； ③ 未严格按照要求穿戴好劳动保护用品； ④ 未正确使用扳手、管钳
			火　灾	① 未按规定用油(汽油或轻质油)清洗减速箱； ② 操作不平稳，铁器碰撞产生火花； ③ 井场吸烟

续表 2-46

序号	操作步骤		风 险	产生原因
	操作项	操作关键点		
3	开 抽	合控制柜上一级开关	触 电	① 未戴绝缘手套； ② 未用验电器确认控制柜上一级开关外壳无电
			电弧灼伤	未侧身合闸送电
		按启动按钮	触 电	① 操作控制柜未戴绝缘手套； ② 未用验电器确认控制柜外壳无电
			电弧灼伤	未侧身合空气开关及按启动按钮
			人身伤害	未检查井口是否有人操作
		检查井口流程	机械伤害	① 未正确使用管钳； ② 检查时站在井口驱动装置皮带轮一侧

(4) 螺杆泵井巡回检查操作，见表 2-47。

表 2-47 螺杆泵井巡回检查操作的步骤、风险及其产生原因

序号	操作步骤		风 险	产生原因
	操作项	操作关键点		
1	井 口	检查环境	火 灾	井场吸烟
2	电气设备	检查电气设备	触 电	① 未戴绝缘手套； ② 未用验电器确认用电设备外壳无电； ③ 接地线连接不良
3	驱动部位及井口设备	检查驱动部位	人身伤害	① 站在驱动装置皮带轮一侧检查； ② 不停机靠近旋转部位； ③ 未穿戴好劳动保护用品
		检查井口流程、设备	磕伤、碰伤	① 检查井口流程、设备时操作不平稳； ② 未正确使用管钳、活动扳手
4	管 路	地面流程	磕伤、碰伤、摔伤	不熟悉路况及周围环境
			淹 溺	流程沿线有不明水坑
		加热炉	烧 伤	① 未侧身观察炉火； ② 站在下风口观察炉火、调整炉火

续表 2-47

序号	操作步骤		风险	产生原因
	操作项	操作关键点		
5	计量站	阀组、分离器及流程	火灾	站内吸烟
			中毒	① 站内存在有毒有害气体； ② 未进行有毒有害气体检测； ③ 未采取防护措施； ④ 未打开门窗通风换气
			紧急情况无法撤离	① 应急通道堵塞； ② 房门未采取开启固定措施
			磕伤、碰伤	① 未戴安全帽； ② 操作不平稳

(5) 更换螺杆泵井电机皮带操作，见表 2-48。

表 2-48　更换螺杆泵井电机皮带操作的步骤、风险及其产生原因

序号	操作步骤		风险	产生原因
	操作项	操作关键点		
1	停抽	按停止按钮	触电	① 未戴绝缘手套； ② 未用验电器确认控制柜外壳无电
			电弧灼伤	未侧身拉空气开关及按停止按钮
		先断开控制柜开关，再断开上一级开关	触电	① 未戴绝缘手套； ② 未用验电器确认控制柜上一级开关外壳无电
			电弧灼伤	未侧身拉闸断电
2	更换皮带	拆旧皮带、装新皮带	机械伤害、挤伤、碰伤	光杆未停止自转就靠近设备进行操作
				① 未正确使用活动扳手、撬杠； ② 戴手套盘皮带； ③ 手抓皮带盘皮带； ④ 手抓皮带试皮带松紧
3	开抽	合控制柜上一级开关	触电	① 未戴绝缘手套； ② 未用验电器确认控制柜上一级开关外壳无电
			电弧灼伤	未侧身合闸送电

续表 2-48

序号	操作步骤		风　险	产生原因
	操作项	操作关键点		
3	开　抽	按启动按钮	触　电	① 未戴绝缘手套； ② 未用验电器确认控制柜外壳无电
			电弧灼伤	未侧身合空气开关及按启动按钮
4	开抽后检查	皮带及井口流程	机械伤害	① 检查时站位不合理； ② 未正确使用管钳、活动扳手

4. 井场低压电器操作

井场低压电器操作是指采油队油、水井所涉及的低压电器维护操作，主要有 8 个操作项目，主要存在触电、电弧灼伤、机械伤害等风险。

(1) 更换控制柜上一级开关熔断器保险片操作，见表 2-49。

表 2-49　更换控制柜上一级开关熔断器保险片操作的步骤、风险及其产生原因

序号	操作步骤		风　险	产生原因
	操作项	操作关键点		
1	确认熔断相	打开控制柜门	触　电	① 未戴绝缘手套； ② 未用验电器确认控制柜外壳无电
		切断空气开关	电弧灼伤	未侧身操作空气开关
		打开控制柜上一级开关门	触　电	① 未戴绝缘手套； ② 未用验电器确认控制柜上一级开关外壳无电
		确认熔断相	电弧灼伤	未侧身验电
		断开控制柜上一级开关	电弧灼伤	未侧身拉闸断电
2	更换保险片	取下熔断器	触　电	未戴绝缘手套
			电弧灼伤	① 取熔断器前未拉闸断电； ② 未用验电器确认负荷端无电； ③ 未侧身取熔断器
		更换保险片	熔断器损坏	未平稳操作
		安装熔断器	触　电	未戴绝缘手套
			电弧灼伤	未侧身安装熔断器

续表 2-49

序号	操作步骤		风　险	产生原因
	操作项	操作关键点		
2	更换保险片	合控制柜上一级开关，检查更换效果	触　电	① 未戴绝缘手套； ② 未用验电器确认控制柜上一级开关外壳无电
			电弧灼伤	未侧身操作
3	开　抽	松刹车	机械伤害	① 抽油机周围有人； ② 松刹车不平稳
			设备损坏	① 抽油机周围有障碍物； ② 松刹车不平稳
		启动抽油机	触　电	① 未戴绝缘手套； ② 未用验电器确认控制柜外壳无电
			电弧灼伤	未侧身操作空气开关及按启动按钮
			人身伤害	① 长发未盘入安全帽内； ② 劳动保护用品穿戴不整齐
			设备损坏	① 不松刹车启动抽油机； ② 未利用惯性启动抽油机
4	开抽后检查	检查抽油机运转情况	人身伤害	① 进入旋转部位； ② 检查时站位不合理，距离运转设备太近； ③ 不停抽处理故障

(2) 三相异步电动机找头接线操作，见表 2-50。

表 2-50　三相异步电动机找头接线操作的步骤、风险及其产生原因

序号	操作步骤		风　险	产生原因
	操作项	操作关键点		
1	分绕组	运输、摆放万用表	仪器损坏	① 运输、摆放过程不平稳； ② 乱掷乱丢
		分绕组	绕组区分不正确	① 挡位调整不对； ② 双手同时接触两测试笔金属部位； ③ 仪器使用不正确，操作不平稳

续表 2-50

序号	操作步骤		风　险	产生原因
	操作项	操作关键点		
2	定首尾	定首尾	首尾区分不正确	① 挡位调整不对； ② 双手同时接触电池正负极； ③ 仪器使用不正确，操作不平稳； ④ 指针摆动方向观察错误
3	连接电动机	接　线	触　电	输入电缆带电
			磕伤、碰伤	未正确使用手钳、扳手
4	试运转	合控制柜上一级开关	触　电	① 未戴绝缘手套； ② 未用验电器确认控制柜上一级开关外壳无电
			电弧灼伤	未侧身合闸送电
			电机损坏	① 绕组区分不正确； ② 首尾端区分不正确； ③ 未按电动机铭牌规定接线； ④ 电缆线连接不牢
			人身伤害	① 长发未盘入安全帽内； ② 劳动保护用品穿戴不整齐

（3）检测电动机绝缘电阻值操作，见表 2-51。

表 2-51　检测电动机绝缘电阻值操作的步骤、风险及其产生原因

序号	操作步骤		风　险	产生原因
	操作项	操作关键点		
1	分绕组	运输、摆放万用表	仪器损坏	① 运输、摆放过程不平稳； ② 乱掷乱丢
		分绕组	绕组区分不正确	① 挡位调整不对； ② 双手同时接触两测试笔的金属部位； ③ 仪器使用不正确，操作不平稳
2	检查绝缘	运输、摆放兆欧表	仪器损坏	① 运输、摆放过程不平稳； ② 乱掷乱丢

续表 2-51

序号	操作步骤		风 险	产生原因
	操作项	操作关键点		
2	检查绝缘	检查绝缘	电击伤人	① 换相或拆除表线未及时放电； ② 摇表时手部接触表线连接处
			绝缘检测不准	① 兆欧表摇动时间、速度达不到要求； ② 仪器使用不正确，操作不平稳
3	电动机接线	接 线	触 电	输入电缆带电
			磕伤、碰伤	未正确使用手钳、扳手
4	试运转	合闸送电	触 电	① 未戴绝缘手套合闸； ② 未用验电器确认控制柜上一级开关外壳无电
			电弧灼伤	未侧身合闸送电
			电机损坏	① 绕组区分不正确； ② 首尾端区分不正确； ③ 绝缘检测不准； ④ 未按电动机铭牌规定接线； ⑤ 电缆线连接不牢
			人身伤害	① 长发未盘入安全帽内； ② 劳动保护用品穿戴不整齐

(4) 10 kV 跌落式熔断器停、送电操作，见表 2-52。

表 2-52　10 kV 跌落式熔断器停、送电操作的步骤、风险及其产生原因

序号	操作步骤		风 险	产生原因
	操作项	操作关键点		
1	停 抽	打开控制柜门	触 电	① 未戴绝缘手套； ② 未用验电器确认控制柜外壳无电
		停抽、关门	电弧灼伤	未侧身操作空气开关及按停止按钮
		拉刹车	机械伤害	① 拉刹车人员站位不合理； ② 刹车操作不到位
2	断 电	先断开控制柜开关，再断开上一级开关	触 电	① 未戴绝缘手套； ② 未用验电器确认控制柜上一级开关外壳无电
			电弧灼伤	未侧身拉闸断电
3	拉开熔断器	拉开熔断器	电击伤人	使用绝缘性能不合格的绝缘防护用品

续表 2-52

<table>
<tr><th rowspan="2">序号</th><th colspan="2">操作步骤</th><th rowspan="2">风　险</th><th rowspan="2">产生原因</th></tr>
<tr><th>操作项</th><th>操作关键点</th></tr>
<tr><td rowspan="2">3</td><td rowspan="2">拉开熔断器</td><td rowspan="2">拉开熔断器</td><td>电弧灼伤</td><td>操作顺序错误</td></tr>
<tr><td>触　电</td><td>① 雷电天气操作跌落式熔断器；
② 拉开跌落式熔断器后，本体漏电；
③ 控制柜上一级开关未完全断开；
④ 未悬挂警示标志</td></tr>
<tr><td rowspan="4">4</td><td rowspan="4">送合熔断器</td><td rowspan="4">送合熔断器</td><td>带负荷合闸</td><td>控制柜上一级开关在合位时合闸送电</td></tr>
<tr><td>电击伤人</td><td>① 设备、线路上有人；
② 使用绝缘性能不合格的绝缘防护用品</td></tr>
<tr><td>电弧灼伤</td><td>操作顺序错误</td></tr>
<tr><td>熔断器损坏</td><td>合闸用力过猛</td></tr>
<tr><td rowspan="8">5</td><td rowspan="8">开　抽</td><td rowspan="2">松刹车</td><td>机械伤害</td><td>① 抽油机周围有人；
② 松刹车不平稳</td></tr>
<tr><td>设备损坏</td><td>① 抽油机周围有障碍物；
② 松刹车不平稳</td></tr>
<tr><td rowspan="2">合控制柜上一级开关</td><td>触　电</td><td>① 未戴绝缘手套；
② 未用验电器确认控制柜上一级开关外壳无电</td></tr>
<tr><td>电弧灼伤</td><td>未侧身合闸送电</td></tr>
<tr><td rowspan="4">启动抽油机</td><td>触　电</td><td>① 未戴绝缘手套；
② 未用验电器确认控制柜外壳无电</td></tr>
<tr><td>电弧灼伤</td><td>未侧身操作空气开关及按启动按钮</td></tr>
<tr><td>人身伤害</td><td>① 长发未盘入安全帽内；
② 劳动保护用品穿戴不整齐</td></tr>
<tr><td>设备损坏</td><td>① 不松刹车启动抽油机；
② 未利用惯性启动抽油机</td></tr>
<tr><td>6</td><td>开抽后检查</td><td>检查抽油机运转情况</td><td>人身伤害</td><td>① 进入旋转部位；
② 检查时站位不合理，距离运转设备太近；
③ 不停抽处理故障</td></tr>
</table>

(5) 更换抽油机井控制柜上一级开关操作，见表 2-53。

表 2-53　更换抽油机井控制柜上一级开关操作的步骤、风险及其产生原因

序号	操作步骤		风　险	产生原因
	操作项	操作关键点		
1	停　抽	打开控制柜门	触　电	① 未戴绝缘手套； ② 未用验电器确认控制柜外壳无电
		停　抽	电弧灼伤	未侧身操作空气开关及按停止按钮
		拉刹车	机械伤害	① 拉刹车人员站位不合理； ② 刹车操作不到位
2	断　电	拉闸断电	触　电	① 未戴绝缘手套； ② 未用验电器确认控制柜上一级开关外壳无电
			电弧灼伤	未侧身拉闸断电
3	拉开熔断器	拉开熔断器	电击伤人	使用绝缘性能不合格的绝缘防护用品
			电弧灼伤	操作顺序错误
			触　电	① 雷电天气操作跌落式熔断器； ② 拉开跌落式熔断器后，本体漏电； ③ 控制柜上一级开关未完全断开； ④ 未悬挂警示标志
4	更换控制柜上一级开关	拆除旧控制柜上一级开关	触　电	拆除前未确认输入电缆无电
			磕伤、碰伤	① 未戴安全帽； ② 未正确使用手钳、扳手； ③ 操作人员配合操作不协调
		安装新控制柜上一级开关	磕伤、碰伤	① 未正确使用手钳、扳手； ② 操作人员配合操作不协调
			接地保护功能缺失	未连接接地线或接地线连接不牢靠
5	送合熔断器	送合熔断器	带负荷合闸	控制柜上一级开关在合位时合闸送电
			电弧灼伤	操作顺序错误
			熔断器损坏	合闸用力过猛
			电击伤人	① 设备、线路上有人； ② 使用绝缘性能不合格的绝缘防护用品

续表 2-53

序号	操作步骤		风　险	产生原因
	操作项	操作关键点		
6	开　抽	松刹车	机械伤害	① 抽油机周围有人； ② 松刹车不平稳
			设备损坏	① 抽油机周围有障碍物； ② 松刹车不平稳
		合控制柜上一级开关	触　电	① 未戴绝缘手套； ② 未用验电器确认控制柜上一级开关外壳无电
			电弧灼伤	未侧身合闸送电
		启动抽油机	触　电	① 未戴绝缘手套； ② 未用验电器确认控制柜外壳无电
			电弧灼伤	未侧身操作空气开关及按启动按钮
			接头发热烧毁	未清除、擦拭干净电缆接线端子的氧化层
			抽油机反转	接线相序错误
			电　击	未连接接地线或接地线接触不牢靠
			人身伤害	① 长发未盘入安全帽内； ② 劳动保护用品穿戴不整齐
			设备损坏	① 不松刹车启动抽油机； ② 未利用惯性启动抽油机
7	开抽后检查	检查抽油机运转情况	人身伤害	① 进入旋转部位； ② 检查时站位不合理，距离运转设备太近； ③ 不停抽处理故障

（6）更换抽油井低压电缆操作，见表 2-54。

表 2-54　更换抽油井低压电缆操作的步骤、风险及其产生原因

序号	操作步骤		风　险	产生原因
	操作项	操作关键点		
1	停　抽	打开控制柜门	触　电	① 未戴绝缘手套； ② 未用验电器确认控制柜外壳无电
		停　抽	电弧灼伤	未侧身操作空气开关及按停止按钮

续表 2-54

序号	操作步骤		风　险	产生原因
	操作项	操作关键点		
2	断　电	先断开控制柜开关，再断开上一级开关	触　电	① 未戴绝缘手套； ② 未用验电器确认控制柜上一级开关外壳无电
			电弧灼伤	未侧身拉闸断电
3	拆除旧电缆	拆除旧电缆	触　电	① 未确认控制柜上一级开关负荷端无电； ② 开关未完全断开； ③ 未悬挂警示标志
4	开挖电缆沟	选择路径	触　电	所选路径地下有电缆通过
			伤害管线	所选路径地下有管线通过
		开挖电缆沟	人身伤害	① 操作者身边有人； ② 操作不平稳
5	制作电缆头	剥除电缆保护层	人身伤害	剥除电缆保护层操作不平稳
		检测绝缘	电　击	换相或拆除表线未及时放电
6	敷设电缆	敷设电缆	电缆绝缘损坏	① 电缆路径选择在易遭受机械性损伤和化学危害的区域； ② 电缆外皮距地面的距离小于 0.7 m，穿越农田时小于 1 m
7	接　线	连接控制柜及上一级开关	触　电	未用验电器确认控制柜上一级开关负荷端无电
			磕伤、碰伤	① 未戴安全帽； ② 未正确使用手钳、扳手
			接地保护功能缺失	未连接接地线或接地线连接不牢靠
8	开　抽	松刹车	机械伤害	① 抽油机周围有人； ② 松刹车不平稳
			设备损坏	① 抽油机周围有障碍物； ② 松刹车不平稳

续表 2-54

序号	操作步骤		风　险	产生原因
	操作项	操作关键点		
8	开　抽	合控制柜上一级开关	触　电	① 未戴绝缘手套；② 未用验电器确认控制柜上一级开关外壳无电
			电弧灼伤	未侧身合闸送电
		启动抽油机	触　电	① 未戴绝缘手套；② 未用验电器确认控制柜外壳无电
			电弧灼伤	送电时操作人员未侧身
			接头发热烧毁	电缆头制作不规范
			抽油机反转	相序连接错误
			人身伤害	① 长发未盘入安全帽内；② 劳动保护用品穿戴不整齐
			设备损坏	① 不松刹车启动抽油机；② 未利用惯性启动抽油机
9	开抽后检查	检查抽油机运转情况	人身伤害	① 进入旋转部位；② 检查时站位不合理，距离运转设备太近；③ 不停抽处理故障

（7）更换抽油机电机控制柜操作，见表 2-55。

表 2-55　更换抽油机电机控制柜操作的步骤、风险及其产生原因

序号	操作步骤		风　险	产生原因
	操作项	操作关键点		
1	停　抽	打开控制柜门	触　电	① 未戴绝缘手套；② 未用验电器确认控制柜外壳无电
		停　抽	电弧灼伤	未侧身操作空气开关及按停止按钮
		拉刹车	机械伤害	① 拉刹车人员站位不合理；② 刹车操作不到位
2	断　电	先断开控制柜开关，再断开上一级开关	触　电	① 未戴绝缘手套；② 未用验电器确认控制柜上一级开关外壳无电
			电弧灼伤	未侧身拉闸断电

续表 2-55

<table>
<tr><th rowspan="2">序号</th><th colspan="2">操作步骤</th><th rowspan="2">风 险</th><th rowspan="2">产生原因</th></tr>
<tr><th>操作项</th><th>操作关键点</th></tr>
<tr><td rowspan="3">3</td><td rowspan="3">拆除
旧控制柜</td><td rowspan="2">拆除电缆</td><td>触 电</td><td>① 动力电缆带电；
② 控制柜上一级开关未完全断开；
③ 未悬挂警示标志</td></tr>
<tr><td>磕伤、碰伤</td><td>未正确使用手钳、扳手</td></tr>
<tr><td>拆除控制柜</td><td>磕伤、碰伤</td><td>① 未正确使用扳手；
② 操作人员配合不协调</td></tr>
<tr><td rowspan="5">4</td><td rowspan="5">安装控制柜</td><td>安装控制柜</td><td>磕伤、碰伤</td><td>① 未正确使用扳手；
② 操作人员配合不协调</td></tr>
<tr><td rowspan="3">连接电缆</td><td>触 电</td><td>① 未检测动力电缆，确认无电；
② 控制柜上一级开关未完全断开；
③ 未悬挂警示标志</td></tr>
<tr><td>磕伤、碰伤</td><td>未正确使用手钳、扳手，操作不平稳</td></tr>
<tr><td>接地保护
功能缺失</td><td>未连接接地线或接地线连接不牢靠</td></tr>
<tr><td>设置保护值</td><td>自动保护
失灵</td><td>① 自动保护装置损坏；
② 保护值设置不当</td></tr>
<tr><td rowspan="7">5</td><td rowspan="7">开 抽</td><td rowspan="2">松刹车</td><td>机械伤害</td><td>① 抽油机周围有人；
② 松刹车不平稳</td></tr>
<tr><td>设备损坏</td><td>① 抽油机周围有障碍物；
② 松刹车不平稳</td></tr>
<tr><td rowspan="2">合控制柜上
一级开关</td><td>触 电</td><td>① 未戴绝缘手套；
② 未用验电器确认控制柜上一级开关外壳无电</td></tr>
<tr><td>电弧灼伤</td><td>未侧身合闸送电</td></tr>
<tr><td rowspan="3">启动抽油机</td><td>触 电</td><td>① 未戴绝缘手套；
② 未用验电器确认用电设备外壳无电</td></tr>
<tr><td>电弧灼伤</td><td>未侧身操作空气开关及按启动按钮</td></tr>
<tr><td>抽油机反转</td><td>接线相序错误</td></tr>
</table>

续表 2-55

序号	操作步骤		风　险	产生原因
	操作项	操作关键点		
5	开　抽	启动抽油机	人身伤害	① 长发未盘入安全帽内； ② 劳动保护用品穿戴不整齐
			设备损坏	① 不松刹车启动抽油机； ② 松刹车不平稳； ③ 控制柜安装不符合要求； ④ 未利用惯性启动抽油机； ⑤ 接头氧化腐蚀，未清理干净
6	开抽后检查	抽油机运转情况	人身伤害	① 进入旋转部位； ② 检查时站位不合理，距离运转设备太近； ③ 不停抽处理故障

(8) 更换抽油机电动机操作，见表 2-56。

表 2-56　更换抽油机电动机操作的步骤、风险及其产生原因

序号	操作步骤		风　险	产生原因
	操作项	操作关键点		
1	停　抽	打开控制柜门	触　电	① 未戴绝缘手套； ② 未用验电器确认控制柜外壳无电
		停　抽	电弧灼伤	未侧身操作空气开关及按停止按钮
		拉刹车	机械伤害	① 拉刹车人员站位不合理； ② 刹车操作不到位
2	断　电	先断开控制柜开关，再断开上一级开关	触　电	① 未戴绝缘手套； ② 未用验电器确认控制柜上一级开关外壳无电
			电弧灼伤	未侧身拉闸断电
3	拆除旧电动机	拆除电缆	触　电	① 安装前未检测输入电缆，未确认无电； ② 开关未完全断开； ③ 未悬挂警示标志，造成误合闸
			磕伤、碰伤	未正确使用手钳、扳手
		移动电机	磕伤、碰伤	未正确使用扳手、撬杠
		摘皮带	挤　伤	① 戴手套盘皮带； ② 手抓皮带盘皮带

续表 2-56

序号	操作步骤		风险	产生原因
	操作项	操作关键点		
3	拆除旧电动机	摘皮带	摔伤	① 站位不合理； ② 操作不平稳
		拆卸旧电机	磕伤、碰伤	① 未正确使用扳手； ② 操作人员配合不协调
4	吊装电机	吊车现场就位	车辆伤害	吊车移动方向有人
		吊下旧电机	电机坠落	电机与吊钩未连接牢靠
			挤伤、砸伤	① 吊车移动范围内有人； ② 吊车司机与指挥人员配合不协调
		吊装新电机	电机坠落	电机与吊钩未连接牢靠
			挤伤、砸伤	① 吊车移动范围内有人； ② 吊车司机与指挥人员配合不协调
		吊车驶离现场	车辆伤害	吊车移动方向有人
5	安装新电动机	安装新电机	磕伤、碰伤	① 未正确使用撬杠、扳手； ② 配合操作不协调
		安装皮带	挤伤	① 戴手套盘皮带； ② 手抓皮带盘皮带； ③ 手抓皮带检查皮带松紧
			摔伤	① 站位不合理； ② 操作不平稳
		连接电缆	磕伤、碰伤	未正确使用手钳、扳手
			接地保护功能缺失	未连接接地线或接地线连接不牢靠

续表 2-56

序号	操作步骤		风　险	产生原因
	操作项	操作关键点		
6	开　抽	松刹车	机械伤害	① 抽油机周围有人； ② 松刹车不平稳
			设备损坏	① 抽油机周围有障碍物； ② 松刹车不平稳
		合控制柜上一级开关	触　电	① 未戴绝缘手套； ② 未用验电器确认控制柜上一级开关外壳无电
			电弧灼伤	未侧身合闸送电
		启动抽油机	触　电	① 操作用电设备未戴绝缘手套； ② 操作前未用验电器确认用电设备外壳无电
			电弧灼伤	未侧身操作控制开关及启动按钮
			抽油机反转	接线相序错误
			人身伤害	① 长发未盘入安全帽内； ② 劳动保护用品穿戴不整齐
			设备损坏	① 不松刹车启动抽油机； ② 松刹车不平稳； ③ 未利用惯性启动抽油机； ④ 电动机安装不符合要求； ⑤ 接头氧化腐蚀，未清理干净
7	开抽后检查	检查抽油机运转情况	人身伤害	① 进入旋转部位； ② 检查时站位不合理，距离运转设备太近； ③ 不停抽处理故障

二、无杆泵采油

1. 潜油电泵井采油

潜油电泵整套设备分为井下、地面和电力传送 3 个部分。井下部分主要有多级离心泵、油气分离器、潜油电机和保护器；地面部分主要有变压器、控制屏和井口；电力传送部分是电缆。主要有 4 个操作项目，存在触电、液体刺伤、机械伤害、火灾等风险。

(1) 潜油电泵井开井操作，见表 2-57。

表 2-57 潜油电泵井开井操作的步骤、风险及其产生原因

序号	操作步骤		风险	产生原因
	操作项	操作关键点		
1	开抽前检查	检查电气设备	触电	① 未戴绝缘手套； ② 未用验电器确认电气设备外壳无电
		检查井口设备	碰伤、砸伤	① 未戴安全帽； ② 未正确使用管钳、活动扳手； ③ 检查油嘴时装卸丝堵操作不平稳
		检查井下电缆	电击	换相或拆除表线未及时放电
		检查地面流程、计量站	淹溺	流程沿线有不明水坑
			中毒	① 站内存在有毒有害气体； ② 未进行有毒有害气体检测； ③ 未采取防护措施； ④ 未打开门窗通风换气
			紧急情况无法撤离	① 应急通道堵塞； ② 房门未采取开启固定措施
			碰伤	① 检查计量站流程时未戴安全帽； ② 站位不合理
2	开抽	灌液	液体刺漏伤人	① 倒错流程； ② 未侧身操作阀门
		送电开机	触电	① 未戴绝缘手套操作电气设备； ② 未用高压验电器确认电气设备外壳无电
			灼伤	未侧身操作电器
		憋压	液体刺漏伤人	① 管线腐蚀穿孔、阀门密封垫圈老化； ② 未及时打开生产阀门
		打开生产阀门	液体刺漏伤人	管线腐蚀穿孔、阀门密封垫圈老化
			丝杠弹出伤人	① 丝杠与闸板连接处损坏； ② 未侧身操作
3	开抽后检查	检查井口	磕伤、碰伤	站位不合理

（2）潜油电泵井关井操作，见表 2-58。

表 2-58　潜油电泵井关井操作的步骤、风险及其产生原因

序号	操作步骤		风　险	产生原因
	操作项	操作关键点		
1	停抽前检查	检查井口流程	磕伤、碰伤	① 未戴安全帽； ② 站位不合理
2	停　抽	按停止按钮	触　电	① 未戴绝缘手套操作电气设备； ② 未用高压验电器验电
			灼　伤	未侧身操作电器
3	倒流程	关阀门	液体刺漏伤人	① 倒错流程； ② 管线腐蚀穿孔、阀门密封垫圈老化
			丝杠弹出伤人	① 丝杠与闸板连接处损坏； ② 未侧身操作

（3）更换潜油电泵井油嘴操作，见表 2-59。

表 2-59　更换潜油电泵井油嘴操作的步骤、风险及其产生原因

序号	操作步骤		风　险	产生原因
	操作项	操作关键点		
1	检查流程	检查井口流程	磕伤、碰伤	① 未戴安全帽； ② 站位不合理
2	倒流程	倒备用流程	液体刺漏伤人	① 倒错流程； ② 管线腐蚀穿孔、阀门密封垫圈老化
			丝杠弹出伤人	① 丝杠与闸板连接处损坏； ② 未侧身操作
3	更换油嘴	卸下旧油嘴	液体刺漏伤人	① 原生产流程未关严； ② 未放空； ③ 未泄尽余压； ④ 未侧身操作
			挤伤、砸伤	未正确使用管钳、油嘴扳手、撬杠
		安装新油嘴	挤伤、砸伤	① 未正确使用管钳、油嘴扳手、撬杠； ② 装油嘴、丝堵操作不稳

续表 2-59

序号	操作步骤		风　险	产生原因
	操作项	操作关键点		
4	倒流程	恢复原流程	液体刺漏伤人	① 倒错流程； ② 管线腐蚀穿孔、阀门密封垫圈老化
			丝杠弹出伤人	① 丝杠与闸板连接处损坏； ② 未侧身操作
5	检查效果	检查井口流程	磕伤、碰伤	① 未戴安全帽； ② 站位不合理

(4) 潜油电泵井巡回检查操作，见表 2-60。

表 2-60　潜油电泵井巡回检查操作的步骤、风险及其产生原因

序号	操作步骤		风　险	产生原因
	操作项	操作关键点		
1	检查井场	井　口	火　灾	井场吸烟
		电气设备	触　电	① 未戴绝缘手套； ② 未用高压验电器确认电气设备外壳无电
		井口部位	碰伤、砸伤	未戴安全帽
2	检查管路	地面流程	淹　溺	流程沿线有不明水坑
3	检查计量站	站内流程	中　毒	① 站内存在有毒有害气体； ② 未进行有毒有害气体检测； ③ 未采取防护措施； ④ 未打开门窗通风换气
			紧急情况无法撤离	① 应急通道堵塞； ② 房门未采取开启固定措施
			液体刺漏伤人	管线、流程泄漏

2. 水力喷射泵井采油

水力喷射泵(也称射流泵)是利用射流原理将注入井内的高压动力液的能量传递给井下油层产出液的无杆水力泵采油设备。水力喷射泵采油系统由地面(包括动力液供给和产出液收集处理系统)和井下(包括动力液及产出液在井筒内的流动

系统和射流泵）两大部分组成。动力液在井下与油层产出液混合后返回地面。主要有 3 个操作项目，主要存在高压液体刺伤、触电、机械伤害、噪声等风险。

（1）水力喷射泵井投泵操作，见表 2-61。

表 2-61　水力喷射泵井投泵操作的步骤、风险及其产生原因

序号	操作步骤		风　险	产生原因
	操作项	操作关键点		
1	倒流程放空	井口放空	高压动力液刺漏伤人	① 倒错流程； ② 管线腐蚀穿孔、阀门密封垫圈老化
			丝杠弹出伤人	① 丝杠与闸板连接处损坏； ② 未侧身操作
2	投　泵	投泵芯	高压动力液刺漏伤人	① 未放空带压操作； ② 余压伤人
			砸　伤	操作人员配合不当，操作不平稳
3	启　泵	调整动力液排量	高压动力液刺漏伤人	① 倒错流程； ② 管线腐蚀穿孔、阀门密封垫圈老化
			丝杠弹出伤人	① 丝杠与闸板连接处损坏； ② 未侧身操作
4	启泵后检查	检查井口设备	磕伤、碰伤	未戴安全帽
			高压动力液刺漏伤人	井口泄漏

（2）水力喷射泵井起泵操作，见表 2-62。

表 2-62　水力喷射泵井起泵操作的步骤、风险及其产生原因

序号	操作步骤		风　险	产生原因
	操作项	操作关键点		
1	起泵前检查	检查井口设备	磕伤、碰伤	未戴安全帽
			高压动力液刺漏伤人	井口泄漏
2	倒流程	倒反洗井流程	高压动力液刺漏伤人	① 倒错流程； ② 管线腐蚀穿孔、阀门密封垫圈老化

续表 2-62

序号	操作步骤		风　险	产生原因
	操作项	操作关键点		
2	倒流程	倒反洗井流程	丝杠弹出伤人	① 丝杠与闸板连接处损坏； ② 未侧身操作
3	起　泵	起旧泵芯	高压动力液刺漏伤人	① 未放空，带压操作； ② 余压伤人
			砸　伤	配合不当，操作不平稳

（3）水力喷射泵井巡回检查操作，见表 2-63。

表 2-63　水力喷射泵井巡回检查操作的步骤、风险及其产生原因

序号	操作步骤		风　险	产生原因
	操作项	操作关键点		
1	检查井场	检查井场	火　灾	井场吸烟
		检查井口设备	磕伤、碰伤	未戴安全帽
			高压动力液刺漏伤人	井口刺漏
2	管线、计量站检查	检查地面流程	淹　溺	流程沿线有不明水坑
		检查计量站	中　毒	① 站内存在有毒有害气体； ② 未进行有毒有害气体检测； ③ 未采取防护措施； ④ 未打开门窗通风换气
			紧急情况无法撤离	① 应急通道堵塞； ② 房门未采取开启固定措施
			高压液体刺漏伤人	计量站流程泄漏

3. 水力活塞泵井采油

水力活塞泵是一种液压传动的无杆抽油设备，它是由地面动力泵将动力液增压后经油管或专用通道泵入井下，驱动马达做上下往复运动，将高压动力液传至井下驱动油缸和换向阀，来帮助井下柱塞泵抽油。水力活塞泵系统主要由地面动力液罐、三缸高压泵、控制管汇、井口控制阀和井下泵组成。主要有 3 个操作项目，存

在高压液体刺伤、触电、机械伤害、噪声等风险。

(1) 水力活塞泵井投泵操作，见表 2-64。

表 2-64　水力活塞泵井投泵操作的步骤、风险及其产生原因

序号	操作步骤		风　险	产生原因
	操作项	操作关键点		
1	投泵前准备	安装防喷管	砸　伤	防喷管坠落
			挤　伤	起重机挤伤
		防喷管试压	高压动力液刺漏伤人	① 未侧身操作； ② 连接部位泄漏
2	投　泵	投泵芯	摔　伤	攀爬井口未踩稳踏实
			挤　伤	起重臂挤伤
		倒投泵流程	高压动力液刺漏伤人	① 倒错流程； ② 管线腐蚀穿孔、阀门密封垫圈老化
			丝杠弹出伤人	① 丝杠与闸板连接处损坏； ② 未侧身操作
3	启　泵	倒启泵流程	高压动力液刺漏伤人	① 倒错流程； ② 管线腐蚀穿孔、阀门密封垫圈老化
			丝杠弹出伤人	① 丝杠与闸板连接处损坏； ② 未侧身操作
4	启泵后检查	检查井口设备	磕伤、碰伤	未戴安全帽
			高压动力液刺漏伤人	井口泄漏

(2) 水力活塞泵井启泵操作，见表 2-65。

表 2-65　水力活塞泵井启泵操作的步骤、风险及其产生原因

序号	操作步骤		风　险	产生原因
	操作项	操作关键点		
1	启泵前准备	吊装防喷管	砸　伤	防喷管坠落
			挤　伤	起重机挤伤

续表 2-65

序号	操作步骤		风　险	产生原因
	操作项	操作关键点		
1	启泵前准备	防喷管试压	高压动力液刺漏伤人	① 未侧身操作阀门； ② 连接部位泄漏
2	倒流程	反洗井流程	高压动力液刺漏伤人	① 倒错流程； ② 管线腐蚀穿孔、阀门密封垫圈老化
			丝杠弹出伤人	① 丝杠与闸板连接处损坏； ② 未侧身操作
3	启　泵	调节流量启泵	高压动力液刺漏伤人	① 倒错流程； ② 管线腐蚀穿孔、阀门密封垫圈老化
			丝杠弹出伤人	① 丝杠与闸板连接处损坏； ② 未侧身操作
		倒启泵流程	高压动力液刺漏伤人	① 倒错流程； ② 管线腐蚀穿孔、阀门密封垫圈老化
			丝杠弹出伤人	① 丝杠与闸板连接处损坏； ② 未侧身操作
		吊卸防喷管及泵芯	砸　伤	防喷管坠落
			挤　伤	起重臂挤伤
4	洗　井	反洗井	高压动力液刺漏伤人	① 倒错流程； ② 管线腐蚀穿孔、阀门密封垫圈老化
			丝杠弹出伤人	① 丝杠与闸板连接处损坏； ② 未侧身操作
		正洗井	高压动力液刺漏伤人	① 倒错流程； ② 管线腐蚀穿孔、阀门密封垫圈老化
			丝杠弹出伤人	① 丝杠与闸板连接处损坏； ② 未侧身操作

(3) 水力活塞泵井巡回检查操作，见表 2-66。

表 2-66　水力活塞泵井巡回检查操作的步骤、风险及其产生原因

序号	操作步骤		风　险	产生原因
	操作项	操作关键点		
1	检查井场	检查井场	火　灾	井场吸烟
		检查井口设备	磕伤、碰伤	未戴安全帽
			高压动力液刺漏伤人	井口阀门、管线刺漏
2	检查管路	检查地面流程	淹　溺	流程沿线有不明水坑
			高压动力液刺漏伤人	沿程管路泄漏
3	检查计量站	检查站内流程	中　毒	① 站内存在有毒有害气体； ② 未进行有毒有害气体检测； ③ 未采取防护措施； ④ 未打开门窗通风换气
			紧急情况无法撤离	① 应急通道堵塞； ② 房门未采取开启固定措施

第四节　蒸汽吞吐采油

蒸汽吞吐采油是将一定数量的高温、高压湿饱和蒸汽注入油层，焖井数天，加热油层中的原油，然后开井回采。按照蒸汽吞吐过程分为注汽前准备、挤前置解堵剂、注蒸汽、资料测试、焖井放喷、提注汽管柱 6 个施工环节。主要有 7 个操作项目，主要存在高压液体刺伤、高温烫伤、触电、机械伤害等风险。

(1) 蒸汽吞吐井焖井操作，见表 2-67。

表 2-67　蒸汽吞吐井焖井操作的步骤、风险及其产生原因

序号	操作步骤		风　险	产生原因
	操作项	操作关键点		
1	关　井	关闭生产阀门	烫　伤	未在安全区域侧身缓慢操作阀门

续表 2-67

序号	操作步骤		风　险	产生原因
	操作项	操作关键点		
2	更换压力表	卸压力表	刺伤、烫伤	① 未关闭阀门； ② 未泄压
3	记录焖井压力	观察压力	刺伤、烫伤	未观察井口周围情况

(2) 蒸汽吞吐井放喷操作，见表 2-68。

表 2-68　蒸汽吞吐井放喷操作的步骤、风险及其产生原因

序号	操作步骤		风　险	产生原因
	操作项	操作关键点		
1	连接放喷流程	连接放喷管线	砸　伤	连接管线时操作不稳
		检查放喷管线	刺　伤	井口、管线刺漏
2	更换油嘴	卸油嘴	刺伤、烫伤	① 未泄压； ② 未侧身操作
			砸　伤	未正确使用工具，未平稳操作
		装油嘴	砸　伤	装丝堵操作不稳
3	倒放喷流程	开生产阀门	刺伤、烫伤	未侧身缓慢操作阀门
		倒计量流程	流体刺漏伤人	① 密封垫圈老化； ② 管线腐蚀
			丝杠弹出伤人	① 丝杠与闸板连接处损坏； ② 未侧身操作
4	记录焖井压力	观察压力	刺伤、烫伤	未观察井口周围情况

(3) 蒸汽吞吐井(空心杆掺水工艺)开井操作，见表 2-69。

表 2-69　蒸汽吞吐井(空心杆掺水工艺)开井操作的步骤、风险及其产生原因

序号	操作步骤		风　险	产生原因
	操作项	操作关键点		
1	连接掺水软管	连接掺水软管	碰伤、摔伤	① 未戴安全帽； ② 未系安全带
		掺水软管试压	流体刺漏伤人	① 倒错流程憋压； ② 密封垫圈老化； ③ 管线腐蚀； ④ 掺水软管刺漏
			丝杠弹出伤人	① 丝杠与闸板连接处损坏； ② 未侧身操作
2	倒开井流程	倒开井流程	液体刺漏伤人	① 倒错流程憋压； ② 密封垫圈老化； ③ 管线腐蚀
			丝杠弹出伤人	① 丝杠与闸板连接处损坏； ② 未侧身操作
3	开井前检查	连接部位	磕伤、碰伤	① 未戴安全帽； ② 反打工具； ③ 用力过猛
		电气设备	触　电	① 操作用电设备前未用高压验电器验电； ② 未戴绝缘手套操作电气设备
4	开　井	松刹车	机械伤害	未平稳操作刹车
		合控制柜上一级开关	触　电	① 操作铁壳开关未戴绝缘手套； ② 操作前未用验电器确认控制柜上一级开关外壳无电
			电弧灼伤	未侧身操作
		启动抽油机	触　电	① 操作控制柜未戴绝缘手套； ② 合闸前未用验电器确认控制柜外壳无电
			电弧灼伤	未侧身合闸及按启动按钮

续表 2-69

序号	操作步骤		风　险	产生原因
	操作项	操作关键点		
4	开　井	启动抽油机	人身伤害	① 长发未盘入安全帽内； ② 劳动保护用品穿戴不整齐
			设备损坏	不松刹车启动抽油机
5	开抽后检查	检查抽油机	人身伤害	① 进入旋转部位； ② 检查时站位不合理，距离运转设备太近； ③ 不停抽处理故障
		检查井口	碰　伤	① 未注意悬绳器位置； ② 劳动保护用品穿戴不整齐
		检查电机及皮带	挤　伤	① 劳动保护用品穿戴不整齐； ② 长发未卷入安全帽内
		测电流	触　电	① 操作用电设备前，未用高压验电器验电； ② 未戴绝缘手套操作电气设备

（4）蒸汽吞吐井酸洗空心杆操作，见表 2-70。

表 2-70　蒸汽吞吐井酸洗空心杆操作的步骤、风险及其产生原因

序号	操作步骤		风　险	产生原因
	操作项	操作关键点		
1	停　机	打开控制柜门	触　电	① 未戴绝缘手套； ② 操作前未用验电器确认控制柜外壳无电
		停　抽	电弧灼伤	未侧身合闸及停止按钮
2	断　电	先断开控制柜开关，再断开控制柜上一级开关	触　电	① 未戴绝缘手套； ② 操作前未用验电器确认控制柜上一级开关外壳无电
			电弧灼伤	未侧身拉闸断电
3	刹　车	检查刹车	人身伤害	① 刹车操作不到位； ② 未悬挂警示标志造成误合闸

续表 2-70

序号	操作步骤		风　险	产生原因
	操作项	操作关键点		
4	倒流程	关闭掺水阀门	液体刺漏伤人	① 倒错流程； ② 密封垫圈老化； ③ 管线腐蚀
			丝杠弹出伤人	① 丝杠与闸板连接处损坏； ② 未侧身操作
5	连接酸洗流程	拆掺水软管	刺伤、烫伤	① 未关闭掺水阀门； ② 未泄压
		装酸洗管线	碰伤、砸伤	① 未戴安全帽； ② 未正确使用大锤
6	酸　洗	加酸液	灼　伤	① 未缓慢加酸液； ② 未采取保护措施
7	拆酸洗管线	拆酸洗管线	砸伤、碰伤、刺伤、灼伤	① 未关闭阀门； ② 未泄压； ③ 未正确使用大锤； ④ 未戴安全帽； ⑤ 未采取保护措施
			中　毒	① 未进行有毒有害气体检测； ② 站位不合理
8	连接掺水软管	连接掺水软管	刺伤、烫伤	① 未关闭掺水阀门； ② 未泄压
9	倒流程	打开掺水阀门	液体刺漏伤人	① 倒错流程； ② 密封垫圈老化； ③ 管线腐蚀
			丝杠弹出伤人	① 丝杠与闸板连接处损坏； ② 未侧身操作
10	开井前检查	连接部位	磕伤、碰伤	① 未戴安全帽； ② 反打工具； ③ 用力过猛
		电气设备	触　电	① 操作用电设备前未用高压验电器验电； ② 未戴绝缘手套操作电气设备

续表 2-70

序号	操作步骤		风　险	产生原因
	操作项	操作关键点		
11	开　井	松刹车	机械伤害	未缓慢操作刹车
		合控制柜上一级开关	触　电	① 操作控制柜上一级开关未戴绝缘手套； ② 操作前未用验电器确认控制柜上一级开关外壳无电
			电弧灼伤	未侧身操作
		启动抽油机	触　电	① 操作控制柜未戴绝缘手套； ② 合闸前未用验电器确认控制柜外壳无电
			电弧灼伤	未侧身合闸及按启动按钮
			人身伤害	① 长发未盘入安全帽内； ② 劳动保护用品穿戴不整齐
			设备损坏	不松刹车启动抽油机
12	开抽后检查	检查抽油机	人身伤害	① 进入旋转部位； ② 检查时站位不合理，距离运转设备太近； ③ 不停抽处理障碍
		检查井口	碰　伤	① 未注意悬绳器位置； ② 劳动保护用品穿戴不整齐
		检查电机及皮带	挤　伤	① 劳动保护用品穿戴不整齐； ② 长发未卷入安全帽内
		测电流	触　电	① 操作用电设备前，未用高压验电器验电； ② 未戴绝缘手套操作电气设备

(5) 蒸汽吞吐井空心杆解堵(泵车＋高压锅炉车)操作，见表 2-71。

表 2-71　蒸汽吞吐井空心杆解堵(泵车＋高压锅炉车)操作的步骤、风险及其产生原因

序号	操作步骤		风　险	产生原因
	操作项	操作关键点		
1	停　机	打开控制柜门	触　电	① 未戴绝缘手套； ② 操作前未用验电器确认控制柜外壳无电
		停　抽	电弧灼伤	未侧身合闸及停止按钮

续表 2-71

序号	操作步骤		风　险	产生原因
	操作项	操作关键点		
2	断　电	先断开控制柜开关，再断开上一级开关	触　电	① 未戴绝缘手套； ② 操作前未用验电器确认控制柜上一级开关外壳无电
			电弧灼伤	未侧身拉闸断电
3	刹　车	检查刹车	人身伤害	① 刹车操作不到位； ② 未缓慢操作刹车； ③ 未悬挂警示标志
4	连接解堵流程	拆掺水管线	刺伤、烫伤	① 未关闭掺水阀门； ② 未泄压
		连接高压锅炉车热洗管线	碰伤、砸伤	① 未戴安全帽； ② 未正确使用大锤
		连接泵车解堵管线	碰　伤	未戴安全帽
5	观察温度及压力	观察温度及压力	刺伤、烫伤	未观察周围情况
6	拆管线	拆管线	碰伤、砸伤、刺伤、烫伤	① 未关闭阀门； ② 未泄压； ③ 未正确使用大锤； ④ 未戴安全帽
7	连接掺水管线	开掺水阀门	刺　伤	未侧身缓慢操作阀门
8	开井前检查	连接部位	磕伤、碰伤	① 未戴安全帽； ② 反打工具； ③ 用力过猛
		电气设备	触　电	① 操作用电设备前未用高压验电器验电； ② 未戴绝缘手套操作电气设备

续表 2-71

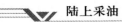

序号	操作步骤		风　险	产生原因
	操作项	操作关键点		
9	开　井	松刹车	机械伤害	未缓慢操作刹车
		合控制柜上一级开关	触　电	① 操作控制柜上一级开关未戴绝缘手套； ② 操作前未用验电器确认控制柜上一级开关外壳无电
			电弧灼伤	未侧身操作
		启动抽油机	触　电	① 操作控制柜未戴绝缘手套； ② 合闸前未用验电器确认控制柜外壳无电
			电弧灼伤	未侧身合闸及按启动按钮
			人身伤害	① 长发未盘入安全帽内； ② 劳动保护用品穿戴不整齐
			设备损坏	不松刹车启动抽油机
10	开抽后检查	检查抽油机	人身伤害	① 进入旋转部位； ② 检查时站位不合理，距离运转设备太近； ③ 不停抽处理故障
		检查井口	碰　伤	① 未注意悬绳器位置； ② 劳动保护用品穿戴不整齐
		检查电机及皮带	挤　伤	① 劳动保护用品穿戴不整齐； ② 长发未卷入安全帽内
		测电流	触　电	① 操作用电设备前未用高压验电器验电； ② 未戴绝缘手套操作电气设备

（6）变频控制柜工频、变频互换操作，见表 2-72。

表 2-72　变频控制柜工频、变频互换操作的步骤、风险及其产生原因

序号	操作步骤		风　险	产生原因
	操作项	操作关键点		
1	停　机	打开控制柜门	触　电	① 未戴绝缘手套； ② 操作前未用验电器确认控制柜外壳无电
		停　抽	电弧灼伤	未侧身合闸及停止按钮

续表 2-72

序号	操作步骤		风　险	产生原因
	操作项	操作关键点		
2	断　电	先断开控制柜开关，再断开上一级开关	触　电	① 未戴绝缘手套； ② 操作前未用验电器确认控制柜上一级开关外壳无电
			电弧灼伤	未侧身拉闸断电
3	刹　车	检查刹车	人身伤害	① 刹车操作不到位； ② 未缓慢操作刹车； ③ 未悬挂警示标志
4	工频、变频互换	工频、变频互换	电弧灼伤	未侧身操作
5	开井前检查	连接部位	磕伤、碰伤	① 未戴安全帽； ② 反打工具； ③ 用力过猛
		电气设备	触　电	① 操作用电设备前，未用高压验电器验电； ② 未戴绝缘手套操作电气设备
6	开　井	松刹车	机械伤害	未缓慢操作刹车
		合控制柜上一级开关	触　电	① 操作控制柜上一级开关未戴绝缘手套； ② 操作前未用验电器确认控制柜上一级开关外壳无电
			电弧灼伤	未侧身操作
		启动抽油机	触　电	① 操作控制柜未戴绝缘手套； ② 合闸前未用验电器确认控制柜外壳无电
			电弧灼伤	未侧身合闸及按启动按钮
			人身伤害	① 长发未盘入安全帽内； ② 劳动保护用品穿戴不整齐
			设备损坏	不松刹车启动抽油机

续表 2-72

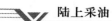

序号	操作步骤		风　险	产生原因
	操作项	操作关键点		
7	开抽后检查	检查抽油机	人身伤害	① 进入旋转部位； ② 检查时站位不合理，距离抽油机太近； ③ 不停抽处理障碍
		检查井口	碰　伤	① 未注意悬绳器位置； ② 劳动保护用品穿戴不整齐
		检查电机及皮带	挤　伤	① 劳动保护用品穿戴不整齐； ② 长发未卷入安全帽内
		测电流	触　电	① 操作用电设备前，未用高压验电器验电； ② 未戴绝缘手套操作电气设备

(7) 蒸汽吞吐井(空心杆掺水工艺)更换掺水阀门操作，见表 2-73。

表 2-73　蒸汽吞吐井(空心杆掺水工艺)更换掺水阀门操作的步骤、风险及其产生原因

序号	操作步骤		风　险	产生原因
	操作项	操作关键点		
1	停　机	打开控制柜门	触　电	① 未戴绝缘手套； ② 操作前未用验电器确认控制柜外壳无电
		停　抽	电弧灼伤	未侧身合闸及停止按钮
2	断　电	先断开控制柜开关，再断开上一级开关	触　电	① 未戴绝缘手套； ② 操作前未用验电器确认控制柜上一级开关外壳无电
			电弧灼伤	未侧身拉闸断电
3	刹　车	检查刹车	人身伤害	① 刹车操作不到位； ② 未缓慢操作刹车； ③ 未悬挂警示标志
4	拆掺水阀门	拆掺水管线	刺伤、烫伤	① 未关闭计量站掺水阀门； ② 未泄压
		拆掺水阀门	碰伤、砸伤	① 未戴安全帽； ② 未缓慢取下阀门

续表 2-73

序号	操作步骤		风　险	产生原因
	操作项	操作关键点		
5	装掺水阀门	装掺水阀门	碰伤、砸伤	① 未戴安全帽； ② 未正确使用大锤
		装掺水管线	碰伤、砸伤	① 未戴安全帽； ② 未正确使用大锤
		开掺水阀门	刺　伤	未侧身缓慢操作阀门
6	开井前检查	连接部位	磕伤、碰伤	① 未戴安全帽； ② 反打工具； ③ 用力过猛
		电气设备	触　电	① 操作用电设备前，未用高压验电器验电； ② 未戴绝缘手套操作电气设备
7	开　井	松刹车	机械伤害	未缓慢操作刹车
		合控制柜上一级开关	触　电	① 操作控制柜上一级开关未戴绝缘手套； ② 操作前未用验电器确认控制柜上一级开关外壳无电
			电弧灼伤	未侧身操作
		启动抽油机	触　电	① 操作控制柜未戴绝缘手套； ② 合闸前未用验电器确认控制柜外壳无电
			电弧灼伤	未侧身合闸及按启动按钮
			人身伤害	① 长发未盘入安全帽内； ② 劳动保护用品穿戴不整齐
			设备损坏	不松刹车启动抽油机
8	开抽后检查	检查抽油机	人身伤害	① 进入旋转部位； ② 检查时站位不合理，距离抽油机太近； ③ 不停抽处理故障
		检查井口	碰　伤	① 未注意悬绳器运行位置； ② 劳动保护用品穿戴不整齐
		检查电机及皮带	挤　伤	① 劳动保护用品穿戴不整齐； ② 长发未盘入安全帽内

续表 2-73

序号	操作步骤		风　险	产生原因
	操作项	操作关键点		
8	开抽后检查	测电流	触　电	① 操作用电设备前，未用高压验电器验电； ② 未戴绝缘手套操作电气设备

第五节　注入作业

一、注水

1. 注水泵站

注水是油田开发生产过程中的重要环节，注水泵站的主要设备是高压离心泵（柱塞泵），其作用是将采油污水经高压注水泵增压后，通过管线、注水井注入地层。主要有 15 个操作项目，主要存在高压液体刺伤、触电、机械伤害、高空坠落、噪声、火灾、烫伤、溺水等风险。

（1）启动冷却水系统操作，见表 2-74。

表 2-74　启动冷却水系统操作的步骤、风险及其产生原因

序号	操作步骤		风　险	产生原因
	操作项	操作关键点		
1	启动前检查	泵　房	紧急情况无法撤离	① 应急通道堵塞； ② 房门未采取开启固定措施
		低压配电柜	触　电	① 无绝缘脚垫、未戴绝缘手套操作电气设备； ② 未使用验电器检验低压配电柜外壳无电； ③ 电源开关处未挂“停机检查”标志牌
		油质、油位	磕伤、碰伤	劳动保护用品穿戴不整齐，未戴安全帽
		泵联轴器	机械伤害	① 机泵周围有人或障碍物； ② 旋转部位未安装防护罩； ③ 工具使用不当； ④ 长发未盘入安全帽； ⑤ 劳动保护用品穿戴不整齐

续表 2-74

序号	操作步骤		风险	产生原因
	操作项	操作关键点		
1	启动前检查	盘泵	碰伤	工具使用不当
		机泵固定螺丝	磕伤、碰伤	① 劳动保护用品穿戴不整齐,未戴安全帽; ② 工具使用不当
		压力表	刺漏伤人	① 劳动保护用品穿戴不整齐,未戴安全帽; ② 管道腐蚀、阀门开关失灵
		冷却塔	高空坠落	攀爬冷却塔时未抓稳踏实
		冷却系统	丝杠弹出伤人	① 丝杠与闸板连接处损坏; ② 未侧身平稳操作
2	倒流程	倒通冷却系统用水流程	液体刺漏伤人	① 倒错流程; ② 管线腐蚀、阀门开关失灵
			丝杠弹出伤人	① 丝杠与闸板连接处损坏; ② 未平稳操作
		放空	汽蚀	泵内气体未排尽
3	启泵	合空气开关	触电	① 无绝缘脚垫,未戴绝缘手套操作电气设备; ② 操作人员未侧身操作用电设备
		按启动按钮	触电	① 无绝缘脚垫,未戴绝缘手套操作电气设备; ② 接触用电设备前未使用验电器进行验电; ③ 操作人员未侧身操作用电设备
		开冷却水泵出口阀门	丝杠弹出伤人	① 丝杠与闸板连接处损坏; ② 未侧身平稳操作
4	运行中检查调节	检查联轴器	机械伤害	① 未按要求穿戴劳动保护用品,长发、衣物等卷入高速旋转部位; ② 操作人员靠近高速旋转部位
		录取资料	人身伤害	① 未按要求穿戴劳动保护用品; ② 未按规定路线巡检
		悬挂警示牌	人身伤害	未悬挂“运行”警示标志或警示标志悬挂错误

(2) 停止冷却水系统操作，见表 2-75。

表 2-75　停止冷却水系统操作的步骤、风险及其产生原因

序号	操作步骤		风　险	产生原因
	操作项	操作关键点		
1	停泵前检查	检查泵房	紧急情况无法撤离	① 应急通道堵塞； ② 房门未采取开启固定措施
		录取资料	人身伤害	① 未按要求穿戴劳动保护用品； ② 未按规定路线巡检、录取资料
2	停　泵	按停止按钮	触　电	① 无绝缘脚垫，未戴绝缘手套操作电气设备； ② 接触用电设备前未使用验电器验电； ③ 操作人员未侧身操作用电设备
		关闭所有冷却系统阀门	磕伤、碰伤	① 劳动保护用品穿戴不整齐，未戴安全帽 ② 未侧身操作
3	停泵后检查	检查冷却系统	磕伤、碰伤	① 劳动保护用品穿戴不整齐，未戴安全帽； ② 未按规定路线巡检
		盘　泵	挤　伤	工具使用不当
		悬挂警示牌	磕伤、碰伤	未悬挂“停运”警示标志或警示标志悬挂错误

(3) 启动润滑油系统操作，见表 2-76。

表 2-76　启动润滑油系统操作的步骤、风险及其产生原因

序号	操作步骤		风　险	产生原因
	操作项	操作关键点		
1	启泵前检查	泵　房	紧急情况无法撤离	① 应急通道堵塞； ② 房门未采取开启固定措施
		低压配电柜	触　电	① 无绝缘脚垫，未戴绝缘手套操作电气设备； ② 未使用验电器进行验电； ③ 操作人员未侧身操作用电设备
		油质、油位	磕伤、碰伤	劳动保护用品穿戴不整齐，未戴安全帽

续表 2-76

序号	操作步骤		风　险	产生原因
	操作项	操作关键点		
1	启泵前检查	地下油箱	摔伤、磕伤	① 劳动保护用品穿戴不整齐,未戴安全帽; ② 进入地下油箱时未抓牢踏实
		事故油箱	高空坠落	攀爬时未系安全带,未抓牢踏实
		冷凝器及滤网	人身伤害	① 劳动保护用品穿戴不整齐,未戴安全帽; ② 工具使用不当
		润滑油冷却系统	磕伤、碰伤	① 劳动保护用品穿戴不整齐,未戴安全帽; ② 未侧身平稳操作
		机泵固定螺丝	磕伤、碰伤	① 劳动保护用品穿戴不整齐,未戴安全帽; ② 工具使用不当
		压力表	刺漏伤人	① 劳动保护用品穿戴不整齐,未戴安全帽; ② 工具使用不当
		润滑油泵	磕伤、碰伤	① 劳动保护用品穿戴不整齐; ② 未按规定路线巡检
2	倒流程	倒通润滑系统机泵流程	液体刺漏伤人	① 倒错流程; ② 管线腐蚀穿孔、阀门开关失灵
			丝杠弹出伤人	① 丝杠与闸板连接处损坏; ② 未侧身开、关阀门
3	启　泵	合空气开关	触　电	① 无绝缘脚垫,未戴绝缘手套操作电气设备; ② 操作人员未侧身操作用电设备
		按启动按钮	触　电	① 无绝缘脚垫,未戴绝缘手套操作电气设备; ② 未使用验电器进行验电
				未侧身操作用电设备
		自动切换	机械伤害	自动切换开关动作不灵敏
4	运行中检查调节	检查润滑油冷凝器	人身伤害	未按要求穿戴劳动保护用品

续表 2-76

<table>
<tr><td rowspan="2">序号</td><td colspan="2">操作步骤</td><td rowspan="2">风　险</td><td rowspan="2">产生原因</td></tr>
<tr><td>操作项</td><td>操作关键点</td></tr>
<tr><td rowspan="5">4</td><td rowspan="5">运行中检查调节</td><td>电机风扇护罩</td><td>人身伤害</td><td>未按要求穿戴劳动保护用品</td></tr>
<tr><td rowspan="2">电接点压力表</td><td>触　电</td><td rowspan="2">① 未戴绝缘手套；
② 未按要求调整好低限跳闸、高限报警压力值</td></tr>
<tr><td>机械伤害</td></tr>
<tr><td>录取资料</td><td>人身伤害</td><td>① 未按要求穿戴劳动保护用品；
② 未按规定路线巡检</td></tr>
<tr><td>悬挂警示牌</td><td>人身伤害</td><td>未悬挂“运行”警示标志或警示标志悬挂错误</td></tr>
</table>

（4）停止润滑油系统操作，见表 2-77。

表 2-77　停止润滑油系统操作的步骤、风险及其产生原因

<table>
<tr><td rowspan="2">序号</td><td colspan="2">操作步骤</td><td rowspan="2">风　险</td><td rowspan="2">产生原因</td></tr>
<tr><td>操作项</td><td>操作关键点</td></tr>
<tr><td rowspan="2">1</td><td rowspan="2">停泵前检查</td><td>检查泵房</td><td>紧急情况无法撤离</td><td>① 应急通道堵塞；
② 房门未采取开启固定措施</td></tr>
<tr><td>录取资料</td><td>人身伤害</td><td>① 未按要求穿戴劳动保护用品；
② 未按规定路线巡检、录取资料；
③ 压力表未按要求校检，无合格证</td></tr>
<tr><td rowspan="2">2</td><td rowspan="2">停　泵</td><td rowspan="2">按停止按钮</td><td rowspan="2">触　电</td><td>① 无绝缘脚垫，未戴绝缘手套操作电气设备；
② 操作用电设备前未使用验电器进行验电</td></tr>
<tr><td>操作人员未侧身操作用电设备</td></tr>
<tr><td rowspan="2">3</td><td rowspan="2">倒流程</td><td rowspan="2">关闭润滑系统流程</td><td>液体刺漏伤人</td><td>① 倒错流程造成跑油、漏油；
② 管线腐蚀、阀门开关失灵</td></tr>
<tr><td>丝杠弹出伤人</td><td>① 丝杠与闸板连接处损坏；
② 未侧身平稳操作</td></tr>
</table>

续表 2-77

序号	操作步骤		风　险	产生原因
	操作项	操作关键点		
4	停泵后检查	检查润滑系统流程	磕伤、碰伤	① 劳动保护用品穿戴不整齐，未戴安全帽； ② 未按规定路线巡检
		悬挂警示牌	人身伤害	未悬挂“停运”警示标志或警示标志悬挂错误

(5) 启动柱塞式注水泵操作(以 5FB127-11.8-33.1/42-16 泵为例)，见表 2-78。

表 2-78　启动柱塞式注水泵操作(以 5FB127-11.8-33.1/42-16 泵为例)的步骤、风险及其产生原因

序号	操作步骤		风　险	产生原因
	操作项	操作关键点		
1	启泵前检查	柱塞泵房	紧急情况无法撤离	① 应急通道堵塞； ② 房门未采取开启固定措施
		控制箱空气开关	触　电	① 无绝缘脚垫，未戴绝缘手套操作电气设备； ② 未使用验电器进行验电； ③ 操作人员未侧身进行操作
		泵进、出口流程及回流阀门	磕伤、碰伤	① 劳动保护用品穿戴不整齐； ② 工具使用不当； ③ 未侧身开、关阀门
		液力端	磕伤、碰伤	① 劳动保护用品穿戴不整齐； ② 工具使用不当
		动力端	磕伤、碰伤	① 劳动保护用品穿戴不整齐； ② 工具使用不当
		皮带及护罩	挤　手	① 劳动保护用品穿戴不整齐； ② 未正确使用工具； ③ 戴手套盘皮带或手抓皮带
		电机及电源接线	触　电	① 无绝缘脚垫，未戴绝缘手套操作电气设备； ② 未使用试电笔进行验电； ③ 操作人员未侧身进行操作

续表 2-78

<table>
<tr><th rowspan="2">序号</th><th colspan="2">操作步骤</th><th rowspan="2">风　险</th><th rowspan="2">产生原因</th></tr>
<tr><th>操作项</th><th>操作关键点</th></tr>
<tr><td rowspan="4">1</td><td rowspan="4">启泵前检查</td><td>检查机泵固定螺丝及底座</td><td>磕伤、碰伤</td><td>① 劳动保护用品穿戴不整齐；
② 未正确使用工具</td></tr>
<tr><td>检查安全阀</td><td>碰　伤</td><td>① 劳动保护用品穿戴不整齐；
② 未正确使用工具</td></tr>
<tr><td rowspan="2">出口电接点压力表</td><td>触　电</td><td rowspan="2">① 未戴绝缘手套；
② 未按要求调整好低限跳闸、高限报警压力值</td></tr>
<tr><td>机械伤害</td></tr>
<tr><td rowspan="5">2</td><td rowspan="5">启　泵</td><td rowspan="2">开回流阀门</td><td>液体刺漏伤人</td><td>① 操作不平稳；
② 管线腐蚀穿孔、阀门密封填料老化</td></tr>
<tr><td>丝杠弹出伤人</td><td>① 丝杠与闸板连接处损坏；
② 未侧身操作</td></tr>
<tr><td>按启动按钮</td><td>触　电</td><td>① 无绝缘脚垫，未戴绝缘手套操作电气设备；
② 未使用验电器进行验电；
③ 操作人员未侧身操作</td></tr>
<tr><td rowspan="2">开出口阀门并缓慢关回流阀门</td><td>液体刺漏伤人</td><td>① 操作不平稳；
② 管线腐蚀穿孔、阀门密封填料老化</td></tr>
<tr><td>丝杠弹出伤人</td><td>① 丝杠与闸板连接处损坏；
② 未侧身操作</td></tr>
<tr><td rowspan="3">3</td><td rowspan="3">启泵后检查</td><td rowspan="2">机泵及流程</td><td>机械伤害</td><td>液力端固定螺丝松动</td></tr>
<tr><td>人身伤害</td><td>① 操作人员靠近高速运转部位；
② 未按要求穿戴劳动保护用品；
③ 检查调整漏失量时使用工具不当；
④ 安全阀失效；
⑤ 出口电接点压力表的保护值过高</td></tr>
<tr><td>悬挂警示牌</td><td>人身伤害</td><td>未悬挂“运行”警示标志或警示标志悬挂错误</td></tr>
</table>

(6) 停止柱塞式注水泵操作(以 5FB127-11.8-33.1/42-16 泵为例),见表 2-79。

表 2-79 停止柱塞式注水泵操作(以 5FB127-11.8-33.1/42-16 泵为例)的步骤、风险及其产生原因

序号	操作步骤		风 险	产生原因
	操作项	操作关键点		
1	停泵前检查	检查柱塞泵房	紧急情况无法撤离	① 应急通道堵塞; ② 房门未采取开启固定措施
		录取资料	人身伤害	① 未按要求穿戴劳动保护用品; ② 未按规定路线巡检、录取资料
		泄压操作	机械伤害	开回流阀操作过快,管网受损
			人身伤害	① 未侧身操作; ② 压力表显示值不准确; ③ 工具使用不当; ④ 旋转部位未安装防护罩; ⑤ 机泵周围有人或障碍物
2	停 泵	打开回流阀门,关闭出口阀门	液体刺漏伤人	① 操作不平稳; ② 管线腐蚀穿孔、阀门密封填料老化
			丝杠弹出伤人	① 丝杠与闸板连接处损坏; ② 未侧身操作
		按停止按钮	触 电	① 无绝缘脚垫,未戴绝缘手套操作电气设备; ② 操作用电设备前未使用验电器进行验电; ③ 操作人员未侧身操作用电设备
		关闭回流阀门	磕伤、碰伤	使用工具不当
		打开泵出口放空阀门	磕伤、碰伤	使用工具不当
3	停泵后检查	检查仪器仪表	触 电	未正确使用绝缘器具进行检查

续表 2-79

序号	操作步骤		风　险	产生原因
	操作项	操作关键点		
3	停泵后检查	检查机泵及流程	磕伤、碰伤	① 未侧身操作； ② 阀门闸板脱落或阀门腐蚀； ③ 未按规定路线巡检
		悬挂警示牌	人身伤害	未悬挂“停运”警示标志或警示标志悬挂错误

(7) 更换高压阀门密封填料操作(以 350 型闸板阀为例)，见表 2-80。

表 2-80　更换高压阀门密封填料操作(以 350 型闸板阀为例)的步骤、风险及其产生原因

序号	操作步骤		风　险	产生原因
	操作项	操作关键点		
1	倒流程	关闭上下流阀门、泄压	紧急情况无法撤离	① 应急通道堵塞； ② 房门未采取开启固定措施
			液体刺漏伤人	① 操作不平稳； ② 管线腐蚀穿孔、阀门密封填料老化
			丝杠弹出伤人	① 丝杠与闸板连接处损坏； ② 未侧身操作
		悬挂警示牌	人身伤害	未悬挂“检修”标志牌或警示标志悬挂错误
2	更换填料	取出旧填料	高压刺伤	① 放空不彻底； ② 未侧身操作
			机械伤害	① 戴手套使用手锤； ② 操作人员配合不当，重物坠落
		加入新填料	机械伤害	① 戴手套使用手锤； ② 操作人员配合不当，重物坠落
3	试　压	打开阀门	液体刺漏伤人	① 密封填料添加过少或不合格； ② 密封填料损伤； ③ 未侧身操作； ④ 填料压盖过松； ⑤ 打开阀门过快，操作不平稳

(8) 柱塞式注水泵例行保养操作(3H-8/450 柱塞泵为例)，见表 2-81。

表 2-81　柱塞式注水泵例行保养操作(以 3H-8/450 柱塞泵为例)的步骤、风险及其产生原因

序号	操作步骤		风　险	产生原因
	操作项	操作关键点		
1	运行中检查	柱塞泵房	紧急情况无法撤离	① 应急通道堵塞； ② 房门未采取开启固定措施
		配电盘	触　电	① 未戴绝缘手套； ② 电源开关处未挂标志牌
		泵、皮带、护罩	机械伤害	① 机泵周围有人或障碍物； ② 旋转部位未安装防护罩； ③ 长发未盘入安全帽； ④ 劳动保护用品穿戴不整齐
		阀门、水表、连接螺栓	磕伤、碰伤	① 劳动保护用品穿戴不整齐； ② 未按规定路线进行巡检
			液体刺漏伤人	① 操作不平稳； ② 管线腐蚀穿孔、阀门密封填料老化
			丝杠弹出伤人	① 丝杠与闸板连接处损坏； ② 未侧身操作
		安全阀	液体刺漏伤人	安全阀失效
2	停泵保养(发现问题时)	按停止按钮	触　电	① 无绝缘脚垫,未戴绝缘手套操作电气设备； ② 操作用电设备前未用验电器验电
		悬挂警示牌	人身伤害	未悬挂“检修”警示标志或警示标志悬挂错误
		拉空气开关	电弧灼伤	操作人员未侧身操作用电设备
		倒流程	液体刺漏伤人	① 倒错流程； ② 管线、阀门老化严重
			丝杠弹出伤人	① 丝杠与闸板连接处损坏； ② 未侧身操作

续表 2-81

序号	操作步骤		风险	产生原因
	操作项	操作关键点		
2	停泵保养（发现问题时）	盘皮带	机械伤害	① 工具使用不当； ② 戴手套盘皮带或手抓皮带进行操作
3	保养后启泵	合空气开关	触电	① 无绝缘脚垫，未戴绝缘手套操作电气设备； ② 接触用电设备前未验电
		按启动按钮	电弧灼伤	操作人员未侧身操作用电设备
4	启泵后检查	检查传动部位	人身伤害	① 劳动保护用品穿戴不整齐； ② 站位不合理
		检查运转部位、压力部位	机械伤害	① 劳动保护用品穿戴不整齐； ② 站位不合理
		悬挂警示牌	人身伤害	未悬挂“运行”警示标志或警示标志悬挂错误

(9) 启动离心式注水泵操作，见表 2-82。

表 2-82　启动离心式注水泵操作的步骤、风险及其产生原因

序号	操作步骤		风险	产生原因
	操作项	操作关键点		
1	启泵前检查	泵房	紧急情况无法撤离	① 应急通道堵塞； ② 房门未采取开启固定措施
		悬挂标志牌	人身伤害	电源开关处未挂标志牌
		电控柜	触电	① 无绝缘脚垫，未戴绝缘手套操作电气设备； ② 操作用电设备前未用验电器验电； ③ 未使用合适量程的兆欧表测量电机绝缘电阻； ④ 测量完未按规定进行放电
		电机外壳	触电	接触用电设备前未验电
		测温装置	划伤	① 劳动保护用品穿戴不整齐； ② 温度计破损、未侧身观察测温孔

续表 2-82

序号	操作步骤		风险	产生原因
	操作项	操作关键点		
1	启泵前检查	各部位紧固螺丝、阀门	机械伤害	① 劳动保护用品穿戴不整齐; ② 工具使用不当, ③ 操作人员未侧身操作; ④ 未按要求路线检查
		冷却系统、润滑系统	机械伤害	① 劳动保护用品穿戴不整齐; ② 工具使用不当; ③ 操作人员未侧身操作; ④ 未按要求路线检查
		测量机泵轴窜量	磕伤、碰伤	① 劳动保护用品穿戴不整齐; ② 工具(撬杠)使用不当
		盘泵	碰伤	① 劳动保护用品穿戴不整齐; ② 操作空间有限,使用 F 形扳手打滑
		倒通机泵流程	机械伤害	① 劳动保护用品穿戴不整齐; ② 倒错流程憋压; ③ 操作人员未侧身操作; ④ 工具使用不当; ⑤ 丝杠与闸板连接处损坏
		过滤缸	磕伤	① 劳动保护用品穿戴不整齐; ② 未戴安全帽
		放空	汽蚀	泵内气体未排尽
		泵密封填料函	碰伤	① 劳动保护用品穿戴不整齐; ② 工具使用不当
		仪器仪表	碰伤	① 劳动保护用品穿戴不整齐; ② 工具使用不当; ③ 未按要求校检,无合格证
		试验低油压、低水压保护	触电	① 劳动保护用品穿戴不整齐,未戴绝缘手套; ② 工具使用不当
		机泵联轴器	碰伤	① 劳动保护用品穿戴不整齐; ② 工具使用不当

续表 2-82

序号	操作步骤		风　险	产生原因
	操作项	操作关键点		
2	启动辅助系统	冷却水泵、润滑油泵	触　电	① 无绝缘脚垫、未戴绝缘手套操作电气设备； ② 接触用电设备前未使用验电器验电； ③ 操作人员未侧身操作用电设备
			机械伤害	未按操作规程操作
3	启　泵	按启动按钮	触　电	① 无绝缘脚垫，徒手操作电气设备； ② 接触用电设备前未用高压验电器验电； ③ 未侧身操作用电设备
4	启泵后检查	检查并录取各项参数	人身伤害	① 劳动保护用品穿戴不整齐； ② 长发未盘入安全帽； ③ 机泵周围有人或障碍物； ④ 旋转部位未安装防护罩； ⑤ 工具使用不当； ⑥ 未按规定路线巡检； ⑦ 管线腐蚀，高压液体刺漏伤人
			机械伤害	未调整好电流、电压、出口压力，润滑系统、冷却系统等的压力值
5	调节泵排量	调节泵出口电磁阀开、关按钮	触　电	① 无绝缘脚垫，未戴绝缘手套操作电气设备； ② 接触用电设备前未用高压验电器验电
			丝杠弹出伤人	电磁阀附近有人
			人身伤害	出口管线爆裂
6	运行中检查调节	悬挂警示牌	人身伤害	未悬挂“运行”警示标志或警示标志悬挂错误

(10) 停止离心式注水泵操作，见表 2-83。

表 2-83　停止离心式注水泵操作的步骤、风险及其产生原因

序号	操作步骤		风　险	产生原因
	操作项	操作关键点		
1	停泵前检查	泵　房	紧急情况无法撤离	① 应急通道堵塞； ② 房门未采取开启固定措施
		录取资料	人身伤害	① 未按要求穿戴劳动保护用品； ② 未按规定路线巡检、录取资料
2	停　泵	按停止按钮	触　电	① 无绝缘脚垫，未戴绝缘手套操作电气设备； ② 操作用电设备前未用验电器验电； ③ 操作人员未侧身操作用电设备
		关出口阀门	丝杠弹出伤人	出口电磁阀附近有人
3	盘　泵	联轴器	碰　伤	① 劳动保护用品穿戴不整齐； ② F 形扳手使用不当
4	倒流程	关闭所有阀门，打开放空、排污阀门	液体刺漏伤人	管线腐蚀、阀门渗漏
			磕伤、碰伤	① 确认丝杠与闸板连接完好； ② 操作人员使用工具不当
		停冷却水泵、润滑油泵	触　电	① 无绝缘脚垫，未戴绝缘手套操作电气设备； ② 接触用电设备前，未用验电器确认外壳无电； ③ 未侧身操作用电设备
			机械伤害	停辅助系统前，未确认注水泵停稳
5	停泵后检查	注水机泵	磕伤、碰伤	操作人员未按巡检路线巡检
		悬挂警示牌	人身伤害	未悬挂“停运”警示标志或警示标志悬挂错误

(11) 离心式注水泵倒泵操作，见表 2-84。

表 2-84　离心式注水泵倒泵操作的步骤、风险及其产生原因

序号	操作步骤		风　险	产生原因
	操作项	操作关键点		
1	检查备用泵	泵　房	紧急情况无法撤离	① 应急通道堵塞； ② 房门未采取开启固定措施
		悬挂标志牌	人身伤害	电源开关处未挂标志牌
		电控柜	触　电	① 无绝缘脚垫，未戴绝缘手套操作电气设备； ② 操作用电设备前，未用高压验电器验电； ③ 未使用合适量程的兆欧表测量电机绝缘电阻； ④ 测量完未按规定进行放电
		电机外壳	触　电	接触用电设备前未验电
		测温装置	划　伤	① 劳动保护用品穿戴不整齐； ② 温度计破损、未侧身观察测温孔
		各部位紧固螺丝、阀门	人身伤害	① 劳动保护用品穿戴不整齐； ② 工具使用不当； ③ 操作人员未侧身操作； ④ 未按要求路线检查
		机泵轴窜量	磕伤、碰伤	① 劳动保护用品穿戴不整齐； ② 撬杠使用不当
		盘　泵	碰　伤	① 劳动保护用品穿戴不整齐； ② 使用 F 形扳手打滑
		倒通机泵流程	人身伤害	① 劳动保护用品穿戴不整齐； ② 倒错流程； ③ 操作人员未侧身操作； ④ 工具使用不当； ⑤ 丝杠与闸板连接处损坏
		泵密封填料函	碰　伤	① 劳动保护用品穿戴不整齐； ② 工具使用不当
		仪器仪表	触　电	未正确使用绝缘器具进行检查

续表 2-84

序号	操作步骤		风　险	产生原因
	操作项	操作关键点		
1	检查备用泵	试验低油压、低水压保护	触　电	① 劳动保护用品穿戴不整齐,未戴绝缘手套; ② 工具使用不当
		机泵联轴器	碰　伤	① 劳动保护用品穿戴不整齐; ② 工具使用不当
2	倒流程	关小欲停泵出口阀门,控制排量	液体刺漏伤人	① 操作不平稳; ② 管线、阀门老化严重
			丝杠弹出伤人	① 丝杠与闸板连接处损坏; ② 未侧身操作
3	启动备用泵	按启动按钮	触　电	① 无绝缘脚垫,未戴绝缘手套操作电气设备; ② 接触用电设备前未用验电器验电
		悬挂警示牌	人身伤害	未悬挂"运行"警示标志或警示标志悬挂错误
	启动后检查	管线、阀门	液体刺漏伤人	① 倒错流程; ② 管线、阀门老化严重
			丝杠弹出伤人	① 丝杠与闸板连接处损坏; ② 未侧身操作
		录取资料	人身伤害	① 未按要求穿戴劳动保护用品; ② 未按规定路线巡检录取资料
4	停止欲停泵	按停止按钮	触　电	① 无绝缘脚垫,未戴绝缘手套操作电气设备; ② 接触用电设备前未用高压验电器验电
		停泵后检查	磕伤、碰伤	① 盘泵时 F 形扳手使用不当; ② 操作人员未按规定路线检查
		悬挂警示牌	人身伤害	未悬挂"停运"警示标志或警示标志悬挂错误

(12) 更换离心式注水泵密封填料操作,见表 2-85。

表 2-85　更换离心式注水泵密封填料操作的步骤、风险及其产生原因

序号	操作步骤		风　险	产生原因
	操作项	操作关键点		
1	停泵前检查	泵　房	紧急情况无法撤离	① 应急通道堵塞； ② 房门未采取开启固定措施
		录取资料	人身伤害	① 未按要求穿戴劳动保护用品； ② 未按规定路线巡检、录取资料
2	停　泵	按停止按钮	触　电	① 无绝缘脚垫，未戴绝缘手套操作电气设备； ② 接触用电设备前未验电； ③ 未侧身操作
		悬挂警示牌	人身伤害	未悬挂“停运”警示标志或警示标志悬挂错误
3	盘　泵	联轴器	碰　伤	① 劳动保护用品穿戴不整齐； ② F 形扳手使用不当
4	倒流程	关闭所有阀门，打开放空、排污阀门	摔　伤	管线腐蚀、阀门渗漏，地面有液体
			磕伤、碰伤	① 操作人员使用工具不当； ② 未侧身操作
5	更换密封填料	取出旧密封填料	余压伤害	① 进口阀门不严或损坏，止回阀不严； ② 取旧密封填料时直接全部卸掉压盖调节螺帽
			磕伤、碰伤	使用工具不正确，操作不平稳
		装入新密封填料	磕伤、碰伤、割伤	使用工具不正确，操作不平稳
6	盘泵检查	盘　泵	碰　伤	① 劳动保护用品穿戴不整齐； ② F 形扳手使用不当
7	启　泵	按启动按钮	触　电	① 无绝缘脚垫，徒手操作电气设备； ② 接触用电设备前未用高压验电器验电； ③ 未侧身操作用电设备
		悬挂警示牌	人身伤害	未悬挂“运行”警示标志或警示标志悬挂错误

续表 2-85

序号	操作步骤		风　险	产生原因
	操作项	操作关键点		
8	启泵后检查	检查并录取各项参数	人身伤害	① 劳动保护用品穿戴不整齐； ② 长发未盘入安全帽； ③ 机泵周围有人或障碍物； ④ 旋转部位未安装防护罩； ⑤ 工具使用不当； ⑥ 未按规定路线巡检； ⑦ 管线腐蚀，高压液体刺漏伤人
			机械伤害	未调整好电流、电压、出口压力，未调整好润滑系统、冷却系统等的压力值
9	调节泵排量	泵出口电磁阀开、关按钮	触　电	① 无绝缘脚垫，未戴绝缘手套操作电气设备； ② 接触用电设备前未用高压验电器验电； ③ 未侧身操作

(13) 离心式注水泵一级保养操作，见表 2-86。

表 2-86　离心式注水泵一级保养操作的步骤、风险及其产生原因

序号	操作步骤		风　险	产生原因
	操作项	操作关键点		
1	停泵前检查	泵　房	紧急情况无法撤离	① 应急通道堵塞； ② 房门未采取开启固定措施
		录取资料	人身伤害	① 未按要求穿戴劳动保护用品； ② 未按规定路线巡检、录取资料
2	停　泵	按停止按钮	触　电	① 无绝缘脚垫，未戴绝缘手套操作电气设备； ② 接触用电设备前未验电； ③ 操作人员未侧身操作用电设备
		倒流程	液体刺漏伤人	① 倒错流程； ② 管线腐蚀、阀门开关失灵

续表 2-86

序号	操作步骤		风　险	产生原因
	操作项	操作关键点		
2	停　泵	倒流程	丝杠弹出伤人	① 丝杠与闸板连接处损坏； ② 未侧身操作
		悬挂警示牌	人身伤害	未悬挂“停运”警示标志或警示标志悬挂错误
3	停泵后检查	更换密封填料	磕伤、碰伤、割伤	① 劳动保护用品穿戴不整齐； ② 工具使用不当
		清洗润滑室、更换润滑油	摔　伤	① 劳动保护用品穿戴不整齐； ② 未使用接油盆接油，地面未做好防滑措施
		进出流程、清洗过滤缸	磕伤、碰伤	① 劳动保护用品穿戴不整齐； ② 未注意地面管线及悬空管线
		各种仪表	触　电	未正确使用绝缘器具进行检查
		紧固各部位固定螺丝	磕　伤	① 劳动保护用品穿戴不整齐； ② 工具使用不当
4	启泵试运	按启动按钮	触　电	① 无绝缘脚垫，未戴绝缘手套操作电气设备； ② 接触用电设备前未用高压验电器验电； ③ 未侧身操作用电设备
		悬挂警示牌	人身伤害	未悬挂“运行”警示标志或警示标志悬挂错误
5	启泵后检查	检查流程设备	人身伤害	① 劳动保护用品穿戴不整齐； ② 长发未盘入安全帽； ③ 机泵周围有人或障碍物； ④ 旋转部位未安装防护罩； ⑤ 工具使用不当； ⑥ 未按规定路线巡检； ⑦ 管线腐蚀，高压液体刺漏伤人

续表 2-86

序号	操作步骤		风　险	产生原因
	操作项	操作关键点		
6	调节泵排量	泵出口电磁阀开、关按钮	触　电	① 无绝缘脚垫，未戴绝缘手套操作电气设备； ② 接触用电设备前未用高压验电器验电
			丝杠弹出伤人	电磁阀附近有人
			人身伤害	出口管线爆裂

(14) 离心式注水泵站紧急停电故障处理操作，见表 2-87。

表 2-87　离心式注水泵站紧急停电故障处理操作的步骤、风险及其产生原因

序号	操作步骤		风　险	产生原因
	操作项	操作关键点		
1	判断分析停电原因	检查泵房	紧急情况无法撤离	① 应急通道堵塞； ② 房门未采取开启固定措施
		高压电、低压电失电	人身伤害	变电所出现故障或瞬间闪停而导致失电
2	紧急停电处理	检查电控柜	触　电	① 无绝缘脚垫，未戴绝缘手套操作电气设备； ② 接触用电设备前未验电； ③ 操作人员未侧身操作用电设备
		按停止按钮		
		检查泵出口阀门、止回阀	机械伤害	出口止回阀不严，高压水倒流使泵反转，造成泵内零部件损坏
		检查润滑油系统、冷却水系统	磕伤、碰伤	① 劳动保护用品穿戴不整齐； ② 工具使用不当
		检查大罐水位	污水外溢	未关闭进站来水阀门

续表 2-87

序号	操作步骤		风　险	产生原因
	操作项	操作关键点		
2	紧急停电处理	检查机泵流程	磕伤、碰伤	① 劳动保护用品穿戴不整齐； ② 工具使用不当
		悬挂标志牌	人身伤害	未悬挂“备用”警示标志或警示标志悬挂错误

(15) 柱塞式注水泵站紧急停电故障处理操作，见表 2-88。

表 2-88　柱塞式注水泵站紧急停电故障处理操作的步骤、风险及其产生原因

序号	操作步骤		风　险	产生原因
	操作项	操作关键点		
1	判断、分析停电原因	检查泵房	紧急情况无法撤离	① 应急通道堵塞； ② 房门未采取开启固定措施
		低压电失电	人身伤害	变电所出现故障或瞬间闪停而导致失电
2	停泵后检查	配电柜电源总开关	触　电	① 无绝缘脚垫，未戴绝缘手套操作电气设备； ② 接触用电设备前未使用试电笔验电； ③ 操作人员未侧身操作用电设备
3	倒好流程放空泄压	机泵流程	人身伤害	① 劳动保护用品穿戴不整齐； ② 工具使用不当
4	倒好分水器流程	高压分水器	液体刺漏伤人	① 倒错流程憋压； ② 管线腐蚀、阀门开关失灵
			丝杠弹出伤人	① 丝杠与闸板连接处损坏； ② 未侧身操作
5	检查机泵	机泵流程	人身伤害	① 劳动保护用品未穿戴整齐，未戴好安全帽； ② 使用工具不当
		悬挂标志牌	人身伤害	未悬挂“备用”警示标志或警示标志悬挂错误

2. 配水间、注水井

配水间是控制和调节各注水井注水量的操作间，主要设备有分水器、计量仪表及辅助设备。分水器由来水阀门、单井管汇及阀门组成，作用是分配、控制、调节注水井水量。主要有8个操作项目，主要存在高压刺伤、机械伤害、淹溺、噪声等风险。

(1) 倒注水井正注流程操作，见表2-89。

表2-89　倒注水井正注流程操作的步骤、风险及其产生原因

<table>
<tr><th rowspan="2">序号</th><th colspan="2">操作步骤</th><th rowspan="2">风　险</th><th rowspan="2">产生原因</th></tr>
<tr><th>操作项</th><th>操作关键点</th></tr>
<tr><td rowspan="6">1</td><td rowspan="6">检查流程</td><td rowspan="2">井　口</td><td>机械伤害</td><td>未按要求穿戴劳动保护用品，站位不合理</td></tr>
<tr><td>高压刺伤</td><td>① 井口泄漏；
② 站位不合理</td></tr>
<tr><td>注水管线</td><td>淹　溺</td><td>流程沿线有不明水坑</td></tr>
<tr><td rowspan="3">配水间</td><td>紧急情况无法撤离</td><td>① 应急通道堵塞；
② 房门未采取开启固定措施</td></tr>
<tr><td>机械伤害</td><td>未按要求穿戴劳动保护用品，站位不合理</td></tr>
<tr><td>高压刺伤</td><td>① 配水间流程刺漏；
② 站位不合理</td></tr>
<tr><td rowspan="3">2</td><td rowspan="3">倒流程</td><td rowspan="3">倒正注流程</td><td>液体刺漏伤人</td><td>① 倒错流程；
② 管线腐蚀穿孔、阀门密封填料老化严重</td></tr>
<tr><td>丝杠弹出伤人</td><td>① 丝杠与闸板连接处损坏；
② 未侧身操作</td></tr>
<tr><td>机械伤害</td><td>F形扳手开口朝里，操作不平稳</td></tr>
<tr><td rowspan="3">3</td><td rowspan="3">调整水量</td><td rowspan="3">调节下流阀门</td><td>液体刺漏伤人</td><td>① 阀门密封填料老化严重；
② 操作不平稳</td></tr>
<tr><td>丝杠弹出伤人</td><td>① 丝杠与闸板连接处损坏；
② 未侧身操作</td></tr>
<tr><td>机械伤害</td><td>F形扳手开口朝里，操作不平稳</td></tr>
</table>

(2) 调整注水井注水量操作，见表2-90。

表 2-90 调整注水井注水量操作的步骤、风险及其产生原因

序号	操作步骤		风险	产生原因
	操作项	操作关键点		
1	调整前检查	配水间流程	紧急情况无法撤离	① 应急通道堵塞； ② 房门未采取开启固定措施
			机械伤害	未按要求穿戴劳动保护用品，站位不合理
			高压刺伤	① 配水间流程刺漏； ② 站位不合理
2	确定调整措施	核对录取资料	机械伤害	未按要求穿戴劳动保护用品，站位不合理
3	调整注水量	调节下流阀门	液体刺漏伤人	① 阀门密封填料老化严重； ② 操作不平稳
			丝杠弹出伤人	① 丝杠与闸板连接处损坏； ② 未侧身操作
			机械伤害	F 形扳手开口朝里，操作不平稳

(3) 更换智能磁电流量计操作，见表 2-91。

表 2-91 更换智能磁电流量计操作的步骤、风险及其产生原因

序号	操作步骤		风险	产生原因
	操作项	操作关键点		
1	更换前检查	配水间流程	紧急情况无法撤离	① 应急通道堵塞； ② 房门未采取开启固定措施
			机械伤害	未按要求穿戴劳动保护用品，站位不合理
			高压刺伤	① 配水间流程刺漏； ② 站位不合理
2	切断流程	关闭上、下流阀门	液体刺漏伤人	① 阀门密封填料老化严重； ② 操作不平稳
			丝杠弹出伤人	① 丝杠与闸板连接处损坏； ② 未侧身操作
			机械伤害	F 形扳手开口朝里，操作不平稳

续表 2-91

序号	操作步骤		风 险	产生原因
	操作项	操作关键点		
3	更换流量计	取出旧芯子	高压刺伤	① 阀门堵塞，无法放空，带压操作； ② 直接将法兰盖固定螺母全部卸掉，未进行二次泄压； ③ 流量计芯子卸不下时采用高压水推顶； ④ 密封圈和密封垫老化破损
			机械伤害	工具使用不当，操作不平稳，重物坠落
		安装新芯子	机械伤害	工具使用不当，操作不平稳，重物坠落
4	试 压	倒试压流程	高压刺伤	① 未关放空阀门或放空阀门未关到位，直接全部打开上流阀门； ② 密封垫、密封圈密封不严； ③ 法兰盖偏斜； ④ 管线阀门老化严重； ⑤ 未侧身操作
			机械伤害	F形扳手开口朝里，操作不平稳
5	调节水量	调节下流阀门	液体刺漏伤人	① 阀门密封填料老化严重； ② 操作不平稳
			丝杠弹出伤人	① 丝杠与闸板连接处损坏； ② 未侧身操作
			机械伤害	F形扳手开口朝里，操作不平稳

(4) 注水井反洗井操作，见表 2-92。

表 2-92 注水井反洗井操作的步骤、风险及其产生原因

序号	操作步骤		风 险	产生原因
	操作项	操作关键点		
1	洗井前检查	井 口	机械伤害	未按要求穿戴劳动保护用品，站位不合理
			高压刺伤	① 井口泄漏； ② 站位不合理
		注水管线	淹 溺	流程沿线有不明水坑

续表 2-92

序号	操作步骤		风　险	产生原因
	操作项	操作关键点		
1	洗井前检查	配水间流程	紧急情况无法撤离	① 应急通道堵塞； ② 房门未采取开启固定措施
			机械伤害	未按要求穿戴劳动保护用品，站位不合理
			高压刺伤	① 配水间流程刺漏； ② 站位不合理
2	倒流程	关闭配水间下流阀门	液体刺漏伤人	① 操作不平稳； ② 阀门密封填料老化严重
			丝杠弹出伤人	① 丝杠与闸板连接处损坏； ② 未侧身操作
			机械伤害	F 形扳手开口朝里，操作不平稳
		倒井口洗井流程	液体刺漏伤人	① 操作不平稳； ② 管线、阀门老化严重
			丝杠弹出伤人	① 丝杠与闸板连接处损坏； ② 未侧身操作
			机械伤害	F 形扳手开口朝里，操作不平稳
3	控制排量洗井	调节进、出口阀门	液体刺漏伤人	① 管线、阀门老化严重； ② 配合不协调，操作不平稳
			丝杠弹出伤人	① 丝杠与闸板连接处损坏； ② 未侧身操作
			机械伤害	F 形扳手开口朝里，操作不平稳
4	恢复正常注水	倒流程	液体刺漏伤人	① 倒错流程； ② 管线、阀门老化严重； ③ 操作不平稳
			丝杠弹出伤人	① 丝杠与闸板连接处损坏； ② 未侧身操作
			机械伤害	F 形扳手开口朝里，操作不平稳

续表 2-92

序号	操作步骤		风　险	产生原因
	操作项	操作关键点		
4	恢复正常注水	调整水量	液体刺漏伤人	① 操作不平稳； ② 管线、阀门老化严重
			丝杠弹出伤人	① 丝杠与闸板连接处损坏； ② 未侧身操作
			机械伤害	F形扳手开口朝里，操作不平稳

(5) 更换配水间分水器下流阀门操作，见表 2-93。

表 2-93　更换配水间分水器下流阀门操作的步骤、风险及其产生原因

序号	操作步骤		风　险	产生原因
	操作项	操作关键点		
1	更换前检查	配水间流程	紧急情况无法撤离	① 应急通道堵塞； ② 房门未采取开启固定措施
			机械伤害	未按要求穿戴劳动保护用品，站位不合理
			高压刺伤	① 配水间流程刺漏； ② 站位不合理
2	泄　压	倒放空流程	液体刺漏伤人	① 管线、阀门老化严重； ② 倒错流程
			丝杠弹出伤人	① 丝杠与闸板连接处损坏； ② 未侧身操作
			机械伤害	F形扳手开口朝里，操作不平稳
3	更换阀门	拆卸旧阀门	高压刺伤	① 上流阀门未关严； ② 井口未泄压； ③ 未进行二次泄压
			机械伤害	① 戴手套使用手锤导致打滑； ② 操作人员配合不当，重物坠落
		安装新阀门	机械伤害	① 戴手套使用手锤导致打滑； ② 操作人员配合不当，重物坠落

续表 2-93

序号	操作步骤		风　险	产生原因
	操作项	操作关键点		
4	恢复正常注水	倒注水流程	高压刺伤	① 未关放空阀门或放空阀门未关到位； ② 总成内有污物； ③ 密封槽内未涂抹黄油； ④ 卡箍紧固不到位； ⑤ 管线阀门老化严重； ⑥ 未侧身操作
			机械伤害	F 形扳手开口朝里，操作不平稳
		调整水量	液体刺漏伤人	① 管线、阀门老化严重； ② 操作不平稳
			丝杠弹出伤人	① 丝杠与闸板连接处损坏； ② 未侧身操作
			机械伤害	F 形扳手开口朝里，操作不平稳

（6）注水管线泄漏处置操作，见表 2-94。

表 2-94　注水管线泄漏处置操作的步骤、风险及其产生原因

序号	操作步骤		风　险	产生原因
	操作项	操作关键点		
1	处置前检查	配水间流程	紧急情况无法撤离	① 应急通道堵塞； ② 房门未采取开启固定措施
			机械伤害	未按要求穿戴劳动保护用品，站位不合理
			高压刺伤	① 配水间流程刺漏； ② 站位不合理
2	泄　压	倒放空流程	液体刺漏伤人	① 阀门老化严重； ② 倒错流程
			丝杠弹出伤人	① 丝杠与闸板连接处损坏； ② 未侧身操作
			机械伤害	F 形扳手开口朝里，操作不平稳

续表 2-94

序号	操作步骤		风　险	产生原因
	操作项	操作关键点		
3	清理穿孔部位	挖操作坑、处理管线	机械伤害	① 工具使用不当,操作不平稳; ② 操作者未注意操作范围有人
			淹溺、烫伤	站位不合理
			塌方掩埋	破土作业不规范
4	补　漏	作业车就位	车辆伤害	作业车移动方向有人
		焊　补	高压刺伤	放空不彻底,带压操作
			火灾爆炸	① 施工地点周围有可燃物; ② 乙炔瓶、氧气瓶摆放不符合要求
			触　电	① 电焊机接地不符合要求; ② 电缆腐蚀老化,接线错误,漏电
			人员伤害	① 电气焊人员无证操作; ② 未戴防护用具
		作业车驶离	车辆伤害	作业车移动方向有人
5	试压恢复注水	倒试压流程	高压刺伤	① 倒错流程; ② 未关放空阀门或未关到位; ③ 管线阀门老化严重; ④ 刺漏部位有人; ⑤ 操作不平稳
			机械伤害	F形扳手开口朝里,操作不平稳
6	调整水量	调节下流阀门	液体刺漏伤人	① 阀门密封填料老化严重; ② 操作不平稳
			丝杠弹出伤人	① 丝杠与闸板连接处损坏; ② 未侧身操作
			机械伤害	F形扳手开口朝里,操作不平稳

(7) 注水井巡回检查操作,见表 2-95。

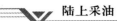

表 2-95　注水井巡回检查操作的步骤、风险及其产生原因

<table>
<tr><th rowspan="2">序号</th><th colspan="2">操作步骤</th><th rowspan="2">风　险</th><th rowspan="2">产生原因</th></tr>
<tr><th>操作项</th><th>操作关键点</th></tr>
<tr><td rowspan="5">1</td><td rowspan="5">检查井口</td><td rowspan="2">井口装置</td><td>机械伤害</td><td>未按要求穿戴劳动保护用品,站位不合理</td></tr>
<tr><td>高压刺伤</td><td>① 井口泄漏;
② 站位不合理</td></tr>
<tr><td rowspan="3">增压泵</td><td>触　电</td><td>① 未戴绝缘手套;
② 未用验电器确认电气设备外壳无电</td></tr>
<tr><td>电弧灼伤</td><td>未侧身操作电气设备</td></tr>
<tr><td>机械伤害</td><td>① 旋转部位未安装防护罩;
② 操作人员靠近高速旋转部位;
③ 未按要求穿戴劳动保护用品;
④ 工具使用不当,操作不平稳</td></tr>
<tr><td>2</td><td>检查注水管线</td><td>检查注水管线</td><td>淹　溺</td><td>流程沿线有不明水坑</td></tr>
<tr><td rowspan="6">3</td><td rowspan="6">检查配水间</td><td rowspan="3">流　程</td><td>紧急情况无法撤离</td><td>① 应急通道堵塞;
② 房门未采取开启固定措施</td></tr>
<tr><td>机械伤害</td><td>未按要求穿戴劳动保护用品,站位不合理</td></tr>
<tr><td>高压刺伤</td><td>① 配水间流程刺漏;
② 站位不合理</td></tr>
<tr><td rowspan="3">控制下流阀门,调整水量</td><td>液体刺漏伤人</td><td>① 阀门密封填料老化严重;
② 操作不平稳</td></tr>
<tr><td>丝杠弹出伤人</td><td>① 丝杠与闸板连接处损坏;
② 未侧身操作</td></tr>
<tr><td>机械伤害</td><td>F 形扳手开口朝里,操作不平稳</td></tr>
</table>

(8) 光油管注水井测试操作,见表 2-96。

表 2-96　光油管注水井测试操作的步骤、风险及其产生原因

序号	操作步骤		风　险	产生原因
	操作项	操作关键点		
1	测试前检查	检查、录取资料	紧急情况无法撤离	① 应急通道堵塞； ② 房门未采取开启固定措施
			机械伤害	未按要求穿戴劳动保护用品，站位不合理
			高压刺伤	① 配水间流程刺漏； ② 站位不合理
2	降压法测试	调节下流阀门	液体刺漏伤人	① 阀门密封填料老化严重； ② 操作不平稳
			丝杠弹出伤人	① 丝杠与闸板连接处损坏； ② 未侧身操作
			机械伤害	F 形扳手开口朝里，操作不平稳
3	恢复正常注水	控制下流阀门，调整水量	液体刺漏伤人	① 阀门密封填料老化严重； ② 操作不平稳
			丝杠弹出伤人	① 丝杠与闸板连接处损坏； ② 未侧身操作
			机械伤害	F 形扳手开口朝里，操作不平稳

二、注聚合物

注聚合物是三次采油的方式之一，它是利用物理和化学的方法改变岩石和流体的物性，以此改善驱油效果。注聚站主要包括母液配制、混配注入、辅助药剂投加 3 部分。母液配制系统的主要设备包括分散溶解装置、转输泵、熟化罐、搅拌机、外输泵等。混配注入系统主要包括注聚泵、高压注水流程、母液及清(污)水计量仪表等设施。辅助药剂投加系统主要包括计量泵(螺杆泵)、储罐等设施。主要有 11 个操作项目，主要存在高压液体刺漏伤人、触电、机械伤害、甲醛中毒等风险。

(1) 更换注聚泵进、排液阀操作，见表 2-97。

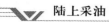

表 2-97　更换注聚泵进、排液阀操作的步骤、风险及其产生原因

<table>
<tr><th rowspan="2">序号</th><th colspan="2">操作步骤</th><th rowspan="2">风　险</th><th rowspan="2">产生原因</th></tr>
<tr><th>操作项</th><th>操作关键点</th></tr>
<tr><td rowspan="7">1</td><td rowspan="7">停　泵</td><td>泵　房</td><td>紧急情况无法撤离</td><td>① 应急通道堵塞；
② 房门未采取开启固定措施</td></tr>
<tr><td rowspan="2">按停止按钮</td><td>触　电</td><td>① 未戴绝缘手套；
② 未用验电器检验控制箱外壳无电</td></tr>
<tr><td>电弧伤人</td><td>未侧身操作停止按钮</td></tr>
<tr><td>断开控制箱空气开关</td><td>电弧伤人</td><td>未侧身操作空气开关</td></tr>
<tr><td rowspan="2">断开总控室单泵空气开关</td><td>触　电</td><td>① 未戴绝缘手套；
② 未用验电器检验总控室外壳无电</td></tr>
<tr><td>电弧伤人</td><td>未侧身操作空气开关</td></tr>
<tr style="display:none"></tr>
<tr><td rowspan="4">2</td><td rowspan="4">倒流程、泄压</td><td rowspan="3">关闭泵进出口阀门</td><td>误操作启泵</td><td>未悬挂“禁止合闸”警示牌</td></tr>
<tr><td>液体刺漏伤人</td><td>① 操作不平稳；
② 管线腐蚀穿孔，阀门密封填料老化</td></tr>
<tr><td>丝杠弹出伤人</td><td>① 丝杠与闸板连接处损坏；
② 未侧身操作</td></tr>
<tr><td>打开放空阀门</td><td>液体刺漏伤人</td><td>① 放空弯头未上紧或歪斜；
② 未侧身打开放空阀门；
③ 操作不平稳</td></tr>
<tr><td rowspan="4">3</td><td rowspan="4">更换进、排液阀</td><td rowspan="2">拆卸前盖、上盖</td><td>砸伤、碰伤</td><td>① 操作不平稳；
② 未正确使用 T 形工具</td></tr>
<tr><td>滑　倒</td><td>① 未及时清理地面的聚合物；
② 操作不平稳</td></tr>
<tr><td rowspan="2">取　阀</td><td>砸伤、碰伤</td><td>① 操作不平稳；
② 未正确使用 T 形工具</td></tr>
<tr><td>挤　伤</td><td>① 戴手套盘皮带；
② 手抓皮带</td></tr>
</table>

续表 2-97

序号	操作步骤		风 险	产生原因
	操作项	操作关键点		
3	更换进、排液阀	装 阀	挤 伤	① 操作不平稳； ② 未正确使用 T 形工具； ③ 戴手套盘皮带； ④ 手抓皮带
		安装前盖、上盖	挤 伤	① 操作不平稳； ② 未正确使用 T 形工具
4	倒流程	打开泵进、出口阀门	液体刺漏伤人	① 操作不平稳； ② 管线腐蚀穿孔，阀门密封填料老化； ③ 未关放空阀； ④ 未侧身操作； ⑤ 螺栓未紧固
		关闭放空阀门	丝杠弹出伤人	① 丝杠与闸板连接处损坏； ② 未侧身操作
5	启 泵	启泵前检查	碰伤、摔伤	① 未戴安全帽； ② 未注意架空管线； ③ 未注意注聚泵周围的障碍物和地面设施
		合总控室单泵空气开关	触 电	① 未戴绝缘手套； ② 未用高压验电器确定总控室外壳无电
			电弧伤人	未侧身操作
		合控制箱空气开关	触 电	① 未戴绝缘手套； ② 未用高压验电器确定控制箱外壳无电
			电弧伤人	未侧身操作
		按启动按钮	触 电	未戴绝缘手套
			电弧伤人	① 未侧身操作； ② 电器短路
			液体刺漏伤人	① 启泵前未倒好流程； ② 倒错流程

（2）更换注聚泵弹簧式安全阀操作，见表 2-98。

表 2-98 更换注聚泵弹簧式安全阀操作的步骤、风险及其产生原因

序号	操作步骤		风 险	产生原因
	操作项	操作关键点		
1	停 泵	检查泵房	紧急情况无法撤离	① 应急通道堵塞； ② 房门未采取开启固定措施
		按停止按钮	触 电	① 未戴绝缘手套； ② 未用验电器确认控制箱外壳无电
			电弧伤人	未侧身操作停止按钮
		断开控制箱空气开关	电弧伤人	未侧身操作空气开关
		断开总控室单泵空气开关	触 电	① 未戴绝缘手套； ② 未用验电器确认总控室外壳无电
			电弧伤人	未侧身操作空气开关
2	倒流程	关闭泵进出口阀门	误操作启泵	未悬挂“禁止合闸”警示牌
			液体刺漏伤人	① 操作不平稳； ② 管线腐蚀穿孔，阀门密封填料老化
			丝杠弹出伤人	① 丝杠与闸板连接处损坏； ② 未侧身操作
		打开放空阀门	液体刺漏伤人	① 放空弯头未上紧或歪斜； ② 未侧身打开放空阀； ③ 操作不平稳
3	拆、装安全阀	拆卸安全阀	砸 伤	① 拆卸时用力过猛； ② 未正确使用活动扳手； ③ 阀体坠落
			摔 伤	① 未及时清理地面聚合物； ② 操作不平稳
		安装安全阀	砸 伤	① 未正确使用活动扳手； ② 阀体坠落

续表 2-98

序号	操作步骤		风　险	产生原因
	操作项	操作关键点		
4	倒流程	打开泵进出口阀门	液体刺漏伤人	① 操作不平稳； ② 管线腐蚀穿孔，阀门密封填料老化； ③ 未关放空阀； ④ 未侧身操作； ⑤ 螺栓未紧固
			丝杠弹出伤人	① 丝杠与闸板连接处损坏； ② 操作未侧身
5	启　泵	启泵前检查	碰伤、摔伤	① 未戴安全帽； ② 未注意架空管线； ③ 未注意注聚泵周围的障碍物和地面设施
		合总控室单泵空气开关	触　电	① 未戴绝缘手套； ② 未用高压验电器确认总控室外壳无电； ③ 合闸送电时设备、线路有人
			电弧伤人	未侧身操作
		合控制箱空气开关	触　电	① 未戴绝缘手套； ② 未用高压验电器确认控制箱外壳无电
			电弧伤人	未侧身操作
		按启动按钮	触　电	未戴绝缘手套
			电弧伤人	未侧身操作
			液体刺漏伤人	启泵前未倒好流程或倒错流程

（3）低剪切取样器取样操作，见表 2-99。

表 2-99　低剪切取样器取样操作的步骤、风险及其产生原因

序号	操作步骤		风　险	产生原因
	操作项	操作关键点		
1	安装取样器	连接取样球阀	砸　伤	① 未正确连接； ② 未托住坠落； ③ 连接不匹配取样器

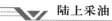

续表 2-99

序号	操作步骤		风　险	产生原因
	操作项	操作关键点		
2	取　样	打开球阀进液	液体刺漏伤人	① 取样器不匹配； ② 未平稳操作； ③ 连接不紧固； ④ 管线腐蚀穿孔，阀门密封填料老化； ⑤ 未戴护目镜； ⑥ 未侧身操作
		关闭球阀取样	液体刺漏伤人	① 未泄压； ② 压缩活塞用力不均衡，折断球阀； ③ 未戴护目镜； ④ 未侧身操作
3	拆卸取样器	拆　卸	砸　伤	取样器未托住导致坠落
			液体刺漏伤人	未侧身平稳操作

(4) 更换调节阀阀芯操作(以 HTL/966Y 型为例)，见表 2-100。

表 2-100　更换调节阀阀芯操作(以 HTL/966Y 型为例)的步骤、风险及其产生原因

序号	操作步骤		风　险	产生原因
	操作项	操作关键点		
1	停　泵	检查泵房	紧急情况无法撤离	① 应急通道堵塞； ② 房门未采取开启固定措施
		按停止按钮	触　电	① 未戴绝缘手套； ② 未用验电器确认控制箱外壳无电
			电弧伤人	未侧身操作停止按钮
		断开控制箱空气开关	电弧伤人	未侧身操作空气开关
		断开总控室单泵空气开关	触　电	未用验电器确认总控室外壳无电
			电弧伤人	未侧身操作空气开关
		断开调节阀电源开关	触　电	未用验电器检验总控室外壳无电
			电弧伤人	未侧身操作空气开关

续表 2-100

序号	操作步骤		风　险	产生原因
	操作项	操作关键点		
1	停　泵	悬挂警示牌	人身伤害	未悬挂“禁止合闸”警示牌
2	倒流程	关闭泵进出口阀门	液体刺漏伤人	① 未侧身操作； ② 管线腐蚀穿孔，阀门密封填料老化
			丝杠弹出伤人	① 丝杠与闸板连接处损坏； ② 未侧身开关阀门
		打开放空阀门	液体刺漏伤人	① 放空弯头未上紧或歪斜； ② 未侧身打开放空阀； ③ 操作不平稳
		关闭混配流程上下流阀门	液体刺漏伤人	① 未侧身操作； ② 管线腐蚀穿孔，阀门密封填料老化
			丝杠弹出伤人	① 丝杠与闸板连接处损坏； ② 未侧身操作
3	更换阀芯	卸电机	触　电	未用验电器确认电机输入电缆无电
			摔　伤	① 未及时清理地面聚合物； ② 操作不平稳
			电机坠落砸伤	① 未用保险带固定电机； ② 配合不协调，操作不平稳
		更换阀芯	工具击伤	未正确使用 T 形工具
			挤　伤	操作不平稳
		装电机	砸　伤	配合不协调，操作不平稳
			摔　伤	① 未及时清理地面聚合物； ② 操作不平稳

续表 2-100

<table>
<tr><th rowspan="2">序号</th><th colspan="2">操作步骤</th><th rowspan="2">风　险</th><th rowspan="2">产生原因</th></tr>
<tr><th>操作项</th><th>操作关键点</th></tr>
<tr><td rowspan="7">4</td><td rowspan="7">倒流程</td><td>关闭放空阀门</td><td>液体刺漏伤人</td><td>① 未侧身操作；
② 管线腐蚀穿孔，阀门密封填料老化；
③ 螺栓未紧固</td></tr>
<tr><td rowspan="3">打开泵进出口阀门</td><td>丝杠弹出伤人</td><td>① 丝杠与闸板连接处损坏；
② 未侧身操作</td></tr>
<tr><td>液体刺漏伤人</td><td>① 未关放空阀；
② 未侧身操作；
③ 管线腐蚀穿孔，阀门密封填料老化</td></tr>
<tr><td>丝杠弹出伤人</td><td>① 丝杠与闸板连接处损坏；
② 未侧身操作</td></tr>
<tr><td rowspan="2">打开混配流程上下流阀门</td><td>液体刺漏伤人</td><td>① 未关放空阀；
② 未侧身操作；
③ 管线腐蚀穿孔，阀门密封填料老化</td></tr>
<tr><td>丝杠弹出伤人</td><td>① 丝杠与闸板连接处损坏；
② 未侧身操作</td></tr>
<tr><td></td><td></td><td></td></tr>
<tr><td rowspan="7">5</td><td rowspan="7">启　泵</td><td>启泵前检查</td><td>碰伤、摔伤</td><td>① 未戴安全帽；
② 未注意架空管线；
③ 未注意注聚泵周围的障碍物和地面设施</td></tr>
<tr><td rowspan="2">合调节阀电源开关</td><td>触　电</td><td>① 未戴绝缘手套；
② 未用高压验电器确认总控室外壳无电</td></tr>
<tr><td>电弧伤人</td><td>未侧身操作</td></tr>
<tr><td rowspan="2">合总控室单泵空气开关</td><td>触　电</td><td>① 未戴绝缘手套；
② 未用高压验电器确认总控室外壳无电</td></tr>
<tr><td>电弧伤人</td><td>未侧身操作</td></tr>
<tr><td rowspan="2">合控制箱空气开关</td><td>触　电</td><td>① 未戴绝缘手套；
② 未用高压验电器确认控制箱外壳无电</td></tr>
<tr><td>电弧伤人</td><td>未侧身操作</td></tr>
</table>

续表 2-100

序号	操作步骤		风　险	产生原因
	操作项	操作关键点		
5	启　泵	按启动按钮	触　电	未戴绝缘手套
			电弧伤人	未侧身操作
			液体刺漏伤人	启泵前未倒好流程

(5) 更换管汇单流阀操作，见表 2-101。

表 2-101　更换管汇单流阀操作的步骤、风险及其产生原因

序号	操作步骤		风　险	产生原因
	操作项	操作关键点		
1	停　泵	检查泵房	紧急情况无法撤离	① 应急通道堵塞； ② 房门未采取开启固定措施
		按停止按钮	触　电	① 未戴绝缘手套； ② 未用验电器确认控制箱外壳无电
			电弧伤人	未侧身操作停止按钮
		断开控制箱空气开关	电弧伤人	未侧身操作空气开关
		断开总控室单泵空气开关	触　电	未用验电器确认总控室外壳无电
			电弧伤人	未侧身操作空气开关
		悬挂警示牌	人身伤害	未悬挂“禁止合闸”警示牌
2	倒流程	关闭泵进出口阀门	液体刺漏伤人	① 操作不平稳； ② 管线腐蚀穿孔，阀门密封填料老化
			丝杠弹出伤人	① 丝杠与闸板连接处损坏； ② 开关阀门未侧身
		打开放空阀门	液体刺漏伤人	① 放空弯头未上紧或歪斜； ② 未侧身打开放空阀； ③ 操作不平稳

续表 2-101

序号	操作步骤		风险	产生原因
	操作项	操作关键点		
2	倒流程	关闭混配流程上下流阀门	液体刺漏伤人	① 操作不平稳； ② 管线腐蚀穿孔，阀门密封填料老化
			丝杠弹出伤人	① 丝杠与闸板连接处损坏； ② 操作未侧身
		打开放空阀	液体刺漏伤人	① 放空弯头未上紧或歪斜； ② 未侧身打开放空阀； ③ 操作不平稳
3	更换单流阀	拆卸	摔伤	① 未及时清理地面聚合物； ② 未平稳操作
			千斤顶滑脱伤人	未使用匹配的顶杠
		安装	顶杠滑脱	未平稳下放千斤顶
			挤伤手指	未正确使用撬杠
4	倒流程	关闭放空阀门	液体刺漏伤人	① 未侧身操作； ② 密封垫、密封圈老化，损坏； ③ 单流阀固定螺栓未紧固
			丝杠弹出伤人	① 丝杠与闸板连接处损坏； ② 未侧身操作
		打开泵进出口阀门	液体刺漏伤人	① 未关放空阀门； ② 未侧身操作； ③ 管线腐蚀穿孔，阀门密封填料老化
			丝杠弹出伤人	① 丝杠与闸板连接处损坏； ② 未侧身操作
		打开混配流程上下流阀门	液体刺漏伤人	① 未关放空阀； ② 未侧身操作； ③ 管线腐蚀穿孔，阀门密封填料老化
			丝杠弹出伤人	① 丝杠与闸板连接处损坏； ② 未侧身操作

续表 2-101

序号	操作步骤		风险	产生原因
	操作项	操作关键点		
5	启泵	启泵前检查	碰伤、摔伤	① 未戴安全帽； ② 未注意架空管线； ③ 未注意注聚泵周围的障碍物和地面设施
		合调节阀电源开关	触电	① 未戴绝缘手套； ② 未用高压验电器确认总控室外壳无电
			电弧伤人	未侧身操作
		合总控室单泵空气开关	触电	① 未戴绝缘手套； ② 未用高压验电器确认总控室外壳无电
			电弧伤人	未侧身操作
		合控制箱空气开关	触电	① 未戴绝缘手套； ② 未用高压验电器确认控制箱外壳无电
			电弧伤人	未侧身操作
		按启动按钮	触电	未戴绝缘手套
			电弧伤人	未侧身操作
			液体刺漏伤人	启泵前未倒好流程

(6) 手动调试溶解单元操作，见表 2-102。

表 2-102 手动调试溶解单元操作的步骤、风险及其产生原因

序号	操作步骤		风险	产生原因
	操作项	操作关键点		
1	清理	检查泵房	紧急情况无法撤离	① 应急通道堵塞； ② 房门未采取开启固定措施
		清理电路	触电	① 未戴好绝缘手套； ② 未用验电器确认用电设备外壳无电； ③ 未侧身操作用电设备

续表 2-102

序号	操作步骤		风险	产生原因
	操作项	操作关键点		
1	清理	清理储罐	人身伤害	① 未办理进入受限空间许可证； ② 未按规定配备、使用防护器材； ③ 没有监护人
			高空坠落	① 未正确使用安全带； ② 传递工具、物品未系保险绳
			砸伤	地面人员未避开危险区域
		清理下料器	挤伤	螺旋未停止旋转即进行清理
2	检查	检查总控制屏电路	触电	① 未戴好绝缘手套； ② 未用验电器确认总控制屏外壳无电
		检查电机	时间过长造成人身伤害	操作人员未保持安全距离
			设备损坏	未进行点动检查
3	调试	调试上料机构	摔伤、扭伤	站位不合理
			中毒	未佩戴防毒面具
		调试鼓风机	人身伤害	未保持安全距离
			烫伤	用手试温
		调试供水系统	液体刺漏伤人	管线腐蚀穿孔，阀门密封填料老化
		调试旋转设备	人员伤害	① 未穿戴劳动保护用品； ② 长发未盘入安全帽； ③ 靠近旋转部位
4	复位	电路复位	线路烧毁	未复位，设备自动运行时超负荷
			人身伤害	① 人员接触烧毁电器； ② 地面液体带电导致人员触电
		管路复位	环境污染	① 未复位，罐内液体溢出造成污染； ② 未复位，管路憋压导致密封刺漏

续表 2-102

<table>
<tr><th rowspan="2">序号</th><th colspan="2">操作步骤</th><th rowspan="2">风　险</th><th rowspan="2">产生原因</th></tr>
<tr><th>操作项</th><th>操作关键点</th></tr>
<tr><td>4</td><td>复　位</td><td>管路复位</td><td>人身伤害</td><td>① 地面有聚合物溶液，导致人员滑倒摔伤；
② 未复位，管路憋压导致压力表打出伤人</td></tr>
</table>

(7) 保养鼓风机操作，见表 2-103。

表 2-103　保养鼓风机操作的步骤、风险及其产生原因

<table>
<tr><th rowspan="2">序号</th><th colspan="2">操作步骤</th><th rowspan="2">风　险</th><th rowspan="2">产生原因</th></tr>
<tr><th>操作项</th><th>操作关键点</th></tr>
<tr><td rowspan="3">1</td><td rowspan="3">停　机</td><td>检查泵房</td><td>紧急情况无法撤离</td><td>① 应急通道堵塞；
② 房门未采取开启固定措施</td></tr>
<tr><td rowspan="2">断开控制开关</td><td>触　电</td><td>① 未戴绝缘手套；
② 未用验电器确认用电设备外壳无电</td></tr>
<tr><td>电弧灼伤</td><td>未侧身操作用电设备</td></tr>
<tr><td rowspan="2">2</td><td rowspan="2">更换滤芯</td><td>拆除滤芯</td><td>粉尘伤害</td><td>① 未正确佩戴防尘口罩；
② 未佩戴护目镜</td></tr>
<tr><td>安装滤芯</td><td>划　伤</td><td>未戴好防护手套</td></tr>
<tr><td rowspan="3">3</td><td rowspan="3">清理检查</td><td>清理机壳、叶轮</td><td>划　伤</td><td>未戴好防护手套</td></tr>
<tr><td rowspan="2">电　机</td><td>触　电</td><td>① 未正确佩戴、使用绝缘手套；
② 未用验电器确认外壳无电；
③ 未侧身操作用电设备</td></tr>
<tr><td>设备损坏</td><td>未进行点动检查</td></tr>
<tr><td rowspan="2">4</td><td rowspan="2">试运检查</td><td>机　体</td><td>烫　伤</td><td>用手试机壳温度</td></tr>
<tr><td>管　路</td><td>液体刺漏伤人</td><td>① 未保持安全距离；
② 密封损坏</td></tr>
</table>

(8) 启动变频外输泵(单螺杆泵)操作，见表 2-104。

表 2-104 启动变频外输泵(单螺杆泵)操作的步骤、风险及其产生原因

序号	操作步骤		风险	产生原因
	操作项	操作关键点		
1	启动前检查	泵房	紧急情况无法撤离	① 应急通道堵塞; ② 房门未采取开启固定措施
		电气设备	触电	① 未戴好绝缘手套; ② 未用验电器确认电气设备外壳无电; ③ 未侧身操作用电设备
		设备、管路	摔伤	① 未及时清理地面积液; ② 未注意地面管路和障碍物
2	变频状态启泵	倒流程	液体刺漏伤人	① 倒错流程; ② 密封垫圈老化
		合闸送电	触电	① 未戴好绝缘手套; ② 未用验电器确认电气设备外壳无电; ③ 未侧身操作用电设备
		启泵	液体刺漏伤人	① 启动频率过高; ② 管线腐蚀穿孔,阀门密封填料老化; ③ 出口阀门未全部打开; ④ 接注泵未开启; ⑤ 未及时观察泵压,回流阀关闭太快; ⑥ 放空阀未关闭
3	启泵后检查	电路	触电	① 未戴好绝缘手套; ② 未用验电器确认用电设备外壳无电
		设备	机械伤害	① 未穿戴劳动保护用品; ② 长发未盘入安全帽; ③ 靠近旋转部位
			摔伤	① 未及时清理地面积液; ② 未注意地面管路和障碍物

(9) 启动甲醛泵(计量泵)操作,见表 2-105。

表 2-105　启动甲醛泵(计量泵)操作的步骤、风险及其产生原因

序号	操作步骤		风　险	产生原因
	操作项	操作关键点		
1	启泵前检查	泵　房	紧急情况无法撤离	① 应急通道堵塞； ② 房门未采取开启固定措施
		电　路	触　电	① 未戴绝缘手套； ② 未用验电器确认用电设备外壳无电
			电弧灼伤	未侧身操作用电设备
		设备管路	中　毒	① 进入泵房未佩戴专用面罩； ② 甲醛泵房通风不良； ③ 未戴防护手套
		储　罐	高空坠落	① 登高攀爬未抓稳踏实； ② 未系好安全带
2	启　泵	启　泵	刺漏伤人	① 倒错流程； ② 启动排量太高； ③ 管线腐蚀穿孔，阀门密封填料老化； ④ 管路堵塞
		检　查	人身伤害	① 劳动保护用品穿戴不整齐； ② 长发未盘入安全帽内； ③ 靠近旋转部位

(10) 注聚站巡回检查操作，见表 2-106。

表 2-106　注聚站巡回检查操作的步骤、风险及其产生原因

序号	操作步骤		风　险	产生原因
	操作项	操作关键点		
1	检查控制室	泵　房	紧急情况无法撤离	① 应急通道堵塞； ② 房门未采取开启固定措施
		总控制屏	触　电	① 未戴好绝缘手套； ② 未用高压验电器确认总控制屏外壳无电； ③ 未侧身操作用电设备

续表 2-106

<table>
<tr><th rowspan="2">序号</th><th colspan="2">操作步骤</th><th rowspan="2">风　险</th><th rowspan="2">产生原因</th></tr>
<tr><th>操作项</th><th>操作关键点</th></tr>
<tr><td>1</td><td>检查控制室</td><td>低压控制屏</td><td>触　电</td><td>① 未戴好绝缘手套；
② 未用验电器确认低压控制屏外壳无电；
③ 未侧身操作用电设备</td></tr>
<tr><td rowspan="2">2</td><td rowspan="2">检查混配流程</td><td>巡　检</td><td>液体刺漏伤人</td><td>① 未侧身平稳操作；
② 管线腐蚀穿孔，阀门密封填料老化</td></tr>
<tr><td>调　整</td><td>丝杠弹出伤人</td><td>① 丝杠与闸板连接处损坏；
② 未侧身操作用电设备</td></tr>
<tr><td rowspan="5">3</td><td rowspan="5">检查注聚泵、螺杆泵</td><td>检查设备</td><td>人身伤害</td><td>① 操作人员未保持安全距离；
② 劳动保护用品穿戴不整齐；
③ 旋转部位无防护罩；
④ 长发未盘入安全帽</td></tr>
<tr><td>检查电路</td><td>触　电</td><td>① 未戴好绝缘手套；
② 未用验电器确认用电设备无电；
③ 未侧身操作用电设备；
④ 未断电进行检修</td></tr>
<tr><td rowspan="3">调　整</td><td>车辆伤害</td><td>① 戴手套进行盘皮带操作；
② 手抓皮带</td></tr>
<tr><td>人身伤害</td><td>未停泵进行填料调整</td></tr>
<tr><td>液体刺漏伤人</td><td>未放空进行检修</td></tr>
<tr><td rowspan="3">4</td><td rowspan="3">检查溶解罐、熟化罐</td><td rowspan="2">攀登罐体</td><td>坠落摔伤</td><td>① 攀登罐体未抓好扶手、未平稳攀登；
② 雨雪、大风天气登罐；
③ 未系好安全带</td></tr>
<tr><td>坠落淹溺</td><td>站位不合理</td></tr>
<tr><td>巡检设备</td><td>人身伤害</td><td>① 运转时靠近或接触搅拌机旋转部位；
② 劳动保护用品穿戴不整齐；
③ 长发未盘入安全帽</td></tr>
</table>

续表 2-106

序号	操作步骤		风　险	产生原因
	操作项	操作关键点		
5	检查甲醛泵房	进入泵房	中　毒	① 进入泵房未佩戴专用面罩； ② 甲醛泵房通风不良； ③ 未戴防护手套
		检查流程	液体刺漏伤人	① 操作不平稳； ② 管线腐蚀穿孔，阀门密封填料老化
		检查设备	人身伤害	① 操作人员未保持安全距离； ② 劳动保护用品穿戴不整齐； ③ 旋转部位无防护罩； ④ 长发未盘入安全帽内
6	站区巡回检查	巡检排污池	坠落淹溺	① 排污池无盖板； ② 站位不合理
			中　毒	无防护措施进入排污池
		区域巡查	摔伤、碰伤	① 未按巡检路线进行排查； ② 未注意地面管路或其他障碍物

(11) 配注站配电屏送电操作，见表 2-107。

表 2-107　配注站配电屏送电操作的步骤、风险及其产生原因

序号	操作步骤		风　险	产生原因
	操作项	操作关键点		
1	送电前检查	泵　房	紧急情况无法撤离	① 应急通道堵塞； ② 房门未采取开启固定措施
		用电设备	触　电	① 未正确佩戴、使用绝缘手套； ② 未用验电器确认用电设备外壳无电； ③ 未侧身操作用电设备； ④ 未确认控制屏所有电源空气开关处于断开状态
		设备流程	摔伤、碰伤	① 未按巡查路线检查； ② 未及时清理地面积液

续表 2-107

序号	操作步骤		风　险	产生原因
	操作项	操作关键点		
1	送电前检查	设备流程	液体刺漏伤人	① 操作不平稳； ② 管线腐蚀穿孔，阀门密封填料老化
		储　罐	坠落摔伤	① 攀登罐体未抓好扶手、未平稳攀登； ② 雨雪、大风天气登罐； ③ 未系好安全带
			坠落淹溺	站位不合理
2	送　电	控制屏送电	触　电	① 接到送电调度令后，未确认主线路无人维修施工； ② 未戴绝缘手套、未穿绝缘靴启动空气开关； ③ 未用高压验电器确认控制屏外壳无电； ④ 未侧身操作用电设备； ⑤ 打开每一组设备电源开关前，未经确认相对应设备及流程状态
		启动设备	液体刺漏伤人	① 倒错流程； ② 启动外输泵前未通知注聚站接注； ③ 接注管汇未打开； ④ 指挥人员未进行确认协调； ⑤ 注聚泵未及时启动

第三章　采油施工安全操作

本章根据采油专业相关安全操作规程，结合油田多年生产实际，对采油生产施工过程中主要操作项目存在的风险提出了相应的控制措施。

第一节　自喷采油

一、井口

(1) 自喷井开井操作，见表 3-1。

表 3-1　自喷井开井操作的步骤、风险及其控制措施

序号	操作步骤		风　险	控制措施
	操作项	操作关键点		
1	倒流程	倒计量站生产流程	中　毒	① 进站前确认站内无有毒有害气体； ② 进行有毒有害气体检测； ③ 佩戴空气呼吸器等防护设施； ④ 打开门窗通风换气
			紧急情况无法撤离	① 确保应急通道畅通； ② 房门采取栓系、销栓等开启固定措施
			液体刺漏伤人	① 核实井号，先开后关； ② 确认管线无腐蚀、无损伤，确认阀门密封完好
			丝杠弹出伤人	① 确认阀门完好、灵活好用； ② 侧身开、关阀门，平稳操作
2	点加热炉	点加热炉	爆　炸	① 点火前预先通风，确保炉膛内无可燃气体； ② 先点火后开气

续表 3-1

序号	操作步骤		风险	控制措施
	操作项	操作关键点		
2	电加热炉	电加热炉	回火烧伤	① 确认炉膛内无可燃气体； ② 站在上风口侧身点火
3	开井	观察压力	液体刺漏伤人	① 侧身操作压力表阀门； ② 侧身平稳操作
		倒计量站放空流程	液体刺漏伤人	① 核实井号，先开后关； ② 确认管线无腐蚀、无损伤，确认阀门密封填料完好
			丝杠弹出伤人	① 确认阀门完好、灵活好用； ② 侧身开、关阀门，平稳操作
		倒井口生产流程	液体刺漏伤人	① 核实井号，先开后关； ② 侧身平稳操作阀门
			丝杠弹出伤人	① 确认阀门完好、灵活好用； ② 侧身开、关阀门，平稳操作
4	调整炉火	控制供气阀门	回火烧伤	站在上风口侧身调整
5	更换压力表	更换油压、回压表	液体刺漏伤人	① 侧身平稳操作； ② 拆卸压力表时，边晃动泄压边拆卸
6	量油测气	量油测气	中毒	① 进站前确认站内无有毒有害气体； ② 进行有毒有害气体检测； ③ 佩戴空气呼吸器等防护设施； ④ 打开门窗通风换气

（2）自喷井关井操作，见表 3-2。

表 3-2　自喷井关井操作的步骤、风险及其控制措施

序号	操作步骤		风险	控制措施
	操作项	操作关键点		
1	记录压力	记录油、套压值	人身伤害	正确站位

续表 3-2

序号	操作步骤		风　险	控制措施
	操作项	操作关键点		
2	关　井	倒井口流程	液体刺漏伤人	① 核实井号,先开后关; ② 确认管线无腐蚀、无损伤,确认阀门密封填料完好
			丝杠弹出伤人	① 确认阀门完好、灵活好用; ② 侧身开、关阀门,平稳操作
3	停加热炉	关　火	回火烧伤	站在上风口侧身关闭供气阀门
4	倒计量站流程	关闭计量站下流阀门	中　毒	① 进站前确认站内无有毒有害气体; ② 进行有毒有害气体检测; ③ 佩戴空气呼吸器等防护设施; ④ 打开门窗通风换气
			紧急情况无法撤离	① 确保应急通道畅通; ② 房门采取栓系、销栓等开启固定措施
			液体刺漏伤人	① 侧身平稳操作; ② 确认管线无腐蚀、无损伤,确认阀门密封填料完好
			丝杠弹出伤人	① 确认阀门完好、灵活好用; ② 侧身开、关阀门,平稳操作
5	放　空	倒流程	液体刺漏伤人	① 核实井号,先开后关; ② 侧身平稳操作
			丝杠弹出伤人	① 确认阀门完好、灵活好用; ② 侧身开、关阀门,平稳操作
6	更换压力表	更换油压、回压表	液体刺漏伤人	① 侧身操作; ② 平稳操作阀门; ③ 拆卸压力表时边晃动泄压边拆卸

(3) 自喷井清蜡操作,见表 3-3。

表 3-3　自喷井清蜡操作的步骤、风险及其控制措施

序号	操作步骤		风　险	控制措施
	操作项	操作关键点		
1	检　查	检查绞车	磕伤、碰伤	站在安全位置，注意避让磕碰
		检查刹车	磕伤、碰伤	① 戴好安全帽； ② 站在安全位置，防止磕碰； ③ 正确使用管钳、活动扳手，平稳操作
2	下刮蜡片	安装防喷管	砸　伤	① 配合协调一致，平稳操作； ② 正确使用管钳，平稳操作； ③ 防喷管应抓稳扶牢
		试　压	液体刺漏伤人	① 先开后关，正确倒流程； ② 侧身操作，注意避开刺漏位置
		下刮蜡片	钢丝伤人	① 确认刹车完好、灵活好用； ② 严禁人员进入绞车与井口之间的危险区域； ③ 调整绞车、滑轮、井口达到三点成一线
3	起刮蜡片	起刮蜡片	钢丝伤人	① 确认钢丝绳无破损、断丝； ② 井口和绞车之间及周围严禁有人通过； ③ 起刮蜡片时平稳操作，遇卡时查清原因，处理后再慢提
		放空、取出刮蜡片	液体刺漏伤人	① 正确倒流程，先关后开； ② 侧身平稳操作； ③ 放尽压力，无溢流后方可进行取刮蜡片操作
		卸防喷管	砸　伤	① 配合协调一致，平稳操作； ② 正确使用管钳，严禁反打； ③ 防喷管应抓稳扶牢

（4）自喷井更换油嘴操作，见表 3-4。

表 3-4　自喷井更换油嘴操作的步骤、风险及其控制措施

序号	操作步骤		风　险	控制措施
	操作项	操作关键点		
1	检查流程	检查井口	磕伤、碰伤	① 检查井口流程时站在安全位置； ② 注意检查线路上的管线、设施，预防磕碰
2	倒流程	倒入备用流程	液体刺漏伤人	① 先开后关，正确倒流程； ② 侧身操作
			丝杠弹出伤人	① 确认阀门完好、灵活好用； ② 侧身平稳操作
3	更换油嘴	取出旧油嘴	液体刺漏伤人	① 确认原生产流程关严； ② 确认放空阀门放空； ③ 边晃动边卸松丝堵，泄尽余压，卸油嘴前要用通条通油嘴泄压； ④ 侧身平稳操作
			挤伤、砸伤	正确使用管钳、油嘴扳手、撬杠，平稳操作
		安装新油嘴	挤伤、砸伤	① 正确使用管钳、油嘴扳手、撬杠； ② 装油嘴、丝堵操作要平稳
4	恢复流程	倒生产流程	液体刺漏伤人	① 先开后关，正确倒流程； ② 侧身平稳操作
			丝杠弹出伤人	① 确认阀门完好、灵活好用； ② 侧身平稳操作

(5) 井口取油样操作，见表 3-5。

表 3-5　井口取油样操作的步骤、风险及其控制措施

序号	操作步骤		风　险	控制措施
	操作项	操作关键点		
1	取　样	打开取样阀门	中　毒	① 确认伴生气中无有毒有害气体； ② 操作人员站在上风口取样； ③ 对含有毒有害气体的油井进行取样，戴好防护用具

续表 3-5

序号	操作步骤		风险	控制措施
	操作项	操作关键点		
1	取样	打开取样阀门	液体刺漏伤人	① 平稳打开取样阀门； ② 侧身操作阀门； ③ 取样桶对准取样弯头出口； ④ 取样弯头出口要在取样桶内的油面以上
		关闭取样阀门	中毒	操作人员站在上风口关闭取样阀门

（6）单井拉油操作，见表 3-6。

表 3-6 单井拉油操作的步骤、风险及其控制措施

序号	操作步骤		风险	控制措施
	操作项	操作关键点		
1	装车前检查	证件检查	火灾或交通事故	行驶证、驾驶证、危化品道路运输证、从业资格证、押运员证齐全
		加热炉检查	气体中毒	① 提前 30 min 关加热炉火； ② 操作人员站在上风口
2	装车	装车	气体中毒	操作人员站在上风口
			火灾或爆炸	① 车辆熄火后装车； ② 车辆必须连接防静电设施； ③ 车辆进入井场必须安装防火帽； ④ 罐车或储罐附近严禁动火或吸烟； ⑤ 罐车或储罐周围严禁接打手机
			环境污染	缓慢打开放油阀门，平稳操作
			坠落伤人	上下罐车、储罐要抓稳踏牢
3	原油运送	车辆离开储罐	人身伤害	确认车辆移动方向无人
		运输	交通事故	原油运送过程中，车辆要严格遵守交通法规
			原油外溅	路况不好时车辆要平稳慢行
4	卸油	车辆倒入卸油台	人身伤害	① 确认车辆倒行方向无人； ② 车辆停稳后要打好掩木

续表 3-6

序号	操作步骤		风 险	控制措施
	操作项	操作关键点		
4	卸 油	卸 油	火灾或爆炸	① 车辆进站前要安装防火帽； ② 必须连接防静电设施； ③ 站内严禁动火或吸烟； ④ 站内严禁接打手机； ⑤ 操作人员站在上风口
			原油外溅	平稳开、关卸油阀门

二、计量站

(1) 单井量油、测气操作，见表 3-7。

表 3-7 单井量油、测气操作的步骤、风险及其控制措施

序号	操作步骤		风 险	控制措施
	操作项	操作关键点		
1	检查流程	进入计量站	紧急情况无法撤离	① 确保应急通道畅通； ② 房门采取栓系、销栓等开启固定措施
		检查流程	中 毒	① 进站前确认站内无有毒有害气体； ② 进行有毒有害气体检测； ③ 佩戴空气呼吸器等防护设施； ④ 打开门窗通风换气
			磕伤、碰伤	① 戴好安全帽； ② 站在合适的位置，避免磕碰
2	检查分离器	检查分离器流程	阀门丝杆弹出伤人	① 选择正确站位，避免磕碰； ② 侧身平稳操作
3	倒流程	倒计量流程	液体刺漏伤人	① 核实井号，先开后关； ② 确认管线无腐蚀、无损伤，阀门密封垫圈完好
			丝杠弹出伤人	① 确认阀门完好、灵活好用； ② 侧身开、关阀门，平稳操作

续表 3-7

序号	操作步骤		风　险	控制措施
	操作项	操作关键点		
4	量　油	开、关阀门	玻璃管爆裂伤人	① 量油过程操作人员不得擅离岗位； ② 完成一次计量过程要及时倒流程； ③ 计量时注意观察分离器的压力变化，严防憋压造成玻璃管爆裂伤人
5	测　气	开、关阀门	液体刺漏伤人	① 完成一次计量过程要及时倒流程； ② 侧身操作
			阀门丝杆弹出伤人	① 确认阀门完好、灵活好用； ② 侧身开、关阀门，平稳操作

（2）更换计量站阀门操作（以上流阀门为例），见表 3-8。

表 3-8　更换计量站阀门操作（以上流阀门为例）的步骤、风险及其控制措施

序号	操作步骤		风　险	控制措施
	操作项	操作关键点		
1	检查流程	检查计量站流程	紧急情况无法撤离	① 确保应急通道畅通； ② 房门采取栓系、销栓等开启固定措施
			中　毒	① 进站前确认站内无有毒有害气体； ② 进行有毒有害气体检测； ③ 佩戴空气呼吸器等防护设施； ④ 打开门窗通风换气
			磕伤、碰伤	戴好安全帽
2	关　井	关井口流程	液体刺漏伤人	① 核实井号，先开后关； ② 确认管线无腐蚀穿孔、阀门密封垫圈完好
			丝杠弹出伤人	① 确认阀门完好、灵活好用； ② 侧身开、关阀门，平稳操作
3	倒流程	放　空	液体刺漏伤人	① 核实井号，先开后关； ② 确认管线无腐蚀穿孔、阀门密封垫圈完好

续表 3-8

序号	操作步骤		风　险	控制措施
	操作项	操作关键点		
3	倒流程	放　空	丝杠弹出伤人	① 确认阀门完好、灵活好用； ② 侧身平稳操作
4	更换阀门	拆、装阀门	液体刺漏伤人	① 确认彻底放空； ② 卸松螺丝后，撬动法兰进行二次卸压
			磕伤、碰伤	① 戴好安全帽； ② 正确使用活动扳手
			砸　伤	① 正确选择站位，注意磕碰； ② 操作人员协调一致，平稳操作
5	试　压	倒流程	液体刺漏伤人	① 核实井号，先开后关； ② 确认管线无腐蚀穿孔、阀门密封垫圈完好
			丝杠弹出伤人	① 确认阀门完好、灵活好用； ② 侧身平稳操作
6	开　井	开、关阀门	液体刺漏伤人	① 核实井号，先开后关； ② 确认管线无腐蚀穿孔、阀门密封垫圈完好
			丝杠弹出伤人	① 确认阀门完好、灵活好用； ② 侧身平稳操作

(3) 更换计量站闸板阀密封填料操作(以下流阀门为例)，见表 3-9。

表 3-9　更换计量站闸板阀密封填料操作(以下流阀门为例)的步骤、风险及其控制措施

序号	操作步骤		风　险	控制措施
	操作项	操作关键点		
1	检查流程	检查计量站流程	紧急情况无法撤离	① 确保应急通道畅通； ② 房门采取栓系、销栓等开启固定措施

续表 3-9

序号	操作步骤		风　险	控制措施
	操作项	操作关键点		
1	检查流程	检查计量站流程	中　毒	① 进站前确认站内无有毒有害气体； ② 进行有毒有害气体检测； ③ 佩戴空气呼吸器等防护设施； ④ 打开门窗通风换气
			磕伤、碰伤	戴好安全帽
2	倒流程	倒计量流程	液体刺漏伤人	① 核实井号，先开后关； ② 确认管线无腐蚀穿孔、阀门密封填料完好
			丝杠弹出伤人	① 确认阀门完好、灵活好用； ② 侧身平稳操作
3	更换填料	取旧填料	液体刺漏伤人	① 确认压力放尽； ② 侧身平稳操作
			磕伤、碰伤	正确使用活动扳手、起子，平稳操作
		安装新填料	磕伤、碰伤	正确使用活动扳手、起子，平稳操作
4	试　压	开、关阀门	液体刺漏伤人	① 核实井号，先开后关； ② 确认管线无腐蚀穿孔、阀门密封填料完好
			丝杠弹出伤人	① 确认阀门完好、灵活好用； ② 侧身平稳操作

(4) 冲洗计量分离器操作，见表 3-10。

表 3-10　冲洗计量分离器操作的步骤、风险及其控制措施

序号	操作步骤		风　险	控制措施
	操作项	操作关键点		
1	检查流程	检查计量流程	紧急情况无法撤离	① 确保应急通道畅通； ② 房门采取栓系、销栓等开启固定措施

续表 3-10

序号	操作步骤		风　险	控制措施
	操作项	操作关键点		
1	检查流程	检查计量流程	中　毒	① 进站前确认站内无有毒有害气体； ② 进行有毒有害气体检测； ③ 佩戴空气呼吸器等防护设施； ④ 打开门窗通风换气
			磕伤、碰伤	戴好安全帽
2	冲洗分离器	倒冲洗分离器流程	液体刺漏伤人	① 核实井号，先开后关； ② 确认管线无腐蚀穿孔、阀门密封垫圈完好
			丝杠弹出伤人	① 确认阀门完好、灵活好用； ② 侧身平稳操作
3	恢复原流程	开、关阀门	液体刺漏伤人	① 核实井号，先开后关； ② 确认管线无腐蚀穿孔、阀门密封垫圈完好
			丝杠弹出伤人	① 确认阀门完好、灵活好用； ② 侧身平稳操作

(5) 更换计量分离器量油玻璃管(板)操作，见表 3-11。

表 3-11　更换计量分离器量油玻璃管(板)操作的步骤、风险及其控制措施

序号	操作步骤		风　险	控制措施
	操作项	操作关键点		
1	检查流程	检查计量流程	紧急情况无法撤离	① 确保应急通道畅通； ② 房门采取栓系、销栓等开启固定措施
			中　毒	① 进站前确认站内无有毒有害气体； ② 进行有毒有害气体检测； ③ 佩戴空气呼吸器等防护设施； ④ 打开门窗通风换气

续表 3-11

序号	操作步骤		风　险	控制措施
	操作项	操作关键点		
1	检查流程	检查计量流程	磕伤、碰伤	① 戴好安全帽； ② 站在合适的位置
2	放　空	打开放空阀门	液体刺漏伤人	① 侧身平稳操作； ② 确认管线无腐蚀穿孔、阀门密封垫圈完好
			丝杠弹出伤人	① 确认阀门完好、灵活好用； ② 侧身平稳操作
3	更换玻璃管（板）	卸旧玻璃管（板）	液体刺漏伤人	确认压力放尽
			磕伤、碰伤	正确使用活动扳手，平稳操作
			扎　伤	平稳操作
		装新玻璃管（板）	扎　伤	正确使用锉刀，平稳操作
			磕伤、碰伤	站在合适位置，平稳操作
4	试　压	恢复原流程	液体刺漏伤人	① 核实井号，先开后关； ② 确认管线无腐蚀穿孔、阀门密封填料完好
			丝杠弹出伤人	① 确认阀门完好、灵活好用； ② 侧身平稳操作

三、加热炉

(1) 加热炉启炉操作(以水套式加热炉为例)，见表 3-12。

表 3-12　加热炉启炉操作(以水套式加热炉为例)的步骤、风险及其控制措施

序号	操作步骤		风　险	控制措施
	操作项	操作关键点		
1	点火前检查	检查加热炉	磕伤、碰伤	戴好安全帽
2	点　火	加热炉点火	爆　炸	① 点火前预先通风，排尽炉膛内的可燃气； ② 严格遵守“先点火，后开气”的原则

续表 3-12

序号	操作步骤		风　险	控制措施
	操作项	操作关键点		
2	点　火	加热炉点火	烧　伤	站在上风口侧身点火
3	调　温	调整炉火	烧　伤	站在上风口侧身调整炉火
4	投运后检查	巡回检查	烧　伤	站在上风口侧身检查炉火

(2) 加热炉停炉操作(以水套式加热炉为例),见表 3-13。

表 3-13　加热炉停炉操作(以水套式加热炉为例)的步骤、风险及其控制措施

序号	操作步骤		风　险	控制措施
	操作项	操作关键点		
1	检　查	检查加热炉	磕伤、碰伤	戴好安全帽
2	停　炉	关　火	回火烧伤	站在上风口侧身关闭供气阀门

(3) 加热炉巡回检查操作,见表 3-14。

表 3-14　加热炉巡回检查操作的步骤、风险及其控制措施

序号	操作步骤		风　险	控制措施
	操作项	操作关键点		
1	检查加热炉	巡回检查	磕伤、碰伤	戴好安全帽
2	调　温	调整炉火	回火烧伤	站在上风口侧身调整炉火
3	检查水位	观察液位计	烫　伤	站在合适的位置,避免玻璃管爆裂烫伤

(4) 水套加热炉加水操作,见表 3-15。

表 3-15　水套加热炉加水操作的步骤、风险及其控制措施

序号	操作步骤		风　险	控制措施
	操作项	操作关键点		
1	加水前检查	检查加热炉	烧　伤	站在上风口侧身检查炉火
		观察液位计	烫　伤	站在合适的位置,避免玻璃管爆裂烫伤
2	补　水	加　水	摔　伤	登高要抓牢踏实
3	调　温	调整炉火	烧　伤	站在上风口侧身调整炉火

第二节　机械采油

一、有杆泵采油

1. 游梁式抽油机有杆泵采油

(1) 更换游梁式抽油机毛辫子操作，见表 3-16。

表 3-16　更换游梁式抽油机毛辫子操作的步骤、风险及其控制措施

序号	操作步骤		风　险	控制措施
	操作项	操作关键点		
1	停　抽	打开控制柜门	触　电	① 戴好绝缘手套； ② 必须用验电器确认控制柜外壳无电
		停　抽	电弧灼伤	侧身按停止按钮
		拉刹车	机械伤害	① 拉刹车时要站稳踏实； ② 刹车要一次到位
2	断　电	先断开控制柜开关，再断开控制柜上一级开关	触　电	① 戴好绝缘手套； ② 用验电器确认控制柜上一级开关外壳无电
			电弧灼伤	侧身拉闸断电
3	刹　车	检查刹车	机械伤害	① 确认安全后再进入曲柄旋转区域； ② 在控制柜上一级开关处悬挂“禁止合闸，有人工作”的标志牌；在刹车处悬挂“有人操作，禁止松刹车”的标志牌
4	卸负荷	安装卸载卡子	机械伤害	① 井口操作严禁直接用手抓光杆、毛辫子； ② 不得戴手套使用手锤； ③ 砸方卡子时要采取正确的遮挡方法保护脸部； ④ 正确使用活动扳手，平稳操作
		松刹车	人身伤害	① 确认抽油机周围无人； ② 松刹车要平稳，先点松、再松到底
			设备损坏	① 确认抽油机周围无障碍物； ② 松刹车要平稳，先点松、再松到底

续表 3-16

<table>
<tr><th rowspan="2">序号</th><th colspan="2">操作步骤</th><th rowspan="2">风 险</th><th rowspan="2">控制措施</th></tr>
<tr><th>操作项</th><th>操作关键点</th></tr>
<tr><td rowspan="12">4</td><td rowspan="12">卸负荷</td><td rowspan="2">合控制柜上一级开关</td><td>触 电</td><td>① 戴好绝缘手套；
② 用验电器确认控制柜上一级开关外壳无电</td></tr>
<tr><td>电弧灼伤</td><td>侧身合闸送电</td></tr>
<tr><td rowspan="4">启动抽油机</td><td>触 电</td><td>① 戴好绝缘手套；
② 用验电器确认控制柜外壳无电</td></tr>
<tr><td>电弧灼伤</td><td>侧身合空气开关及按启动按钮</td></tr>
<tr><td>机械伤害</td><td>① 长发盘入安全帽内；
② 劳动保护用品要穿戴整齐</td></tr>
<tr><td>设备损坏</td><td>① 确认刹车松开后，启动抽油机；
② 利用惯性二次启动抽油机</td></tr>
<tr><td rowspan="2">停 抽</td><td>触 电</td><td>① 戴好绝缘手套；
② 用验电器确认控制柜外壳无电</td></tr>
<tr><td>电弧灼伤</td><td>侧身按停止按钮</td></tr>
<tr><td>拉刹车</td><td>机械伤害</td><td>① 拉刹车时要站稳踏实；
② 刹车要一次到位，刹车锁块锁定在行程的 1/2～2/3 处</td></tr>
<tr><td rowspan="2">先断开控制柜开关，再断开上一级开关</td><td>触 电</td><td>① 戴好绝缘手套；
② 用验电器确认控制柜上一级开关外壳无电</td></tr>
<tr><td>电弧灼伤</td><td>侧身拉闸断电</td></tr>
<tr><td>5</td><td>刹 车</td><td>检查刹车</td><td>机械伤害</td><td>① 确认安全后再进入曲柄旋转区域；
② 在控制柜上一级开关处悬挂“禁止合闸，有人工作”的标志牌；在刹车处悬挂“有人操作，禁止松刹车”的标志牌</td></tr>
<tr><td>6</td><td>更换毛辫子</td><td>更换毛辫子</td><td>高空坠落</td><td>① 高处作业人员要正确佩戴及使用安全带；
② 高处作业人员要站稳踏实，平稳操作</td></tr>
</table>

续表 3-16

<table>
<tr><th rowspan="2">序号</th><th colspan="2">操作步骤</th><th rowspan="2">风　险</th><th rowspan="2">控制措施</th></tr>
<tr><th>操作项</th><th>操作关键点</th></tr>
<tr><td rowspan="2">6</td><td rowspan="2">更换毛辫子</td><td>更换毛辫子</td><td>物体打击</td><td>① 高处作业时工具类、物品类需系好保险绳或放置平稳；
② 高处作业时严禁地面人员进入井口危险区域；
③ 地面配合人员必须戴好安全帽</td></tr>
<tr><td>拆除卸载卡子</td><td>机械伤害</td><td>① 井口操作严禁直接用手抓光杆、毛辫子；
② 不得戴手套使用手锤；
③ 砸方卡子时要采取正确的遮挡方法保护脸部；
④ 正确使用活动扳手，平稳操作</td></tr>
<tr><td rowspan="8">7</td><td rowspan="8">开　抽</td><td rowspan="2">松刹车</td><td>人身伤害</td><td>① 确认抽油机周围无人；
② 松刹车要平稳，边松边观察</td></tr>
<tr><td>设备损坏</td><td>① 确认抽油机周围无障碍物；
② 松刹车要平稳，边松边观察</td></tr>
<tr><td rowspan="2">合控制柜上一级开关</td><td>触　电</td><td>① 戴好绝缘手套；
② 用验电器确认控制柜上一级开关外壳无电</td></tr>
<tr><td>电弧灼伤</td><td>侧身合闸送电</td></tr>
<tr><td rowspan="4">启动抽油机</td><td>触　电</td><td>① 戴好绝缘手套；
② 用验电器确认控制柜外壳无电</td></tr>
<tr><td>电弧灼伤</td><td>侧身合空气开关及按启动按钮</td></tr>
<tr><td>机械伤害</td><td>① 长发盘入安全帽；
② 劳动保护用品穿戴整齐</td></tr>
<tr><td>设备损坏</td><td>① 确认刹车松开后，启动抽油机；
② 利用惯性二次启动抽油机</td></tr>
<tr><td>8</td><td>开抽后检查</td><td>检查井口流程</td><td>磕伤、碰伤</td><td>① 正确使用管钳，平稳操作；
② 井口检查时防止悬绳器磕碰</td></tr>
</table>

续表 3-16

序号	操作步骤		风　险	控制措施
	操作项	操作关键点		
8	开抽后检查	检查毛辫子	人身伤害	① 与驴头垂直位置应保持一定的间距； ② 发现故障必须先停机后操作
		检查抽油机运转情况	人身伤害	① 开抽后严禁进入旋转区域； ② 检查时必须站在防护栏外的安全区域； ③ 发现故障必须先停机后操作

(2) 调整游梁式抽油机曲柄平衡操作，见表 3-17。

表 3-17　调整游梁式抽油机曲柄平衡操作的步骤、风险及其控制措施

序号	操作步骤		风　险	控制措施
	操作项	操作关键点		
1	测电流	打开控制柜门	触　电	① 戴好绝缘手套； ② 测电流前必须用验电器确认控制柜外壳无电
		钳形电流表测电流	仪表损坏	① 正确选择仪表规格、挡位； ② 正确使用钳形电流表，平稳操作
2	停　抽	打开控制柜门	触　电	① 戴好绝缘手套； ② 必须用验电器确认控制柜外壳无电
		停　抽	电弧灼伤	侧身按停止按钮
		拉刹车	机械伤害	① 拉刹车时要站稳踏实； ② 刹车要一次到位，刹车锁块锁定在行程的 1/2～2/3 之间
3	断　电	先断开控制柜开关，后断开上一级开关	触　电	① 戴好绝缘手套； ② 用验电器确认控制柜上一级开关外壳无电
			电弧灼伤	侧身拉闸断电
4	刹　车	检查刹车	机械伤害	① 确认安全后再进入曲柄旋转区域； ② 在控制柜上一级开关处悬挂“禁止合闸，有人工作”的标志牌；在刹车处悬挂“有人操作，禁止松刹车”的标志牌

续表 3-17

序号	操作步骤		风　险	控制措施
	操作项	操作关键点		
5	调平衡	移动平衡块	高空坠落	① 高处作业人员应正确佩戴及使用安全带； ② 高处作业人员应踩稳踏实，平稳操作
			物体打击	① 高处作业时工具类、物品类需系好保险绳或放置平稳； ② 高处作业时严禁地面人员进入井口危险区域； ③ 地面配合人员戴好安全帽； ④ 停抽时，曲柄倾角应小于 5°； ⑤ 不得戴手套使用大锤； ⑥ 移动平衡块时确认前方无人； ⑦ 平稳移动平衡块； ⑧ 平衡块的两个固定螺栓不能卸掉
6	开　抽	松刹车	人身伤害	① 确认抽油机周围无人； ② 松刹车要平稳，边松边观察
			设备损坏	① 确认抽油机周围无障碍物； ② 松刹车要平稳，边松边观察
		合控制柜上一级开关	触　电	① 戴好绝缘手套； ② 用验电器确认控制柜上一级开关外壳无电
			电弧灼伤	侧身合闸送电
		启动抽油机	触　电	① 戴好绝缘手套； ② 用验电器确认控制柜外壳无电
			电弧灼伤	侧身合空气开关及按启动按钮
			机械伤害	① 长发盘入安全帽内； ② 劳动保护用品要穿戴整齐； ③ 确认平衡块紧固到位
			设备损坏	① 确认刹车松开后，启动抽油机； ② 利用惯性二次启动抽油机； ③ 确认平衡块紧固到位

续表 3-17

序号	操作步骤		风　险	控制措施
	操作项	操作关键点		
7	开抽后检查	测电流	触　电	① 戴好绝缘手套； ② 测电流前必须用验电器确认控制柜外壳无电
			仪表损坏	① 正确选择仪表规格、挡位； ② 正确使用钳形电流表，平稳操作
		检查井口流程	磕伤、碰伤	① 正确使用管钳，平稳操作； ② 井口检查时防止悬绳器磕碰
		检查抽油机运转情况	人身伤害	① 开抽后严禁进入旋转区域； ② 检查时必须站在防护栏外的安全区域； ③ 发现故障必须先停机后操作

(3) 调整游梁式抽油机冲次操作，见表 3-18。

表 3-18　调整游梁式抽油机冲次操作的步骤、风险及其控制措施

序号	操作步骤		风　险	控制措施
	操作项	操作关键点		
1	停　抽	打开控制柜门	触　电	① 戴好绝缘手套； ② 用验电器确认控制柜外壳无电
		停　抽	电弧灼伤	侧身按停止按钮
		拉刹车	机械伤害	① 拉刹车时要站稳踏实； ② 刹车要一次到位，刹车锁块锁定在行程的 1/2～2/3 之间
2	断　电	先断开控制柜开关，再断开上一级开关	触　电	① 戴好绝缘手套； ② 用验电器确认控制柜上一级开关外壳无电
			电弧灼伤	侧身拉闸断电
3	刹　车	检查刹车	机械伤害	① 确认安全后进入曲柄旋转区域； ② 在控制柜上一级开关处悬挂“禁止合闸，有人工作”的标志牌；在刹车处悬挂“有人操作，禁止松刹车”的标志牌

续表 3-18

序号	操作步骤		风　险	控制措施
	操作项	操作关键点		
4	更换皮带轮	卸原皮带轮	人身伤害	① 正确使用活动扳手、撬杠，平稳操作； ② 跨越抽油机底座要踩稳踏实； ③ 使用拔轮器应协调配合，平稳操作，拔轮器应安装牢固； ④ 徒手压着皮带进行拆卸； ⑤ 拔轮时站位与轮及拔轮器正下方保持一定间距； ⑥ 配合者双手不得脱离皮带轮
		装新皮带轮	人身伤害	① 不得戴手套使用大锤； ② 装皮带轮时应协调配合，平稳操作
5	开　抽	松刹车	人身伤害	① 确认抽油机周围无人； ② 松刹车要平稳，边松边观察
			设备损坏	① 确认抽油机周围无障碍物； ② 松刹车要平稳，边松边观察
		合控制柜上一级开关	触　电	① 戴好绝缘手套； ② 用验电器确认控制柜上一级开关外壳无电
			电弧灼伤	侧身合闸送电
		启动抽油机	触　电	① 戴好绝缘手套； ② 用验电器确认控制柜外壳无电
			电弧灼伤	侧身合空气开关及按启动按钮
			机械伤害	① 长发盘入安全帽； ② 劳动保护用品穿戴整齐
			设备损坏	① 确认刹车松开后，启动抽油机； ② 利用惯性二次启动抽油机
6	开抽后检查	测电流	触　电	① 戴好绝缘手套； ② 用验电器确认控制柜外壳无电
			仪表损坏	① 正确选择仪表规格、挡位； ② 正确使用钳形电流表，平稳操作

续表 3-18

序号	操作步骤		风　险	控制措施
	操作项	操作关键点		
6	开抽后检查	检查井口流程	磕伤、碰伤	① 正确使用管钳,平稳操作; ② 井口检查时防止悬绳器磕碰
		检查抽油机运转情况	人身伤害	① 开抽后严禁进入旋转区域; ② 检查时必须站在防护栏外的安全区域; ③ 发现故障必须先停机后操作

(4) 调整游梁式抽油机冲程操作,见表 3-19。

表 3-19　调整游梁式抽油机冲程操作的步骤、风险及其控制措施

序号	操作步骤		风　险	控制措施
	操作项	操作关键点		
1	停　抽	打开控制柜门	触　电	① 戴好绝缘手套; ② 必须用验电器确认控制柜外壳无电
		停　抽	电弧灼伤	侧身按停止按钮
		拉刹车	机械伤害	① 拉刹车时要站稳踏实; ② 刹车要一次到位,刹车锁块锁定在行程的 1/2～2/3 之间
2	断　电	先断开控制柜开关,再断开上一级开关、门	触　电	① 戴好绝缘手套; ② 用验电器确认控制柜上一级开关外壳无电
			电弧灼伤	侧身拉闸断电
3	刹　车	检查刹车	机械伤害	① 确认安全后进入曲柄旋转区域; ② 在控制柜上一级开关处悬挂“禁止合闸,有人工作”的标志牌;在刹车处悬挂“有人操作,禁止松刹车”的标志牌
4	卸负荷	安装卸载卡子	机械伤害	① 井口操作严禁直接用手抓光杆、毛辫子; ② 不得戴手套使用手锤; ③ 砸方卡子时要采取正确的遮挡方法保护脸部; ④ 正确使用活动扳手,平稳操作

续表 3-19

序号	操作步骤		风 险	控制措施
	操作项	操作关键点		
4	卸负荷	松刹车	人身伤害	① 确认抽油机周围无人； ② 松刹车要平稳，先点松、再松到底
			设备损坏	① 确认抽油机周围无障碍物； ② 松刹车要平稳，先点松、再松到底
		合控制柜上一级开关	触 电	① 戴好绝缘手套； ② 用验电器确认控制柜上一级开关外壳无电
			电弧灼伤	侧身合闸送电
		启动抽油机	触 电	① 戴好绝缘手套； ② 用验电器确认控制柜外壳无电
			电弧灼伤	侧身合空气开关及按启动按钮
			机械伤害	① 长发盘入安全帽； ② 劳动保护用品穿戴整齐
			设备损坏	① 确认刹车松开后，启动抽油机； ② 利用惯性二次启动抽油机
		停 抽	触 电	① 戴好绝缘手套； ② 用验电器确认控制柜外壳无电
			电弧灼伤	侧身按停止按钮及拉空气开关
		拉刹车	机械伤害	① 刹车时要站稳踏实； ② 刹车要一次到位，刹车锁块锁定在行程的 1/2～2/3 之间
		先断开控制柜开关，再断开上一级开关	触 电	① 戴好绝缘手套； ② 用验电器确认控制柜上一级开关外壳无电
			电弧灼伤	侧身拉闸断电
5	刹 车	检查刹车	机械伤害	① 确认安全后再进入曲柄旋转区域； ② 在控制柜上一级开关处悬挂“禁止合闸，有人工作”的标志牌；在刹车处悬挂“有人操作，禁止松刹车”的标志牌

续表 3-19

序号	操作步骤		风　险	控制措施
	操作项	操作关键点		
6	调整冲程	挂倒链	高空坠落	① 高处作业人员要正确佩戴及使用安全带； ② 高处作业人员要站稳踏实，平稳操作
			物体打击	① 高处作业时工具类、物品类需系保险绳或放置平稳； ② 高处作业时严禁地面人员进入井口危险区域； ③ 地面配合人员戴好安全帽
			人身伤害	① 正确使用倒链，操作要平稳； ② 操作中要注意相互协调配合
		卸曲柄销	砸伤、摔伤	① 用大锤退卸曲柄销时要协调配合，平稳操作； ② 用绳类工具拽曲柄销时要站稳； ③ 不得戴手套使用大锤
		装曲柄销	砸伤、挤伤	① 正确使用倒链； ② 推曲柄销时要协调配合
		摘倒链	高空坠落	① 高处作业人员应正确佩戴并系牢安全带； ② 高处作业人员应踩稳踏实，平稳操作
			物体打击	① 高处作业时工具类、物品类需系牢保险绳或放置平稳； ② 高处作业时严禁地面人员进入井口危险区域； ③ 地面配合人员戴好安全帽
			人身伤害	拆卸倒链应协调配合
7	调整防冲距	安装卸载卡子	机械伤害	① 井口操作严禁直接用手抓光杆、毛辫子； ② 不得戴手套使用手锤； ③ 砸方卡子时要采取正确的遮挡方法保护脸部； ④ 正确使用活动扳手，平稳操作

续表 3-19

序号	操作步骤		风　险	控制措施
	操作项	操作关键点		
7	调整防冲距	松刹车	人身伤害	① 确认抽油机周围无人； ② 松刹车要平稳，先点松、再松到底
			设备损坏	① 确认抽油机周围无障碍物； ② 松刹车要平稳，边松边观察
		合控制柜上一级开关	触　电	① 戴好绝缘手套； ② 用验电器确认控制柜上一级开关外壳无电
			电弧灼伤	侧身合闸送电
		启动抽油机	触　电	① 戴好绝缘手套； ② 用验电器确认控制柜外壳无电
			电弧灼伤	侧身合空气开关及按启动按钮
			机械伤害	① 长发盘入安全帽； ② 劳动保护用品穿戴整齐
			设备损坏	① 确认刹车松开后，启动抽油机； ② 利用惯性二次启动抽油机
		停　抽	触　电	① 戴好绝缘手套； ② 用验电器确认控制柜外壳无电
			电弧灼伤	侧身按停止按钮
		拉刹车	机械伤害	① 刹车时要站稳踏实； ② 刹车要一次到位，刹车锁块锁定在行程的 1/2～2/3 之间
		先断开控制柜开关，再断开上一级开关	触　电	① 戴好绝缘手套； ② 用验电器确认控制柜上一级开关外壳无电
			电弧灼伤	侧身拉闸断电
		检查刹车	机械伤害	① 确认安全后再进入曲柄旋转区域； ② 在控制柜上一级开关处悬挂“禁止合闸，有人工作”的标志牌；在刹车处悬挂“有人操作，禁止松刹车”的标志牌

续表 3-19

序号	操作步骤		风　险	控制措施
	操作项	操作关键点		
7	调整防冲距	移动悬绳器方卡子	机械伤害	① 井口操作严禁直接用手抓光杆、毛辫子； ② 不得戴手套使用手锤； ③ 砸方卡子时要采取正确的遮挡方法保护脸部； ④ 正确使用活动扳手，平稳操作
		拆除卸载卡子	机械伤害	① 井口操作严禁直接用手抓光杆、毛辫子； ② 不得戴手套使用手锤； ③ 砸方卡子时要采取正确的遮挡方法保护脸部； ④ 正确使用锉刀，平稳操作
8	开　抽	松刹车	人身伤害	① 确认抽油机周围无人； ② 松刹车要平稳，先点松、再松到底
			设备损坏	① 确认抽油机周围无障碍物； ② 松刹车要平稳，边松边观察
		合控制柜上一级开关	触　电	① 戴好绝缘手套； ② 用验电器确认控制柜上一级开关外壳无电
			电弧灼伤	侧身合闸送电
		启动抽油机	触　电	① 戴好绝缘手套； ② 用验电器确认控制柜外壳无电
			电弧灼伤	侧身合空气开关及按启动按钮
			机械伤害	① 长发盘入安全帽内； ② 劳动保护用品要穿戴整齐
			设备损坏	① 确认刹车松开后，启动抽油机； ② 利用惯性二次启动抽油机
9	开抽后检查	测电流	触　电	① 戴好绝缘手套； ② 用验电器确认控制柜外壳无电
			仪表损坏	① 正确选择仪表规格、挡位； ② 正确使用钳形电流表，平稳操作

续表 3-19

序号	操作步骤		风 险	控制措施
	操作项	操作关键点		
9	开抽后检查	检查井口流程	磕伤、碰伤	① 正确使用管钳，平稳操作； ② 井口检查时防止悬绳器磕碰
		检查抽油机运转情况	人身伤害	① 开抽后严禁进入旋转区域； ② 检查时必须站在防护栏外的安全区域； ③ 发现故障必须先停机后操作

(5) 抽油机井碰泵操作，见表 3-20。

表 3-20 抽油机井碰泵操作的步骤、风险及控制措施

序号	操作步骤		风 险	控制措施
	操作项	操作关键点		
1	停 抽	打开控制柜门	触 电	① 戴好绝缘手套； ② 必须用验电器确认控制柜外壳无电
		停 抽	电弧灼伤	侧身按停止按钮
		拉刹车	机械伤害	① 刹车时要站稳踏实； ② 刹车要一次到位，刹车锁块锁定在行程的 1/2～2/3 之间
2	断 电	先断开控制柜开关，再断开上一级开关	触 电	① 戴好绝缘手套； ② 用验电器确认控制柜上一级开关外壳无电
			电弧灼伤	侧身拉闸断电
3	刹 车	检查刹车	机械伤害	① 确认安全后进入曲柄旋转区域； ② 在控制柜上一级开关处悬挂“禁止合闸，有人工作”的标志牌；在刹车处悬挂“有人操作，禁止松刹车”的标志牌
4	卸负荷	安装卸载卡子	机械伤害	① 井口操作严禁直接用手抓光杆、毛辫子； ② 不得戴手套使用手锤； ③ 砸方卡子时要采取正确的遮挡方法保护脸部； ④ 正确使用活动扳手，平稳操作

续表 3-20

序号	操作步骤		风　险	控制措施
	操作项	操作关键点		
4	卸负荷	松刹车	人身伤害	① 确认抽油机周围无人； ② 松刹车要平稳，先点松、再松到底
			设备损坏	① 确认抽油机周围无障碍物； ② 松刹车要平稳，先点松、再松到底
		合控制柜上一级开关	触　电	① 戴好绝缘手套； ② 用验电器确认控制柜上一级开关外壳无电
			电弧灼伤	侧身合闸送电
		启动抽油机	触　电	① 戴好绝缘手套； ② 用验电器确认控制柜外壳无电
			电弧灼伤	侧身合空气开关及按启动按钮
			机械伤害	① 长发盘入安全帽内； ② 劳动保护用品要穿戴整齐
			设备损坏	① 确认刹车松开后，启动抽油机； ② 利用惯性二次启动抽油机
		停　抽	触　电	① 戴好绝缘手套； ② 用验电器确认控制柜外壳无电
			电弧灼伤	侧身按停止按钮及拉空气开关
		拉刹车	机械伤害	① 刹车时要站稳踏实； ② 刹车要一次到位，刹车锁块锁定在行程的 1/2～2/3 之间
		先断开控制柜开关，再断开上一级开关	触　电	① 戴好绝缘手套； ② 用验电器确认控制柜上一级开关外壳无电
			电弧灼伤	侧身拉闸断电
5	刹　车	检查刹车	机械伤害	① 严禁进入曲柄旋转区域； ② 在控制柜上一级开关处悬挂“禁止合闸，有人工作”的标志牌；在刹车处悬挂“有人操作，禁止松刹车”的标志牌

续表 3-20

序号	操作步骤		风险	控制措施
	操作项	操作关键点		
6	下放抽油杆柱	移动悬绳器方卡子	机械伤害	① 井口操作严禁直接用手抓光杆、毛辫子； ② 不得戴手套使用手锤； ③ 砸方卡子时要采取正确的遮挡方法保护脸部； ④ 正确使用活动扳手，平稳操作
		拆除卸载卡子	人身伤害	① 井口操作严禁直接用手抓光杆、毛辫子； ② 不得戴手套使用手锤； ③ 砸方卡子时要采取正确的遮挡方法保护脸部； ④ 正确使用锉刀，平稳操作
7	碰　泵	松刹车	人身伤害	① 确认抽油机周围无人； ② 松刹车要平稳，先点松、再松到底
			设备损坏	① 确认抽油机周围无障碍物； ② 松刹车要平稳，边松边观察
		合控制柜上一级开关	触　电	① 戴好绝缘手套； ② 用验电器确认控制柜上一级开关外壳无电
			电弧灼伤	侧身合闸送电
		启动抽油机	触　电	① 戴好绝缘手套； ② 用验电器确认控制柜外壳无电
			电弧灼伤	侧身合空气开关及按启动按钮
			机械伤害	① 长发盘入安全帽； ② 劳动保护用品穿戴整齐
			设备损坏	① 确认刹车松开后，启动抽油机； ② 利用惯性二次启动抽油机
		碰　泵	设备损坏	按规定次数碰泵
8	卸负荷	停　抽	触　电	① 戴好绝缘手套； ② 用验电器确认控制柜外壳无电
			电弧灼伤	侧身按停止按钮

续表 3-20

序号	操作步骤		风　险	控制措施
	操作项	操作关键点		
8	卸负荷	拉刹车	机械伤害	① 刹车时要站稳踏实； ② 刹车要一次到位，刹车锁块锁定在行程的 1/2～2/3 之间
		先断开控制柜开关，再断开上一级开关	触　电	① 戴好绝缘手套； ② 用验电器确认控制柜上一级开关外壳无电
			电弧灼伤	侧身拉闸断电
		检查刹车	机械伤害	① 确认安全后进入曲柄旋转区域； ② 在控制柜上一级开关处悬挂“禁止合闸，有人工作”的标志牌；在刹车处悬挂“有人操作，禁止松刹车”的标志牌
		安装卸载卡子	机械伤害	① 井口操作严禁直接用手抓光杆、毛辫子； ② 不得戴手套使用手锤； ③ 砸方卡子时要采取正确的遮挡方法保护脸部； ④ 正确使用活动扳手，平稳操作
		松刹车	人身伤害	① 确认抽油机周围无人； ② 松刹车要平稳，先点松、再松到底
			设备损坏	① 确认抽油机周围无障碍物； ② 松刹车要平稳，先点松、再松到底
		合控制柜上一级开关	触　电	① 戴好绝缘手套； ② 用验电器确认控制柜上一级开关外壳无电
			电弧灼伤	侧身合闸送电
		启动抽油机	触　电	① 戴好绝缘手套； ② 用验电器确认控制柜外壳无电
			电弧灼伤	侧身合空气开关及按启动按钮
			机械伤害	① 长发盘入安全帽； ② 劳动保护用品穿戴整齐
			设备损坏	① 确认刹车松开后，启动抽油机； ② 利用惯性二次启动抽油机

续表 3-20

序号	操作步骤		风　险	控制措施
	操作项	操作关键点		
8	卸负荷	停　抽	触　电	① 戴好绝缘手套； ② 停抽前用验电器确认控制柜外壳无电
			电弧灼伤	侧身按停止按钮
		拉刹车	机械伤害	① 刹车时要站稳踏实； ② 刹车要一次到位，刹车锁块锁定在行程的 1/2～2/3 之间
		先断开控制柜开关，再断开上一级开关	触　电	① 戴好绝缘手套； ② 用验电器确认控制柜上一级开关外壳无电
			电弧灼伤	侧身拉闸断电
9	刹　车	检查刹车	机械伤害	① 确认安全后进入曲柄旋转区域； ② 在控制柜上一级开关处悬挂“禁止合闸，有人工作”的标志牌；在刹车处悬挂“有人操作，禁止松刹车”的标志牌
10	恢复防冲距	移动悬绳器方卡子	机械伤害	① 井口操作严禁直接用手抓光杆、毛辫子； ② 不得戴手套使用手锤； ③ 砸方卡子时要采取正确的遮挡方法保护脸部； ④ 正确使用活动扳手，平稳操作
		拆除卸载卡子	机械伤害	① 井口操作严禁直接用手抓光杆、毛辫子； ② 不得戴手套使用手锤； ③ 砸方卡子时要采取正确的遮挡方法保护脸部； ④ 正确使用锉刀，平稳操作
11	开　抽	松刹车	人身伤害	① 确认抽油机周围无人； ② 松刹车要平稳，先点松、再松到底
			设备损坏	① 确认抽油机周围无障碍物； ② 松刹车要平稳，先点松、再松到底
		合控制柜上一级开关	触　电	① 戴好绝缘手套； ② 用验电器确认控制柜上一级开关外壳无电
			电弧灼伤	侧身合闸送电

续表 3-20

序号	操作步骤		风　险	控制措施
	操作项	操作关键点		
11	开　抽	启动抽油机	触　电	① 戴好绝缘手套； ② 用验电器确认控制柜外壳无电
			电弧灼伤	侧身合空气开关及按启动按钮
			机械伤害	① 长发盘入安全帽； ② 劳动保护用品穿戴整齐
			设备损坏	① 确认刹车松开后，启动抽油机； ② 利用惯性二次启动抽油机
12	开抽后检查	测电流	触　电	① 戴好绝缘手套； ② 用验电器确认控制柜外壳无电
			仪表损坏	① 正确选择仪表规格、挡位； ② 正确使用钳形电流表，平稳操作
		检查井口流程	磕伤、碰伤	① 正确使用管钳，平稳操作； ② 井口检查时防止悬绳器磕碰
		检查抽油机运转情况	人身伤害	① 开抽后严禁进入旋转区域； ② 检查时必须站在防护栏外的安全区域； ③ 发现故障必须先停机后操作

(6) 更换抽油机电机传动皮带操作，见表 3-21。

表 3-21　更换抽油机电机皮带操作的步骤、风险及其控制措施

序号	操作步骤		风　险	控制措施
	操作项	操作关键点		
1	停　抽	打开控制柜门	触　电	① 戴好绝缘手套； ② 必须用验电器确认控制柜外壳无电
		停　抽	电弧灼伤	侧身按停止按钮
		拉刹车	机械伤害	① 刹车时要站稳踏实； ② 刹车要一次到位，刹车锁块锁定在行程的 1/2～2/3 之间

续表 3-21

序号	操作步骤		风　险	控制措施
	操作项	操作关键点		
2	断　电	先断开控制柜开关，再断开上一级开关	触　电	① 戴好绝缘手套； ② 用验电器确认控制柜上一级开关外壳无电
			电弧灼伤	侧身拉闸断电
3	刹　车	检查刹车	机械伤害	① 确认安全后进入曲柄旋转区域； ② 在控制柜上一级开关处悬挂“禁止合闸，有人工作”的标志牌；在刹车处悬挂“有人操作，禁止松刹车”的标志牌
4	移电机	卸顶丝及固定螺丝	磕伤、碰伤	① 正确使用小撬杠、活动扳手，平稳操作； ② 跨越抽油机底座时避免踏空、磕碰； ③ 戴好安全帽
		前移电机	磕伤、碰伤	① 正确使用撬杠，平稳操作； ② 移动电机注意移动前方是否有人
			设备损坏	撬杠支点不要选在易损部位
		后移电机	磕伤、碰伤	① 正确使用撬杠，平稳操作； ② 移动电机注意移动前方是否有人 ③ 检查皮带松紧时不得直接用手抓皮带
			设备损坏	撬杠支点不要选在易损部位
		紧顶丝及固定螺丝	磕伤、碰伤	① 正确使用小撬杠、活动扳手，平稳操作； ② 跨越抽油机底座时应防止踏空、磕碰
5	更换皮带	摘旧皮带、装新皮带	挤　伤	① 不得戴手套盘皮带； ② 不得手抓皮带盘皮带； ③ 不得手抓皮带试皮带松紧
6	开　抽	松刹车	人身伤害	① 确认抽油机周围无人； ② 松刹车要平稳，先点松、再松到底
			设备损坏	① 确认抽油机周围无障碍物； ② 松刹车要平稳，先点松、再松到底
		合控制柜上一级开关	触　电	① 戴好绝缘手套； ② 用验电器确认控制柜上一级开关外壳无电
			电弧灼伤	侧身合闸送电

续表 3-21

序号	操作步骤		风　险	控制措施
	操作项	操作关键点		
6	开　抽	启动抽油机	触　电	① 戴好绝缘手套； ② 用验电器确认控制柜外壳无电
			电弧灼伤	侧身合空气开关及按启动按钮
			机械伤害	① 长发盘入安全帽； ② 劳动保护用品穿戴整齐
			设备损坏	① 确认刹车松开后，启动抽油机； ② 利用惯性二次启动抽油机
7	开抽后检查	检查井口流程	磕伤、碰伤	① 正确使用管钳，平稳操作； ② 井口检查时防止悬绳器磕碰
		检查抽油机运转情况	人身伤害	① 开抽后严禁进入旋转区域； ② 检查时必须站在防护栏外的安全区域； ③ 发现故障必须先停机后操作

(7) 更换抽油机井光杆密封圈操作，见表 3-22。

表 3-22　更换抽油机井光杆密封圈操作的步骤、风险及其控制措施

序号	操作步骤		风　险	控制措施
	操作项	操作关键点		
1	停　抽	打开控制柜门	触　电	① 戴好绝缘手套； ② 必须用验电器确认控制柜外壳无电
		停　抽	电弧灼伤	侧身按停止按钮
		拉刹车	机械伤害	① 刹车时要站稳踏实； ② 刹车要一次到位，刹车锁块锁定在行程的 1/2～2/3 之间
2	断　电	先断开控制柜开关，再断开上一级开关	触　电	① 戴好绝缘手套； ② 用验电器确认控制柜上一级开关外壳无电
			电弧灼伤	侧身拉闸断电

续表 3-22

序号	操作步骤		风　险	控制措施
	操作项	操作关键点		
3	刹　车	检查刹车	人身伤害	① 确认安全后再进入曲柄旋转区域； ② 在控制柜上一级开关处悬挂“禁止合闸，有人工作”的标志牌；在刹车处悬挂“有人操作，禁止松刹车”的标志牌
4	更换密封圈	取旧密封圈	井液刺出伤人	① 确认胶皮阀门关严； ② 操作胶皮阀门，调整光杆居中； ③ 卸松盘根盒压盖后，晃动放尽余压
			砸伤、碰伤	① 确认专用固定器紧固牢靠； ② 专用固定器紧固位置应高于头部； ③ 正确使用管钳、活动扳手、起子，平稳操作
		锯密封圈	钢锯伤手	正确使用钢锯，平稳操作
		加新密封圈	碰　伤	正确使用管钳、活动扳手、起子，平稳操作
			井液刺出伤人	试压时避开井液可能刺出方向
5	开　抽	松刹车	人身伤害	① 确认抽油机周围无人； ② 松刹车要平稳，先点松、再松到底
			设备损坏	① 确认抽油机周围无障碍物； ② 松刹车要平稳，先点松、再松到底
		合控制柜上一级开关	触　电	① 戴好绝缘手套； ② 用验电器确认控制柜上一级开关外壳无电
			电弧灼伤	侧身合闸送电
		启动抽油机	触　电	① 戴好绝缘手套； ② 用验电器确认控制柜外壳无电
			电弧灼伤	侧身合空气开关及按启动按钮
			机械伤害	① 长发盘入安全帽； ② 劳动保护用品穿戴整齐
			设备损坏	① 确认刹车松开后，启动抽油机； ② 利用惯性二次启动抽油机

续表 3-22

序号	操作步骤		风　险	控制措施
	操作项	操作关键点		
6	开抽后检查	检查井口流程	磕伤、碰伤	① 正确使用管钳，平稳操作； ② 井口检查时要防止悬绳器磕碰
		检查抽油机运转情况	人身伤害	① 开抽后严禁进入旋转区域； ② 检查时必须站在防护栏外的安全区域； ③ 发现故障必须先停机后操作

（8）游梁式抽油机井开井操作，见表 3-23。

表 3-23　游梁式抽油机井开井操作的步骤、风险及其控制措施

序号	操作步骤		风　险	控制措施
	操作项	操作关键点		
1	开井前检查	井口流程	挂伤、碰伤	① 正确使用管钳、活动扳手，平稳操作； ② 检查时要防止悬绳器磕碰； ③ 按要求穿戴好劳动保护用品
		电气设备	触　电	① 戴好绝缘手套； ② 用验电器确认电缆及用电设备不漏电； ③ 确保电气设备接地线良好
		传动部位	挤　伤	① 盘皮带不得戴手套； ② 不得手抓皮带盘皮带； ③ 不得手抓皮带试松紧
		刹　车	人身伤害	① 刹车时要站稳踏实； ② 确认安全后进入曲柄旋转区域； ③ 在控制柜上一级开关处悬挂“禁止合闸，有人工作”的标志牌；在刹车处悬挂“有人操作，禁止松刹车”的标志牌
2	倒流程	倒计量站生产流程	中　毒	① 进站前确认站内无有毒有害气体； ② 进行有毒有害气体检测； ③ 佩戴空气呼吸器等防护设施； ④ 打开门窗通风换气

续表 3-23

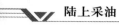

序号	操作步骤		风　险	控制措施
	操作项	操作关键点		
2	倒流程	倒计量站生产流程	紧急情况无法撤离	① 确保应急通道畅通； ② 房门采取栓系、销栓等固定措施
			液体刺漏伤人	① 核实井号，正确倒流程，先开后关； ② 选好站位，平稳操作； ③ 确认管线无腐蚀穿孔、阀门密封填料完好
			丝杠弹出伤人	① 确认丝杠与闸板连接处完好； ② 侧身平稳操作
		倒井口生产流程	液体刺漏伤人	① 正确倒流程，先开后关； ② 选好站位，平稳操作； ③ 确认管线无腐蚀穿孔、阀门密封垫圈完好
			丝杠弹出伤人	① 确认丝杠与闸板连接处完好； ② 侧身平稳操作
3	开　抽	松刹车	人身伤害	① 确认抽油机周围无人； ② 松刹车要平稳，先点松、再松到底
			设备损坏	① 确认抽油机周围无障碍物； ② 松刹车要平稳，先点松、再松到底
		合控制柜上一级开关	触　电	① 戴好绝缘手套； ② 用验电器确认控制柜上一级开关外壳无电
			电弧灼伤	侧身合闸送电
		启动抽油机	触　电	① 戴好绝缘手套； ② 用验电器确认控制柜外壳无电
			电弧灼伤	侧身合空气开关及按启动按钮
			机械伤害	① 长发盘入安全帽； ② 劳动保护用品穿戴整齐
			设备损坏	① 确认刹车松开后，启动抽油机； ② 利用惯性二次启动抽油机

续表 3-23

序号	操作步骤		风险	控制措施
	操作项	操作关键点		
4	开抽后检查	测电流	触电	① 戴好绝缘手套； ② 测电流前必须用验电器确认控制柜外壳无电
			仪表损坏	① 正确选择仪表规格、挡位； ② 正确使用钳形电流表，平稳操作
		检查井口流程	磕伤、碰伤	① 正确使用管钳，平稳操作； ② 井口检查时防止悬绳器磕碰
		检查抽油机运转情况	人身伤害	① 开抽后严禁进入旋转区域； ② 检查时必须站在防护栏外的安全区域； ③ 发现故障必须先停机后操作

(9) 更换井口回压阀门操作，见表 3-24。

表 3-24 更换井口回压阀门操作的步骤、风险及其控制措施

序号	操作步骤		风险	控制措施
	操作项	操作关键点		
1	停抽	打开控制柜门	触电	① 戴好绝缘手套； ② 必须用验电器确认控制柜外壳无电
		停抽	电弧灼伤	侧身按停止按钮
		拉刹车	机械伤害	① 刹车时要站稳踏实； ② 刹车要一次到位，刹车锁块锁定在行程的 1/2～2/3 之间
2	断电	先断开控制柜开关，再断开上一级开关	触电	① 戴好绝缘手套； ② 用验电器确认控制柜上一级开关外壳无电
		拉闸断电	电弧灼伤	侧身拉闸断电
3	刹车	检查刹车	人身伤害	① 确认安全后再进入曲柄旋转区域； ② 在控制柜上一级开关处悬挂“禁止合闸，有人工作”的标志牌；在刹车处悬挂“有人操作，禁止松刹车”的标志牌

续表 3-24

序号	操作步骤		风 险	控制措施
	操作项	操作关键点		
4	倒流程	倒井口停井流程	液体刺漏伤人	① 正确倒流程，先开后关； ② 选好站位，平稳操作； ③ 确认管线无腐蚀穿孔、阀门密封垫圈完好
			丝杠弹出伤人	① 确认丝杠与闸板连接处完好； ② 侧身平稳操作
		倒计量站放空流程	中 毒	① 进站前确认站内无有毒有害气体； ② 进行有毒有害气体检测； ③ 佩戴空气呼吸器等防护用品； ④ 打开门窗通风换气
			紧急情况无法撤离	① 确保应急通道畅通； ② 房门采取栓系、销栓等固定措施
			高压液体刺漏伤人	① 核实井号，正确倒流程，先开后关； ② 选好站位，平稳操作； ③ 确认管线无腐蚀穿孔、阀门密封填料完好
			丝杠弹出伤人	① 确认丝杠与闸板连接处完好； ② 侧身平稳操作
5	更换回压阀门	卸、装回压阀门	液体刺漏伤人	① 卸阀门前确认生产阀门关严； ② 确认放空后卸阀门； ③ 卸松固定螺丝后，侧身撬动法兰二次泄压
			磕伤、碰伤	① 戴好安全帽； ② 正确使用活动扳手、撬杠，平稳操作

续表 3-24

序号	操作步骤		风　险	控制措施
	操作项	操作关键点		
6	试　压	倒计量站流程	液体刺漏伤人	① 核实井号,正确倒流程,先开后关; ② 选好站位,平稳操作; ③ 确认管线无腐蚀穿孔、阀门密封填料完好
			丝杠弹出伤人	① 确认丝杠与闸板连接处完好; ② 侧身平稳操作
		倒井口流程	液体刺漏伤人	① 微开回压阀门试压时,避开井液可能刺出部位; ② 正确倒流程,先开后关; ③ 选好站位,平稳操作; ④ 确认管线无腐蚀穿孔、阀门密封垫圈完好
			丝杠弹出伤人	① 确认丝杠与闸板连接处完好; ② 侧身平稳操作
7	开　抽	松刹车	人身伤害	① 确认抽油机周围无人; ② 松刹车要平稳,先点松、再松到底
			设备损坏	① 确认抽油机周围无障碍物; ② 松刹车要平稳,先点松、再松到底
		合控制柜上一级开关	触　电	① 戴好绝缘手套; ② 用验电器确认控制柜上一级开关外壳无电
			电弧灼伤	侧身合闸送电
		启动抽油机	触　电	① 戴好绝缘手套; ② 用验电器确认控制柜外壳无电
			电弧灼伤	侧身合空气开关及按启动按钮
			机械伤害	① 长发盘入安全帽内; ② 劳动保护用品要穿戴整齐
			设备损坏	① 确认刹车松开后,启动抽油机; ② 利用惯性二次启动抽油机

续表 3-24

序号	操作步骤		风　险	控制措施
	操作项	操作关键点		
8	开抽后检查	检查井口流程	磕伤、碰伤	① 正确使用管钳、活动扳手，平稳操作； ② 井口检查时防止悬绳器磕碰
		检查抽油机运转情况	人身伤害	① 开抽后严禁进入旋转区域； ② 检查时必须站在防护栏外的安全区域； ③ 发现故障必须先停机后操作

(10) 油井液面测试操作，见表 3-25。

表 3-25　油井液面测试操作的步骤、风险及其控制措施

序号	操作步骤		风　险	控制措施
	操作项	操作关键点		
1	放　空	开、关套管阀门	丝杠弹出伤人	① 丝杠与闸板连接处损坏； ② 侧身平稳操作
			气体刺伤	开关阀门避开压力方向，侧身平稳操作
			中　毒	站在上风口操作
2	连接仪器	装井口连接器	机械伤害	① 正确使用管钳、钩头扳手，平稳操作； ② 确认撞针缩回； ③ 确认安全销锁定； ④ 确认井口连接器放空阀关闭
3	测液面	击　发	仪器飞出伤人	① 确认井口连接器上紧； ② 击发前，确认套管阀门打开； ③ 侧身平稳操作
		操作记录仪	仪器损坏	① 平稳放置仪器； ② 正确操作仪器
4	拆除仪器	卸井口连接器	人身伤害	① 正确使用管钳、钩头扳手，平稳操作； ② 卸井口连接器前，确认套管闸门关闭； ③ 卸井口连接器前，确认井口连接器放空

(11) 抽油机井示功图测试操作，见表 3-26。

表 3-26　抽油机井示功图测试操作的步骤、风险及其控制措施

序号	操作步骤		风　险	控制措施
	操作项	操作关键点		
1	停　抽	打开控制柜门	触　电	① 戴好绝缘手套； ② 用验电器确认控制柜外壳无电
		停　抽	电弧灼伤	侧身按停止按钮
		拉刹车	机械伤害	① 刹车时要站稳踏实； ② 刹车要一次到位，刹车锁块锁定在行程的 1/2～2/3 之间
2	断　电	先断开控制柜开关，再断开上一级开关	触　电	① 戴好绝缘手套； ② 用验电器确认控制柜上一级开关外壳无电
			电弧灼伤	侧身拉闸断电
3	刹　车	检查刹车	机械伤害	① 确认安全后再进入曲柄旋转区域； ② 在控制柜上一级开关处悬挂“禁止合闸，有人工作”的标志牌；在刹车处悬挂“有人操作，禁止松刹车”的标志牌
4	测示功图	安装传感器	人身伤害	① 抽油机停稳后安装传感器； ② 上、下井口要站稳； ③ 戴好安全帽
			仪器损坏	仪器要安装牢固
		松刹车	人身伤害	① 确认抽油机周围无人； ② 松刹车要平稳，先点松、再松到底
			设备损坏	① 确认抽油机周围无障碍物； ② 松刹车要平稳，先点松、再松到底
		合控制柜上一级开关	触　电	① 戴好绝缘手套； ② 用验电器确认控制柜上一级开关外壳无电
			电弧灼伤	侧身合闸送电
		启动抽油机	触　电	① 戴好绝缘手套； ② 用验电器确认控制柜外壳无电
			电弧灼伤	侧身合空气开关及按启动按钮

续表 3-26

序号	操作步骤		风　险	控制措施
	操作项	操作关键点		
4	测示功图	启动抽油机	机械伤害	① 长发盘入安全帽； ② 劳动保护用品穿戴整齐
			设备损坏	① 确认刹车松开后，启动抽油机； ② 利用惯性二次启动抽油机
5	停　抽	打开控制柜门	触　电	① 戴好绝缘手套； ② 必须用验电器确认控制柜外壳无电
		停　抽	电弧灼伤	侧身按停止按钮
		拉刹车	机械伤害	① 刹车时要站稳踏实； ② 刹车要一次到位，刹车锁块锁定在行程的1/2～2/3之间
6	断　电	先断开控制柜开关，再断开上一级开关	触　电	① 戴好绝缘手套； ② 用验电器确认控制柜上一级开关外壳无电
			电弧灼伤	侧身拉闸断电
7	刹　车	检查刹车	机械伤害	① 确认安全后再进入曲柄旋转区域； ② 在控制柜上一级开关处悬挂“禁止合闸，有人工作”的标志牌；在刹车处悬挂“有人操作，禁止松刹车”的标志牌
8	取传感器	井口操作	人身伤害	① 抽油机停稳后再取传感器； ② 上、下井口要站稳； ③ 戴好安全帽
			仪器损坏	取传感器要抓牢
9	开　抽	松刹车	人身伤害	① 确认抽油机周围无人； ② 松刹车要平稳，先点松、再松到底
			设备损坏	① 确认抽油机周围无障碍物； ② 松刹车要平稳，先点松、再松到底
		合控制柜上一级开关	触　电	① 戴好绝缘手套； ② 用验电器确认控制柜上一级开关外壳无电
			电弧灼伤	侧身合闸送电

续表 3-26

序号	操作步骤		风险	控制措施
	操作项	操作关键点		
9	开抽	启动抽油机	触电	① 戴好绝缘手套; ② 用验电器确认控制柜外壳无电
			电弧灼伤	侧身合空气开关及按启动按钮
			机械伤害	① 长发盘入安全帽; ② 劳动保护用品穿戴整齐
			设备损坏	① 确认刹车松开后,启动抽油机; ② 利用惯性二次启动抽油机
10	开抽后检查	检查井口流程	磕伤、碰伤	① 正确使用管钳,平稳操作; ② 井口检查时注意悬绳器运行位置
		检查抽油机运转情况	人身伤害	① 开抽后严禁进入旋转区域; ② 检查时必须站在防护栏外的安全区域; ③ 发现故障必须先停机后操作

(12) 油井管线焊补堵漏操作,见表 3-27。

表 3-27 油井管线焊补堵漏操作的步骤、风险及其控制措施

序号	操作步骤		风险	控制措施
	操作项	操作关键点		
1	停抽	打开控制柜门	触电	① 戴好绝缘手套; ② 必须用验电器确认控制柜外壳无电
		停抽	电弧灼伤	侧身按停止按钮
		拉刹车	机械伤害	① 刹车时要站稳踏实; ② 刹车要一次到位,刹车锁块锁定在行程的 1/2～2/3 之间
2	断电	先断开控制柜开关,再断开上一级开关	触电	① 戴好绝缘手套; ② 用验电器确认控制柜上一级开关外壳无电
			电弧灼伤	侧身拉闸断电

续表 3-27

序号	操作步骤		风　险	控制措施
	操作项	操作关键点		
3	刹　车	检查刹车	机械伤害	① 确认安全后再进入曲柄旋转区域； ② 在控制柜上一级开关处悬挂“禁止合闸，有人工作”的标志牌；在刹车处悬挂“有人操作，禁止松刹车”的标志牌
4	倒流程、放空	倒井口生产流程	液体刺漏伤人	① 正确倒流程，先开后关，平稳操作； ② 确认管线无腐蚀穿孔、阀门密封垫圈完好
			丝杠弹出伤人	① 确认丝杠与闸板连接处完好； ② 侧身平稳操作
		倒计量站生产流程	中　毒	① 进站前确认站内无有毒有害气体； ② 进行有毒有害气体检测； ③ 佩戴空气呼吸器等防护用品； ④ 打开门窗通风换气
			紧急情况无法撤离	① 确保应急通道畅通； ② 房门采取栓系、销栓等固定措施
			液体刺漏伤人	① 核实井号，正确倒流程，先开后关； ② 选好站位，平稳操作； ③ 确认管线无腐蚀穿孔、阀门密封填料完好
			丝杠弹出伤人	① 确认丝杠与闸板连接处完好； ② 侧身平稳操作
		接管线放空	液体刺漏伤人	① 放空管线连接牢固； ② 确认管线无腐蚀、无损伤； ③ 放尽压力
5	清理管线穿孔处	挖操作坑	淹溺、烫伤	确认流程沿线无不明水坑，避开情况不明区域
			中　毒	确认坑内没有聚集有毒有害气体，若存在有毒有害气体，需采取防护措施

续表 3-27

序号	操作步骤		风　险	控制措施
	操作项	操作关键点		
6	补　焊	作业车就位	车辆伤害	确认作业车移动方向无人
		焊穿孔	发生火灾	清理干净作业坑周围的可燃物及坑内的油污
			中　毒	确认坑内没有聚集有毒有害气体，若存在有毒有害气体，需采取防护措施
			带压操作	确认余压放尽
			电弧灼伤	戴好专用防护用具
		作业车驶离	车辆伤害	确认作业车移动方向无人
7	倒流程、试压	倒计量站流程	中　毒	① 进站前确认站内无有毒有害气体； ② 进行有毒有害气体检测； ③ 佩戴空气呼吸器等防护用品； ④ 打开门窗通风换气
			紧急情况无法撤离	① 确保应急通道畅通； ② 房门采取栓系、销栓等固定措施
			液体刺漏伤人	① 正确倒流程，先开后关，平稳操作； ② 确认管线无腐蚀穿孔、阀门密封填料完好
			丝杠弹出伤人	① 确认丝杠与闸板连接处完好； ② 侧身平稳操作
		倒井口流程	液体刺漏伤人	① 正确倒流程，先开后关，平稳操作； ② 确认管线无腐蚀穿孔、阀门密封垫圈完好
			丝杠弹出伤人	① 确认丝杠与闸板连接处完好； ② 侧身平稳操作
8	开　抽	松刹车	人身伤害	① 确认抽油机周围无人； ② 松刹车要平稳，先点松、再松到底
			设备损坏	① 确认抽油机周围无障碍物； ② 松刹车要平稳，先点松、再松到底

续表 3-27

序号	操作步骤		风险	控制措施
	操作项	操作关键点		
8	开抽	合控制柜上一级开关	触电	① 戴好绝缘手套； ② 用验电器确认控制柜上一级开关外壳无电
			电弧灼伤	侧身合闸送电
		启动抽油机	触电	① 戴好绝缘手套； ② 用验电器确认控制柜外壳无电
			电弧灼伤	侧身合空气开关及按启动按钮
			机械伤害	① 长发盘入安全帽内； ② 劳动保护用品要穿戴整齐
			设备损坏	① 确认刹车松开后，启动抽油机； ② 利用惯性二次启动抽油机
9	开抽后检查	检查井口流程	磕伤、碰伤	① 正确使用管钳，平稳操作； ② 井口检查时防止悬绳器磕碰
		检查抽油机运转情况	人身伤害	① 开抽后严禁进入旋转区域； ② 检查时必须站在防护栏外的安全区域； ③ 发现故障必须先停机后操作

(13) 油井地面管线扫线操作，见表 3-28。

表 3-28　油井地面管线扫线操作的步骤、风险及其控制措施

序号	操作步骤		风险	控制措施
	操作项	操作关键点		
1	停抽	打开控制柜门	触电	① 戴好绝缘手套； ② 必须用验电器确认控制柜外壳无电
		停抽	电弧灼伤	侧身按停止按钮

续表 3-28

序号	操作步骤		风　险	控制措施
	操作项	操作关键点		
1	停　抽	拉刹车	机械伤害	① 刹车时要站稳踏实； ② 刹车要一次到位，刹车锁块锁定在行程的 1/2～2/3 之间
2	断　电	先断开控制柜开关，再断开上一级开关	触　电	① 戴好绝缘手套； ② 用验电器确认控制柜上一级开关外壳无电
			电弧灼伤	侧身拉闸断电
3	刹　车	检查刹车	机械伤害	① 确认安全后再进入曲柄旋转区域； ② 在控制柜上一级开关处悬挂“禁止合闸，有人工作”的标志牌；在刹车处悬挂“有人操作，禁止松刹车”的标志牌
4	连接扫线流程	压风机车就位	车辆伤害	确认压风机车移动方向无人
		连接扫线流程	砸　伤	① 正确使用工具，平稳操作； ② 配合协调一致，平稳操作
5	倒扫线流程	倒计量站流程	液体刺漏伤人	① 正确倒流程，先开后关，平稳操作； ② 确认管线无腐蚀穿孔、阀门密封垫圈完好
			丝杠弹出伤人	① 确认丝杠与闸板连接处完好； ② 侧身平稳操作
		倒井口流程	液体刺漏伤人	① 正确倒流程，先开后关，平稳操作； ② 确认管线无腐蚀穿孔、阀门密封垫圈完好
			丝杠弹出伤人	① 确认丝杠与闸板连接处完好； ② 侧身平稳操作
6	扫　线	启动压风机	液体刺漏伤人	① 确认压风机管线无破损； ② 确认压风机管线两端固定； ③ 将扫油井流程倒进干线

续表 3-28

序号	操作步骤		风　险	控制措施
	操作项	操作关键点		
6	扫　线	启动压风机	人身伤害	① 确认压风机及扫线流程危险区域无人； ② 确认压风机管线两端固定
		扫　线	人身伤害	① 严禁扫线过程有人进入危险区域； ② 确保扫线压力平稳
		倒计量站放空流程	中　毒	① 进站前确认站内无有毒有害气体； ② 进行有毒有害气体检测； ③ 佩戴空气呼吸器等防护用品； ④ 打开门窗通风换气
			紧急情况无法撤离	① 确保应急通道畅通； ② 房门采取栓系、销栓等固定措施
			液体刺漏伤人	① 正确倒流程，先开后关，平稳操作； ② 确认管线无腐蚀穿孔、阀门密封填料完好
			丝杠弹出伤人	① 确认丝杠与闸板连接处完好； ② 侧身平稳操作
		停止压风机	管线未扫净	① 扫线压力应高于生产回压； ② 确认下流阀门关严
7	拆除扫线流程	倒井口生产流程	液体刺漏伤人	① 正确倒流程，先开后关，平稳操作； ② 确认管线无腐蚀穿孔、阀门密封垫圈完好
			丝杠弹出伤人	① 确认丝杠与闸板连接处完好； ② 侧身平稳操作
		拆除扫线流程	砸　伤	① 正确使用工具，平稳操作； ② 配合协调一致，平稳操作
			气体刺伤	① 确认彻底泄压后拆除扫线流程； ② 确认取样阀门关严
		压风机车驶离井场	车辆伤害	确认压风机车移动方向无人

(14) 井口憋压操作,见表 3-29。

表 3-29 井口憋压操作的步骤、风险及其控制措施

序号	操作步骤		风险	控制措施
	操作项	操作关键点		
1	憋压	倒井口生产流程	高压刺漏伤人	① 正确倒流程,先开后关,平稳操作; ② 确认管线无腐蚀穿孔、阀门密封垫圈完好
			丝杠弹出伤人	① 确认丝杠与闸板连接处完好; ② 侧身平稳操作
2	停抽	打开控制柜门	触电	① 戴好绝缘手套; ② 用验电器确认控制柜外壳无电
		停抽	电弧灼伤	侧身按停止按钮
		拉刹车	机械伤害	① 刹车时站稳踏实; ② 刹车要一次到位,刹车锁块锁定在行程的 1/2～2/3 之间
3	断电	先断开控制柜开关,再断开上一级开关	触电	① 戴好绝缘手套; ② 用验电器确认控制柜上一级开关外壳无电
			电弧灼伤	侧身拉闸断电
4	刹车	检查刹车	机械伤害	① 确认安全后再进入曲柄旋转区域; ② 在控制柜上一级开关处悬挂“禁止合闸,有人工作”的标志牌;在刹车处悬挂“有人操作,禁止松刹车”的标志牌
5	稳压	倒井口生产流程	液体刺漏伤人	① 正确倒流程,先开后关,平稳操作; ② 确认管线无腐蚀穿孔、阀门密封垫圈完好
			丝杠弹出伤人	① 确认丝杠与闸板连接处完好; ② 侧身平稳操作
6	开抽	松刹车	人身伤害	① 确认抽油机周围无人; ② 松刹车要平稳,先点松、再松到底
			设备损坏	① 确认抽油机周围无障碍物; ② 松刹车要平稳,先点松、再松到底

续表 3-29

序号	操作步骤		风　险	控制措施
	操作项	操作关键点		
6	开　抽	合控制柜上一级开关	触　电	① 戴好绝缘手套； ② 用验电器确认控制柜上一级开关外壳无电
			电弧灼伤	侧身合闸送电
		启动抽油机	触　电	① 戴好绝缘手套； ② 用验电器确认控制柜外壳无电
			电弧灼伤	侧身合空气开关及按启动按钮
			机械伤害	① 长发盘入安全帽； ② 劳动保护用品穿戴整齐
			设备损坏	① 确认刹车松开后，启动抽油机； ② 利用惯性二次启动抽油机
7	开抽后检查	检查井口流程	磕伤、碰伤	① 正确使用管钳，平稳操作； ② 井口检查时防止悬绳器磕碰
		检查抽油机运转情况	人身伤害	① 开抽后严禁进入旋转区域； ② 检查时必须站在防护栏外的安全区域； ③ 发现故障必须先停机后操作

(15) 抽油机井热洗操作，见表 3-30。

表 3-30　抽油机井热洗操作的步骤、风险及其控制措施

序号	操作步骤		风　险	控制措施
	操作项	操作关键点		
1	测电流	测电流	触　电	① 戴好绝缘手套； ② 用验电器确认控制柜外壳无电
			仪表损坏	① 选择合适规格、挡位的钳形电流表； ② 正确使用仪表
2	放套管气	开套管阀门	气体刺伤	① 正确倒流程，先开后关，平稳操作； ② 确认管线无腐蚀穿孔、阀门密封垫圈完好
			丝杠弹出伤人	① 确认丝杠与闸板连接处完好； ② 侧身平稳操作

续表 3-30

序号	操作步骤		风　险	控制措施
	操作项	操作关键点		
3	热　洗	热洗车就位	车辆伤害	确认热洗车行进方向无人
		连接热洗管线	砸　伤	① 正确使用工具,平稳操作; ② 配合协调一致,平稳操作
		启泵热洗	液体刺漏伤人	① 热洗管线连接牢靠; ② 确认管线无腐蚀、无损伤
		倒井口生产流程	液体刺漏伤人	① 正确倒流程,先开后关,平稳操作; ② 确认管线无腐蚀穿孔、阀门密封垫圈完好
			丝杠弹出伤人	① 确认丝杠与闸板连接处完好; ② 侧身平稳操作
		拆除热洗管线	液体刺漏伤人	① 确认套管阀门关严; ② 确认泄压彻底
			碰伤、砸伤	① 正确使用工具,平稳操作; ② 配合协调一致,平稳操作
		热洗车驶离	车辆伤害	确认热洗车行进方向无人
4	测电流	测电流	触　电	① 戴好绝缘手套; ② 用验电器确认控制柜外壳无电
			仪表损坏	① 选择合适规格、挡位的钳形电流表; ② 正确使用仪表

(16) 调整游梁式抽油机驴头对中操作,见表 3-31。

表 3-31　调整游梁式抽油机驴头对中操作的步骤、风险及其控制措施

序号	操作步骤		风　险	控制措施
	操作项	操作关键点		
1	停　抽	打开控制柜门	触　电	① 戴好绝缘手套; ② 必须用验电器确认控制柜外壳无电

续表 3-31

序号	操作步骤		风　险	控制措施
	操作项	操作关键点		
1	停　抽	停　抽	电弧灼伤	侧身按停止按钮
		拉刹车	机械伤害	① 拉刹车时要站稳； ② 刹车要一次到位，刹车锁块锁定在行程的 1/2～2/3 之间
2	断　电	先断开控制柜开关，再断开上一级开关	触　电	① 戴好绝缘手套； ② 用验电器确认控制柜上一级开关外壳无电
			电弧灼伤	侧身拉闸断电
3	刹　车	检查刹车	机械伤害	① 确认安全后再进入曲柄旋转区域； ② 在控制柜一上级开关处悬挂“禁止合闸，有人工作”的标志牌；在刹车处悬挂“有人操作，禁止松刹车”的标志牌
4	卸负荷	安装卸载卡子	人身伤害	① 井口操作严禁直接用手抓光杆、毛辫子； ② 不得戴手套使用手锤； ③ 砸方卡子时要采取正确的遮挡方法保护脸部； ④ 正确使用工具，平稳操作
		松刹车	人身伤害	① 确认抽油机周围无人； ② 松刹车要平稳，先点松、再松到底
			设备损坏	① 确认抽油机周围无障碍物； ② 松刹车要平稳，先点松、再松到底
		合控制柜上一级开关	触　电	① 戴好绝缘手套； ② 用验电器确认控制柜上一级开关外壳无电
			电弧灼伤	侧身合闸送电
		启动抽油机	触　电	① 戴好绝缘手套； ② 用验电器确认控制柜外壳无电
			电弧灼伤	侧身合空气开关及按启动按钮
			机械伤害	① 长发盘入安全帽内； ② 劳动保护用品要穿戴整齐
			设备损坏	① 确认刹车松开后，启动抽油机； ② 利用惯性二次启动抽油机

续表 3-31

序号	操作步骤		风险	控制措施
	操作项	操作关键点		
4	卸负荷	停抽	触电	① 戴好绝缘手套； ② 用验电器确认控制柜外壳无电
			电弧灼伤	侧身按停止按钮
		拉刹车	机械伤害	① 拉刹车时要站稳； ② 刹车要一次到位，刹车锁块锁定在行程的 1/2～2/3 之间
		先断开控制柜开关，再断开上一级开关	触电	① 戴好绝缘手套； ② 用验电器确认控制柜上一级开关外壳无电
			电弧灼伤	侧身拉闸断电
		检查刹车	机械伤害	① 确认安全后再进入曲柄旋转区域； ② 在控制柜上一级开关处悬挂“禁止合闸，有人工作”的标志牌；在刹车处悬挂“有人操作，禁止松刹车”的标志牌
5	拆除悬绳器	拆除悬绳器方卡子	人身伤害	① 井口操作严禁直接用手抓光杆、毛辫子； ② 不得戴手套使用手锤； ③ 砸方卡子时要采取正确的遮挡方法保护脸部； ④ 正确使用工具，平稳操作
6	驴头对中	调整中轴承总成顶丝	人身伤害	① 恶劣天气不得进行维修作业； ② 高空人员必须系好安全带； ③ 工具、物品要系好保险绳； ④ 平稳操作； ⑤ 高空作业时，严禁地面人员进入危险区域
7	安装悬绳器	松刹车	人身伤害	① 确认抽油机周围无人； ② 松刹车要平稳，先点松、再松到底
			设备损坏	① 确认抽油机周围无障碍物； ② 松刹车要平稳，先点松、再松到底

续表 3-31

序号	操作步骤		风　险	控制措施
	操作项	操作关键点		
7	安装悬绳器	合控制柜上一级开关	触　电	① 戴好绝缘手套； ② 用验电器确认控制柜上一级开关外壳无电
			电弧灼伤	侧身合闸送电
		启动抽油机	触　电	① 戴好绝缘手套； ② 用验电器确认控制柜外壳无电
			电弧灼伤	侧身合空气开关及按启动按钮
			机械伤害	① 长发盘入安全帽； ② 劳动保护用品穿戴整齐
			设备损坏	① 确认刹车松开后，启动抽油机； ② 利用惯性二次启动抽油机
		停　抽	触　电	① 戴好绝缘手套； ② 用验电器确认控制柜外壳无电
			电弧灼伤	侧身按停止按钮
		拉刹车	机械伤害	① 刹车时要站稳踏实； ② 刹车要一次到位，刹车锁块锁定在行程的 1/2～2/3 之间
		先断开控制柜开关，再断开上一级开关	触　电	① 戴好绝缘手套； ② 用验电器确认控制柜上一级开关外壳无电
			电弧灼伤	侧身拉闸断电
		装悬绳器方卡子	人身伤害	① 井口操作严禁直接用手抓光杆、毛辫子； ② 不得戴手套使用手锤； ③ 砸方卡子时要采取正确的遮挡方法保护脸部； ④ 正确使用工具，平稳操作
8	拆除卸载卡子	点松刹车	人身伤害	① 确认抽油机周围无人； ② 点松刹车要平稳
			设备损坏	① 确认抽油机周围无障碍物； ② 点松刹车要平稳

续表 3-31

序号	操作步骤		风　险	控制措施
	操作项	操作关键点		
8	拆除卸载卡子	拆除卸载卡子	人身伤害	① 井口操作严禁直接用手抓光杆、毛辫子； ② 不得戴手套使用手锤； ③ 砸方卡子时要采取正确的遮挡方法保护脸部； ④ 正确使用工具，平稳操作
9	开　抽	合控制柜上一级开关	触　电	① 戴好绝缘手套； ② 用验电器确认控制柜上一级开关外壳无电
			电弧灼伤	侧身合闸送电
		启动抽油机	触　电	① 戴好绝缘手套； ② 用验电器确认控制柜外壳无电
			电弧灼伤	侧身合空气开关及按启动按钮
			机械伤害	① 长发盘入安全帽； ② 劳动保护用品穿戴整齐
			设备损坏	① 确认刹车松开后，启动抽油机； ② 利用惯性二次启动抽油机
10	开抽后检查	检查井口流程	磕伤、碰伤	① 正确使用管钳，平稳操作； ② 井口检查时防止悬绳器磕碰
		检查毛辫子	人身伤害	① 与驴头垂直位置应保持一定的间距； ② 发现故障必须先停机后操作
		检查抽油机运转情况	人身伤害	① 开抽后严禁进入旋转区域； ② 检查时必须站在防护栏外的安全区域； ③ 发现故障必须先停机后操作

（17）测量游梁式抽油机剪刀差操作，见表 3-32。

表 3-32　测量游梁式抽油机剪刀差操作的步骤、风险及其控制措施

序号	操作步骤		风　险	控制措施
	操作项	操作关键点		
1	停　抽	打开控制柜门	触　电	① 戴好绝缘手套； ② 必须用验电器确认控制柜外壳无电

续表 3-32

序号	操作步骤		风险	控制措施
	操作项	操作关键点		
1	停抽	停抽	电弧灼伤	侧身按停止按钮
		拉刹车	机械伤害	① 刹车时要站稳踏实； ② 刹车要一次到位，刹车锁块锁定在行程的 1/2～2/3 之间
2	断电	先断开控制柜开关，再断开上一级开关	触电	① 戴好绝缘手套； ② 用验电器确认控制柜上一级开关外壳无电
			电弧灼伤	侧身拉闸断电
3	刹车	检查刹车	机械伤害	① 确认安全后进入曲柄旋转区域； ② 在控制柜上一级开关处悬挂“禁止合闸，有人工作”的标志牌；在刹车处悬挂“有人操作，禁止松刹车”的标志牌
4	测量底座横向水平度	穿行抽油机	碰伤	① 戴好安全帽； ② 严禁不停抽穿行抽油机； ③ 停抽时刹车操作必须到位； ④ 进出抽油机要注意抽油机周围环境
5	测量剪刀差	攀爬抽油机	坠落	攀爬抽油机要抓稳踏牢
6	开抽	松刹车	人身伤害	① 确认抽油机周围无人； ② 松刹车要平稳，先点松、再松到底
			设备损坏	① 确认抽油机周围无障碍物； ② 松刹车要平稳，先点松、再松到底
		合控制柜上一级开关	触电	① 戴好绝缘手套； ② 用验电器确认控制柜上一级开关外壳无电
			电弧灼伤	侧身合闸送电
		启动抽油机	触电	① 戴好绝缘手套； ② 用验电器确认控制柜外壳无电
			电弧灼伤	侧身合空气开关及按启动按钮
			机械伤害	① 长发盘入安全帽； ② 劳动保护用品穿戴整齐

续表 3-32

序号	操作步骤		风　险	控制措施
	操作项	操作关键点		
6	开　抽	启动抽油机	设备损坏	① 确认刹车松开后，启动抽油机； ② 利用惯性二次启动抽油机
7	开抽后检查	检查井口流程	磕伤、碰伤	① 正确使用管钳，平稳操作； ② 井口检查时防止悬绳器磕碰
		检查抽油机运转情况	人身伤害	① 开抽后严禁进入旋转区域； ② 检查时必须站在防护栏外的安全区域； ③ 发现故障必须先停机后操作

(18) 抽油机一级保养操作，见表 3-33。

表 3-33　抽油机一级保养操作的步骤、风险及其控制措施

序号	操作步骤		风　险	控制措施
	操作项	操作关键点		
1	停　抽	打开控制柜门	触　电	① 戴好绝缘手套； ② 必须用验电器确认控制柜外壳无电
		停　抽	电弧灼伤	侧身按停止按钮
		拉刹车	机械伤害	① 刹车时要站稳； ② 刹车要一次到位，刹车锁块锁定在行程的 1/2～2/3 之间
2	断　电	先断开控制柜开关，再断开上一级开关	触　电	① 戴好绝缘手套； ② 用验电器确认控制柜上一级开关外壳无电
			电弧灼伤	侧身拉闸断电
3	保　养	检查、调整刹车	碰伤、砸伤	① 戴好安全帽； ② 确认安全后再进入曲柄旋转区域； ③ 在控制柜上一级开关处悬挂“禁止合闸，有人工作”的标志牌；在刹车处悬挂“有人操作，禁止松刹车”的标志牌
		清除油污	高空坠落	① 高空作业人员系好安全带； ② 攀爬抽油机要抓稳踏实，平稳操作

续表 3-33

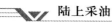

序号	操作步骤		风险	控制措施
	操作项	操作关键点		
3	保养	紧固螺丝	高空坠落	① 高空作业人员系好安全带； ② 攀爬抽油机要抓稳踏牢，平稳操作
			碰伤	正确使用扳手，平稳操作
		检查、保养减速箱	高空坠落	① 高空作业人员系好安全带； ② 减速箱操作要站稳踏实，平稳操作
			落物砸伤	① 高处作业时工具类、物品类需系好保险绳或放置平稳； ② 严禁地面人员进入危险区域
		加注黄油	高空坠落	① 高空作业人员系好安全带； ② 攀爬抽油机要抓稳踏实，平稳操作
		检查皮带	挤伤	① 严禁戴手套盘皮带； ② 严禁手抓皮带盘皮带； ③ 严禁手抓皮带检查皮带松紧
		检查井口	碰伤	① 注意悬绳器运行位置； ② 劳动保护用品穿戴整齐
		检查电气设备	触电	① 戴绝缘手套操作电气设备； ② 用验电器确认用电设备不带电
4	开抽	松刹车	人身伤害	① 确认抽油机周围无人； ② 松刹车要平稳，先点松、再松到底
			设备损坏	① 确认抽油机周围无障碍物； ② 松刹车要平稳，先点松、再松到底
		合控制柜上一级开关	触电	① 戴好绝缘手套； ② 用验电器确认控制柜上一级开关外壳无电
			电弧灼伤	侧身合闸送电
		启动抽油机	触电	① 戴好绝缘手套； ② 用验电器确认控制柜外壳无电
			电弧灼伤	侧身合空气开关及按启动按钮

续表 3-33

序号	操作步骤		风　险	控制措施
	操作项	操作关键点		
4	开　抽	启动抽油机	机械伤害	① 长发盘入安全帽； ② 劳动保护用品穿戴整齐
			设备损坏	① 确认刹车松开后，启动抽油机； ② 利用惯性二次启动抽油机
5	开抽后检查	检查井口流程	磕伤、碰伤	① 正确使用管钳，平稳操作； ② 井口检查时防止悬绳器磕碰
		检查抽油机运转情况	人身伤害	① 开抽后严禁进入旋转区域； ② 检查时必须站在防护栏外的安全区域； ③ 发现故障必须先停机后操作

（19）抽油机二级保养操作，见表 3-34。

表 3-34　抽油机二级保养操作的步骤、风险及其控制措施

序号	操作步骤		风　险	控制措施
	操作项	操作关键点		
1	停　抽	打开控制柜门	触　电	① 戴好绝缘手套； ② 必须用验电器确认控制柜外壳无电
		停　抽	电弧灼伤	侧身按停止按钮
		拉刹车	机械伤害	① 刹车时要站稳踏实； ② 刹车要一次到位，刹车锁块锁定在行程的 1/2～2/3 之间
2	断　电	先断开控制柜开关，再断开上一级开关	触　电	① 戴好绝缘手套； ② 用验电器确认控制柜上一级开关外壳无电
			电弧灼伤	侧身拉闸断电
3	保　养	检查、调整刹车	人身伤害	① 戴好安全帽； ② 检查刹车要平稳操作； ③ 确认安全后再进入曲柄旋转区域； ④ 在控制柜上一级开关处悬挂“禁止合闸，有人工作”的标志牌；在刹车处悬挂“有人操作，禁止松刹车”的标志牌

续表 3-34

序号	操作步骤		风　险	控制措施
	操作项	操作关键点		
3	保　养	加注黄油	高空坠落	① 高处作业人员系好安全带； ② 攀爬抽油机要抓稳踏实，平稳操作
		清除油污	高空坠落	① 高处作业人员系好安全带； ② 攀爬抽油机要抓稳踏实，平稳操作
		清洗减速箱	高空坠落	① 高处作业人员系好安全带； ② 减速箱操作要站稳踏实，平稳操作
			物体打击	① 高处作业时工具类、物品类需系好保险绳或放置平稳； ② 严禁地面人员进入危险区域
			火灾事故	① 严禁井场擅自动火； ② 清洗减速箱操作需使用无火花工具； ③ 保养操作配备消防器材
		校　正	高空坠落	① 高处作业人员系好安全带； ② 攀爬抽油机要抓稳踏实，平稳操作
			落物砸伤	① 高处作业时工具类、物品类需系好保险绳或放置平稳； ② 严禁地面人员进入危险区域
		调整驴头	高空坠落	① 高处作业人员系好安全带； ② 攀爬抽油机要抓稳踏实，平稳操作
			落物砸伤	① 高处作业时工具类、物品类需系好保险绳或放置平稳； ② 严禁地面人员进入危险区域
		检查曲柄销、螺帽	高空坠落	① 高处作业人员系好安全带； ② 攀爬抽油机要抓稳踏实，平稳操作
			落物砸伤	① 高处作业时工具类、物品类需系好保险绳或放置平稳； ② 严禁地面人员进入危险区域

续表 3-34

序号	操作步骤		风　险	控制措施
	操作项	操作关键点		
3	保　养	检查电机	触　电	① 操作用电设备前用高压验电器验电； ② 戴绝缘手套操作电气设备
		检查皮带	挤　伤	① 不得戴手套盘皮带； ② 不得手抓皮带盘皮带； ③ 不得手抓皮带检查皮带松紧
4	开　抽	松刹车	人身伤害	① 确认抽油机周围无人； ② 松刹车要平稳，先点松、再松到底
			设备损坏	① 确认抽油机周围无障碍物； ② 松刹车要平稳，先点松、再松到底
		合控制柜上一级开关	触　电	① 戴好绝缘手套； ② 用验电器确认控制柜上一级开关外壳无电
			电弧灼伤	侧身合闸送电
		启动抽油机	触　电	① 戴好绝缘手套； ② 用验电器确认控制柜外壳无电
			电弧灼伤	侧身合空气开关及按启动按钮
			机械伤害	① 长发盘入安全帽； ② 劳动保护用品穿戴整齐
			设备损坏	① 确认刹车松开后，启动抽油机； ② 利用惯性二次启动抽油机
5	开抽后检查	检查井口流程	磕伤、碰伤	① 正确使用管钳，平稳操作； ② 井口检查时防止悬绳器磕碰
		检查毛辫子	人身伤害	① 与驴头垂直位置应保持一定的间距； ② 发现故障必须先停机后操作
		检查抽油机运转情况	人身伤害	① 开抽后严禁进入旋转区域； ② 检查时必须站在防护栏外的安全区域； ③ 发现故障必须先停机后操作

(20) 抽油机井巡回检查操作，见表 3-35。

表 3-35　抽油机井巡回检查操作的步骤、风险及其控制措施

序号	操作步骤		风　险	控制措施
	操作项	操作关键点		
1	检查井场	井　口	火灾事故	严禁井场吸烟
2	检查电器	电气设备	触　电	① 操作用电设备前用高压验电器验电； ② 戴绝缘手套操作电气设备
			电弧伤人	侧身操作
3	检查刹车	刹　车	人身伤害	① 戴好安全帽； ② 严禁进入曲柄旋转区域
4	传动部位	电　机	机械伤害	① 长发盘入安全帽； ② 劳动保护用品穿戴整齐
		减速装置	碰　伤	严禁未停机进入旋转区域
5	旋转部位	曲柄-连杆-游梁机构	碰　伤	严禁未停机进入旋转区域
6	支架、底座部位	检查固定螺丝	砸伤、碰伤	正确使用扳手，平稳操作
			碰　伤	确认安全后，才能进入防护栏内检查
7	悬绳器	毛辫子、方卡子	碰　伤	① 注意悬绳器位置； ② 劳动保护用品穿戴整齐
8	井口部位	检查井口	碰　伤	① 注意悬绳器位置； ② 劳动保护用品穿戴整齐
		检查水套炉	爆　炸	确认或补水，保证加热炉液位在 1/2～2/3 之间
			烧　伤	① 侧身观察炉火； ② 站在上风口观察炉火
9	地面流程	检查管线	淹　溺	确认流程沿线无不明水坑，或避开安全情况不明区域
		检查计量站	中　毒	① 进站前确认站内无有毒有害气体； ② 进行有毒有害气体检测； ③ 佩戴空气呼吸器等防护用品； ④ 打开门窗通风换气

续表 3-35

序号	操作步骤		风 险	控制措施
	操作项	操作关键点		
9	地面流程	检查计量站	紧急情况无法撤离	① 确保应急通道畅通； ② 房门采取栓系、销栓等开启固定措施
			碰 伤	戴好安全帽

2. 皮带式无游梁抽油机井采油

(1) 皮带式抽油机井开井操作，见表 3-36。

表 3-36 皮带式抽油机井开井操作的步骤、风险及其控制措施

序号	操作步骤		风 险	控制措施
	操作项	操作关键点		
1	开抽前检查	井口流程	挂伤、碰伤	① 正确使用管钳、活动扳手，平稳操作； ② 按要求穿戴好劳动保护用品
		抽油机	挤伤、碰伤	① 正确使用活动扳手，平稳操作； ② 链条箱门采取开启固定措施
			高空坠落	① 攀爬抽油机未踩稳踏实； ② 攀爬抽油机未系安全带
		电气设备	触 电	① 戴好绝缘手套； ② 用验电器确认电气设备不带电； ③ 确认接地保护良好
2	开 抽	松刹车	人身伤害	① 确认抽油机周围无人； ② 平稳松刹车
			设备损坏	① 确认抽油机周围无障碍物； ② 平稳松刹车
		合控制柜上一级开关	触 电	① 戴好绝缘手套； ② 合闸前用验电器确认控制柜上 级开关外壳无电
			电弧灼伤	侧身合闸送电
		启动抽油机	触 电	① 戴好绝缘手套； ② 开抽前用验电器确认控制柜外壳无电
			电弧灼伤	侧身合空气开关及启动按钮

续表 3-36

序号	操作步骤		风　险	控制措施
	操作项	操作关键点		
2	开　抽	启动抽油机	设备损坏	确认刹车松开后，启动抽油机
3	开抽后检查	检查抽油机运转情况	人身伤害	严禁不停机处理故障
		检查井口	磕伤、碰伤	① 井口检查时防止悬绳器磕碰； ② 劳动保护用品穿戴整齐
		检查电机及皮带	挤　伤	① 劳动保护用品穿戴整齐； ② 长发盘入安全帽
		测电流	触　电	① 戴绝缘手套； ② 用验电器确认电气设备不带电
			仪表损坏	① 选择合适规格、挡位的钳形电流表； ② 正确使用仪表，平稳操作

(2) 皮带式抽油机井停井操作，见表 3-37。

表 3-37　皮带式抽油机井停井操作的步骤、风险及其控制措施

序号	操作步骤		风　险	控制措施
	操作项	操作关键点		
1	停　抽	打开控制柜门	触　电	① 戴好绝缘手套； ② 必须用验电器确认控制柜外壳无电
		停　抽	电弧灼伤	侧身按停止按钮
		拉刹车	机械伤害	平稳操作
2	断　电	先断开控制柜开关，再断开上一级开关	触　电	① 戴好绝缘手套； ② 用验电器确认控制柜上一级开关外壳无电
			电弧灼伤	侧身拉闸断电
3	刹　车	检查刹车	机械伤害	① 确认安全后再进入曲柄旋转区域； ② 在控制柜上一级开关处悬挂“禁止合闸，有人工作”的标志牌；在刹车处悬挂“有人操作，禁止松刹车”的标志牌
4	倒流程	倒关井流程	液体刺漏伤人	① 正确倒流程，先开后关，平稳操作； ② 确认管线无腐蚀穿孔、阀门密封垫圈完好

续表 3-37

序号	操作步骤		风　险	控制措施
	操作项	操作关键点		
4	倒流程	倒关井流程	丝杠弹出伤人	① 确认丝杠与闸板连接处完好； ② 侧身平稳操作

(3) 皮带式抽油机调平衡操作，见表 3-38。

表 3-38　皮带式抽油机调平衡操作的步骤、风险及其控制措施

序号	操作步骤		风　险	控制措施
	操作项	操作关键点		
1	测电流	使用钳形电流表	触　电	① 操作用电设备前用高压验电器验电； ② 戴绝缘手套操作电气设备
			仪表损坏	① 选择合适规格、挡位的仪表； ② 使用正确的方法
2	停　抽	打开控制柜门	触　电	① 戴好绝缘手套； ② 必须用验电器确认控制柜外壳无电
		停　抽	电弧灼伤	侧身按停止按钮
		拉刹车	机械伤害	平稳操作
3	断　电	先断开控制柜开关，再断开上一级开关	触　电	① 戴好绝缘手套； ② 用验电器确认控制柜上一级开关外壳无电
			电弧灼伤	侧身拉闸断电
4	刹　车	检查刹车	机械伤害	① 刹车一定要一次到位； ② 在控制柜上一级开关处悬挂“禁止合闸，有人工作”的标志牌；在刹车处悬挂“有人操作，禁止松刹车”的标志牌
5	调平衡	打开链条箱	磕伤、碰伤	① 正确使用工具，平稳操作； ② 链条箱门采取开启固定措施
		增减平衡块	摔伤、砸伤	① 站稳踏实； ② 抓牢平衡块； ③ 协调配合，平稳操作
		关闭链条箱门	机械伤害	① 正确使用工具； ② 平稳操作

续表 3-38

序号	操作步骤		风　险	控制措施
	操作项	操作关键点		
6	开　抽	松刹车	人身伤害	① 确认抽油机周围无人； ② 平稳松刹车
		合控制柜上一级开关	设备损坏	① 确认抽油机周围有障碍物； ② 平稳松刹车
			触　电	① 戴绝缘手套操作控制柜上一级开关； ② 用验电器确认控制柜上一级开关外壳无电
		启动抽油机	触　电	① 戴绝缘手套操作控制柜； ② 用验电器确认控制柜外壳无电
			电弧灼伤	侧身合空气开关及按启动按钮
			人身伤害	① 长发盘入安全帽； ② 劳动保护用品穿戴整齐
			设备损坏	确认刹车松开后，启动抽油机
7	开抽后检查	检查抽油机运转情况	人身伤害	① 检查时要与运动部位保持安全距离； ② 发现问题先停抽，后处理故障
		检查井口流程	碰　伤	① 防止悬绳器磕碰； ② 劳动保护用品穿戴整齐
		检查电机及皮带	机械伤害	① 劳动保护用品穿戴整齐； ② 长发盘入安全帽
		测电流	触　电	① 戴好绝缘手套； ② 用验电器确认控制柜外壳无电
			仪表损坏	① 选择合适规格、挡位的钳形电流表； ② 正确使用仪表

(4) 更换皮带式抽油机毛辫子操作，见表 3-39。

表 3-39　更换皮带式抽油机毛辫子操作的步骤、风险及其控制措施

序号	操作步骤		风　险	控制措施
	操作项	操作关键点		
1	停　抽	打开控制柜门	触　电	① 戴好绝缘手套； ② 用验电器确认控制柜外壳无电
		停　抽	电弧灼伤	侧身按停止按钮
2	断　电	拉刹车	机械伤害	① 刹车时要站稳踏实； ② 刹车要一次到位，刹车锁块锁定在行程的 1/2～2/3 之间
		先断开控制柜开关，再断开上一级开关	触　电	① 戴好绝缘手套； ② 用验电器确认控制柜上一级开关外壳无电
			电弧灼伤	侧身拉闸断电
3	刹　车	检查刹车	机械伤害	① 刹车紧固； ② 在控制柜上一级开关处悬挂“禁止合闸，有人工作”的标志牌；在刹车处悬挂“有人操作，禁止松刹车”的标志牌
4	卸负荷	安装卸载卡子	人身伤害	① 井口操作时严禁直接用手抓光杆、毛辫子； ② 不得戴手套使用手锤； ③ 砸方卡子时要采取正确的遮挡方法保护脸部； ④ 正确使用工具，平稳操作
		松刹车	人身伤害	① 确认抽油机周围无人； ② 松刹车要平稳
			设备损坏	① 确认抽油机周围无障碍物； ② 松刹车要平稳
		合控制柜上一级开关	触　电	① 戴好绝缘手套； ② 合闸前用验电器确认控制柜上一级开关外壳无电
			电弧灼伤	侧身操作
		启动抽油机	触　电	① 戴好绝缘手套； ② 用验电器确认控制柜外壳无电
			电弧灼伤	侧身合闸及操作启停按钮
			人身伤害	① 长发盘入安全帽； ② 劳动保护用品穿戴整齐

续表 3-39

序号	操作步骤		风　险	控制措施
	操作项	操作关键点		
4	卸负荷	启动抽油机	设备损坏	确认刹车松开后,启动抽油机
		停　抽	触　电	① 戴好绝缘手套; ② 操作前用验电器确认控制柜外壳无电
			电弧灼伤	侧身按停止按钮
		拉刹车	机械伤害	① 刹车时要站稳踏实; ② 刹车要一次到位,刹车锁块锁定在行程的 1/2～2/3 之间
		先断开控制柜开关,再断开上一级开关	触　电	① 戴好绝缘手套; ② 操作前用验电器确认控制柜上一级开关外壳无电
			电弧灼伤	侧身操作
		检查刹车	机械伤害	① 刹车要一次到位; ② 在控制柜上一级开关处悬挂“禁止合闸,有人工作”的标志牌;在刹车处悬挂“有人操作,禁止松刹车”的标志牌
5	更换毛辫子	井口操作	摔　伤	踏实站稳,平稳操作
			人身伤害	① 井口操作时严禁直接用手抓光杆、毛辫子; ② 不得戴手套使用手锤; ③ 砸方卡子时要采取正确的遮挡方法保护脸部; ④ 正确使用工具,平稳操作
6	开　抽	松刹车	人身伤害	① 确认抽油机周围无人; ② 松刹车要平稳
			设备损坏	① 确认抽油机周围无障碍物; ② 松刹车要平稳
		合控制柜上一级开关	触　电	① 戴好绝缘手套; ② 合闸前用验电器确认控制柜上一级开关外壳无电
			电弧灼伤	侧身操作

续表 3-39

序号	操作步骤		风　险	控制措施
	操作项	操作关键点		
6	开　抽	启动抽油机	触　电	① 戴好绝缘手套； ② 用验电器确认控制柜外壳无电
			电弧灼伤	侧身合闸及按启动按钮
			人身伤害	① 长发盘入安全帽； ② 劳动保护用品穿戴整齐
			设备损坏	确认刹车松开后，启动抽油机
7	开抽后检查	检查抽油机运转情况	人身伤害	① 检查时要与运动部位保持安全距离； ② 发现问题先停抽，后处理故障
		检查井口流程	磕伤、碰伤	① 防止悬绳器磕碰； ② 劳动保护用品穿戴整齐
		电机及皮带	机械伤害	① 劳动保护用品穿戴整齐； ② 长发盘入安全帽

（5）皮带式抽油机井巡回检查操作，见表 3-40。

表 3-40　皮带式抽油机井巡回检查操作的步骤、风险及其控制措施

序号	操作步骤		风　险	控制措施
	操作项	操作关键点		
1	井　口	检查井场	火灾事故	严禁井场吸烟
2	电　器	检查电气设备	触　电	① 戴好绝缘手套； ② 用验电器确认电气设备外壳不带电
			电弧灼伤	侧身操作
3	刹　车	检查刹车	碰　伤	正确使用扳手，平稳操作
4	传动部位	检查电机	挤　伤	头发盘入安全帽
		检查减速装置	碰　伤	操作要踏实站稳
5	支架、底座	检查固定螺丝	碰伤、砸伤	正确使用扳手，平稳操作
6	悬绳器	毛辫子、方卡子	碰　伤	① 注意悬绳器运行位置； ② 劳动保护用品穿戴整齐

续表 3-40

序号	操作步骤		风　险	控制措施
	操作项	操作关键点		
7	井口部位	检查井口	碰　伤	① 防止悬绳器磕碰； ② 劳动保护用品穿戴整齐
8	地面管线	检查管线	淹　溺	确认流程沿线无不明水坑，或避开不明区域
9	水套炉	检查水套炉	爆　炸	确认或补水，保证加热炉液位在 1/2～2/3 之间
			烧　伤	① 侧身观察炉火； ② 站在上风口观察炉火
10	计量站	检查计量站流程	火　灾	① 清除计量站周围可燃物； ② 查清计量站周围火源原因，协调排除
			中　毒	① 进站前确认站内无有毒有害气体； ② 进行有毒有害气体检测； ③ 佩戴空气呼吸器等防护用品； ④ 打开门窗通风换气
			紧急情况无法撤离	① 确保应急通道畅通； ② 房门采取栓系、销栓等固定措施
			碰　伤	戴好安全帽

3. 地面驱动螺杆泵井采油

（1）螺杆泵井开井操作，见表 3-41。

表 3-41　螺杆泵井开井操作的步骤、风险及其控制措施

序号	操作步骤		风　险	控制措施
	操作项	操作关键点		
1	开抽前检查	井口流程及驱动装置	挂伤、碰伤	① 正确使用管钳、活动扳手，平稳操作； ② 按要求穿戴好劳动保护用品
		检查电路	触　电	① 戴好绝缘手套； ② 用验电器确认电缆及用电设备不漏电； ③ 确保电气设备接地线良好

续表 3-41

序号	操作步骤		风　险	控制措施
	操作项	操作关键点		
2	倒流程	倒井口流程	液体刺漏伤人	① 正确倒流程，先开后关； ② 选好站位，平稳操作； ③ 确认管线无腐蚀穿孔、阀门密封垫圈完好
			丝杠弹出伤人	① 确认丝杠与闸板连接处完好； ② 侧身平稳操作
		倒计量站流程	中　毒	① 进站前确认站内无有毒有害气体； ② 进行有毒有害气体检测； ③ 佩戴空气呼吸器等防护用品； ④ 打开门窗通风换气
			紧急情况无法撤离	① 确保应急通道畅通； ② 房门采取栓系、销栓等固定措施
			液体刺漏伤人	① 核实井号，正确倒流程，先开后关； ② 选好站位，平稳操作； ③ 确认管线无腐蚀穿孔、阀门密封填料完好
			丝杠弹出伤人	① 确认丝杠与闸板连接处完好； ② 侧身平稳操作
3	开　抽	合控制柜上一级开关	触　电	① 戴好绝缘手套； ② 用验电器确认控制柜上一级开关外壳无电
			电弧灼伤	侧身合闸送电
		按启动按钮	触　电	① 戴好绝缘手套； ② 用验电器确认控制柜外壳无电
			电弧灼伤	侧身合空气开关及按启动按钮
4	开抽后检查	测电流	触　电	① 戴好绝缘手套； ② 用验电器确认控制柜外壳无电
			仪表损坏	① 选择合适规格的仪表，并根据油井情况选择合适的挡位； ② 正确操作和使用仪表

续表 3-41

序号	操作步骤		风险	控制措施
	操作项	操作关键点		
4	开抽后检查	检查井口流程	机械伤害	① 正确使用管钳,平稳操作; ② 检查时站在井口驱动装置皮带轮另一侧

(2) 螺杆泵井关井操作,见表 3-42。

表 3-42 螺杆泵井关井操作的步骤、风险及其控制措施

序号	操作步骤		风险	控制措施
	操作项	操作关键点		
1	停抽	按停止按钮	触电	① 戴好绝缘手套; ② 用验电器确认控制柜外壳无电
			电弧灼伤	侧身按停止按钮
		先断开控制柜开关,再断开上一级开关	触电	① 戴好绝缘手套; ② 用验电器确认控制柜上一级开关外壳无电
			电弧灼伤	侧身拉闸断电
2	倒流程	倒井口流程	机械伤害	① 光杆未停止自转时不得靠近设备进行操作; ② 穿戴好劳动保护用品
			液体刺漏伤人	① 正确倒流程,先开后关; ② 选好站位,平稳操作; ③ 确认管线无腐蚀穿孔、阀门密封垫圈完好
			丝杠弹出伤人	① 确认丝杠与闸板连接处完好; ② 侧身平稳操作
		倒计量站流程	中毒	① 进站前确认站内无有毒有害气体; ② 进行有毒有害气体检测; ③ 佩戴空气呼吸器等防护用品; ④ 打开门窗通风换气
			紧急情况无法撤离	① 确保应急通道畅通; ② 房门采取栓系、销栓等固定措施

续表 3-42

<table>
<tr><th rowspan="2">序号</th><th colspan="2">操作步骤</th><th rowspan="2">风　险</th><th rowspan="2">控制措施</th></tr>
<tr><th>操作项</th><th>操作关键点</th></tr>
<tr><td rowspan="2">2</td><td rowspan="2">倒流程</td><td rowspan="2">倒计量站流程</td><td>液体刺漏伤人</td><td>① 核实井号，正确倒流程，先开后关；
② 选好站位，平稳操作；
③ 确认管线无腐蚀穿孔、阀门密封填料完好</td></tr>
<tr><td>丝杠弹出伤人</td><td>① 确认丝杠与闸板连接处完好；
② 侧身平稳操作</td></tr>
</table>

(3) 螺杆泵井维护操作，见表 3-43。

表 3-43　螺杆泵井维护操作的步骤、风险及其控制措施

<table>
<tr><th rowspan="2">序号</th><th colspan="2">操作步骤</th><th rowspan="2">风　险</th><th rowspan="2">控制措施</th></tr>
<tr><th>操作项</th><th>操作关键点</th></tr>
<tr><td rowspan="4">1</td><td rowspan="4">停　抽</td><td rowspan="2">按停止按钮</td><td>触　电</td><td>① 戴好绝缘手套；
② 停泵前用验电器确认控制柜外壳无电</td></tr>
<tr><td>电弧灼伤</td><td>侧身按停止按钮</td></tr>
<tr><td rowspan="2">先断开控制柜开关，再断开上一级开关</td><td>触　电</td><td>① 戴好绝缘手套；
② 用验电器确认控制柜上一级开关外壳无电</td></tr>
<tr><td>电弧灼伤</td><td>侧身拉闸断电</td></tr>
<tr><td rowspan="4">2</td><td rowspan="4">维　护</td><td rowspan="2">电控柜</td><td>触　电</td><td>① 戴好绝缘手套；
② 检查确认电缆及用电设备不漏电；
③ 接地线连接良好</td></tr>
<tr><td>人身伤害</td><td>正确使用电工工具，平稳操作</td></tr>
<tr><td rowspan="2">井口流程及驱动装置</td><td>人身伤害</td><td>① 光杆未停止自转时不得靠近设备进行检查；
② 摘下手套，徒手盘皮带；
③ 严格按照要求穿戴好劳动保护用品；
④ 正确使用管钳、扳手</td></tr>
<tr><td>火　灾</td><td>① 按规定用油(汽油或轻质油)清洗减速箱；
② 平稳操作，防止铁器碰撞，或使用无火花工具；
③ 严禁井场吸烟</td></tr>
</table>

续表 3-43

序号	操作步骤		风　险	控制措施
	操作项	操作关键点		
3	开　抽	合控制柜上一级开关	触　电	① 戴好绝缘手套； ② 用验电器确认控制柜上一级开关外壳无电
			电弧灼伤	侧身合闸送电
		按启动按钮	触　电	① 戴好绝缘手套； ② 用验电器确认控制柜外壳无电
			电弧灼伤	侧身合空气开关及按启动按钮
			人身伤害	开抽前确认井口无人
		检查井口流程	机械伤害	① 正确使用管钳，平稳操作； ② 检查时站在井口驱动装置皮带轮另一侧

（4）螺杆泵井巡回检查操作，见表 3-44。

表 3-44　螺杆泵井巡回检查操作的步骤、风险及其控制措施

序号	操作步骤		风　险	控制措施
	操作项	操作关键点		
1	井　口	检查环境	火　灾	严禁井场吸烟
2	电气设备	检查电气设备	触　电	① 戴好绝缘手套； ② 操作前用验电器确认用电设备外壳无电； ③ 接地线连接良好
3	驱动部位及井口流程、设备	检查驱动部位	人身伤害	① 检查时站在井口驱动装置皮带轮另一侧； ② 严禁不停机靠近旋转部位； ③ 严格按照要求穿戴好劳动保护用品
		井口流程、设备	磕伤、碰伤	检查井口流程、设备时操作要平稳
4	管　路	地面流程	磕伤、碰伤	熟悉路况及周围环境
			淹　溺	巡检时确认流程沿线有无不明水坑，严禁通过情况不明的线路
		加热炉	烧　伤	① 侧身观察炉火； ② 站在上风口观察炉火、调整炉火

续表 3-44

序号	操作步骤		风 险	控制措施
	操作项	操作关键点		
5	计量站	计量站内、外操作环境	火 灾	严禁站内吸烟
			中 毒	① 进站前确认站内无有毒有害气体； ② 进行有毒有害气体检测； ③ 佩戴空气呼吸器等防护用品； ④ 打开门窗通风换气
			紧急情况无法撤离	① 确保应急通道畅通； ② 房门采取栓系、销栓等固定措施
		阀组、分离器及流程	磕伤、碰伤	① 戴好安全帽； ② 平稳操作

(5) 更换螺杆泵井电机皮带操作，见表 3-45。

表 3-45 更换螺杆泵井电机皮带操作的步骤、风险及其控制措施

序号	操作步骤		风 险	控制措施
	操作项	操作关键点		
1	停 抽	按停止按钮	触 电	① 戴好绝缘手套； ② 用验电器确认控制柜外壳无电
			电弧灼伤	侧身按停止按钮
		先断开控制柜开关，再断开上一级开关	触 电	① 戴好绝缘手套； ② 用验电器确认控制柜上一级开关外壳无电
			电弧灼伤	侧身拉闸断电
2	更换皮带	拆旧皮带、装新皮带	人身伤害	确认光杆停止自转后，再靠近设备进行操作
			挤伤、碰伤	① 正确使用活动扳手、撬杠，平稳操作； ② 不得戴手套盘皮带； ③ 不得手抓皮带盘皮带； ④ 不得手抓皮带试皮带松紧
3	开 抽	合控制柜上一级开关	触 电	① 戴好绝缘手套； ② 用验电器确认控制柜上一级开关外壳无电
			电弧灼伤	侧身合闸送电

续表 3-45

序号	操作步骤		风 险	控制措施
	操作项	操作关键点		
3	开 抽	按启动按钮	触 电	① 戴好绝缘手套； ② 启泵前用验电器确认控制柜外壳无电
			电弧灼伤	侧身合空气开关及按启动按钮
4	开抽后检查	检查皮带及井口流程	机械伤害	① 检查时身体要与旋转部位保持一定距离； ② 长发盘入安全帽； ③ 劳动保护用品穿戴整齐

4. 井场低压电器操作

(1) 更换控制柜上一级开关熔断器保险片操作，见表 3-46。

表 3-46 更换控制柜上一级开关熔断器保险片操作的步骤、风险及其控制措施

序号	操作步骤		风 险	控制措施
	操作项	操作关键点		
1	确认熔断相	打开控制柜门	触 电	① 戴好绝缘手套； ② 用验电器确认控制柜外壳无电
		切断空气开关	电弧灼伤	侧身切断空气开关
		打开控制柜上一级开关门	触 电	① 戴好绝缘手套； ② 用验电器确认控制柜上一级开关外壳无电
		确认熔断相	电弧灼伤	侧身验电
		切断控制柜上一级开关	电弧灼伤	侧身拉闸断电
2	更换保险片	取下熔断器	触 电	戴好绝缘手套
			电弧灼伤	① 取熔断器前必须拉闸断电； ② 用验电器确认负荷端无电； ③ 侧身取熔断器
		更换保险片	熔断器损坏	平稳操作
		安装熔断器	触 电	戴好绝缘手套
			电弧灼伤	侧身安装熔断器

续表 3-46

序号	操作步骤		风　险	控制措施
	操作项	操作关键点		
2	更换保险片	合控制柜上一级开关检查更换效果	触　电	① 戴好绝缘手套； ② 用验电器确认控制柜上一级开关外壳无电
			电弧灼伤	侧身平稳操作
3	开　抽	松刹车	机械伤害	① 确认抽油机周围无人； ② 平稳松刹车
			设备损坏	① 确认抽油机周围无障碍物； ② 平稳松刹车
		启动抽油机	触　电	① 戴好绝缘手套； ② 用验电器确认控制柜外壳无电
			电弧灼伤	侧身操作空气开关及按启动按钮
			人身伤害	① 长发盘入安全帽； ② 按要求穿戴劳动保护用品
			设备损坏	① 启动前确认刹车松开； ② 利用惯性二次启动抽油机
4	开抽后检查	抽油机运转情况	人身伤害	① 开抽后严禁进入旋转区域； ② 检查时必须站在防护栏外的安全区域； ③ 发现故障必须先停机后操作

（2）三相异步电动机找头接线操作，见表 3-47。

表 3-47　三相异步电动机找头接线操作的步骤、风险及其控制措施

序号	操作步骤		风　险	控制措施
	操作项	操作关键点		
1	分绕组	运输、摆放万用表	仪器损坏	① 万用表要平稳运输、摆放； ② 不得乱掷乱丢
		分绕组	绕组区分不正确	① 调整挡位要对应，参数调整在允许范围； ② 双手不得同时接触两支测试笔的金属部位； ③ 正确使用仪器，平稳操作

续表 3-47

序号	操作步骤		风　险	控制措施
	操作项	操作关键点		
2	定首尾	定首尾	首尾区分不正确	① 调整挡位要对应，参数调整在允许范围； ② 双手不得同时接触电池的正负极； ③ 正确使用仪器，平稳操作； ④ 观察指针摆动方向，眼睛、指针、刻度要形成一条垂直于表盘的直线，即“三点一线”
3	电动机接线	接　线	触　电	接线前用验电器确认输入电缆不带电
			磕伤、碰伤	正确使用手钳、扳手，平稳操作
4	试运转	合控制柜上一级开关	触　电	① 戴好绝缘手套； ② 用验电器确认控制柜上一级开关外壳无电
			电弧灼伤	侧身合闸送电
			电机损坏	① 绕组要区分正确； ② 首尾端要区分正确； ③ 按电动机铭牌规定接线； ④ 电缆线连接要牢靠
			人身伤害	① 长发盘入安全帽； ② 按要求穿戴劳动保护用品

(3) 检测电动机绝缘阻值操作，见表 3-48。

表 3-48　检测电动机绝缘阻值操作的步骤、风险及其控制措施

序号	操作步骤		风　险	控制措施
	操作项	操作关键点		
1	分绕组	运输、摆放万用表	仪器损坏	① 万用表要平稳运输、摆放； ② 不得乱掷乱丢
		分绕组	绕组区分不正确	① 调整挡位要对应，参数调整在允许范围； ② 双手不得同时接触两支测试笔的金属部位； ③ 正确使用万用表，平稳操作
2	检查绝缘	运输、摆放兆欧表	仪器损坏	① 兆欧表要平稳运输、摆放； ② 不得乱掷乱丢

续表 3-48

序号	操作步骤		风　险	控制措施
	操作项	操作关键点		
2	检查绝缘	检查绝缘	电击伤人	① 换相或拆除表线要及时放电； ② 摇表时手部不得接触表线连接处
			绝缘检测不准	① 顺时针方向摇动兆欧表，转速保持在120 r/min，稳定 1 min 后读数； ② 正确使用兆欧表，平稳操作
3	电动机接线	接　线	触　电	接线前用验电器确认输入电缆不带电
			磕伤、碰伤	正确使用手钳、扳手，平稳操作
4	试运转	合闸送电	触　电	① 戴好绝缘手套； ② 合闸前用验电器确认控制柜上一级开关外壳无电
			电弧灼伤	侧身合闸送电
			电机损坏	① 绕组区分要正确； ② 首尾端区分要正确； ③ 绝缘检测要准； ④ 按电动机铭牌规定接线； ⑤ 电缆线连接要牢靠
			人身伤害	① 长发盘入安全帽； ② 按要求穿戴劳动保护用品

(4) 10 kV 跌落式熔断器停、送电操作，见表 3-49。

表 3-49　10 kV 跌落式熔断器停、送电操作的步骤、风险及其控制措施

序号	操作步骤		风　险	控制措施
	操作项	操作关键点		
1	停　抽	打开控制柜门	触　电	① 戴好绝缘手套； ② 用验电器确认控制柜外壳无电
		停　抽	电弧灼伤	侧身操作停止按钮
		拉刹车	机械伤害	① 拉刹车时要站稳踏实； ② 刹车要一次到位，刹车锁块锁定在行程的 1/2～2/3 之间
2	断　电	先断开控制柜开关，再断开上一级开关	触　电	① 戴好绝缘手套； ② 用验电器确认控制柜上一级开关外壳无电
			电弧灼伤	侧身拉闸断电

续表 3-49

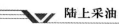

序号	操作步骤		风　险	控制措施
	操作项	操作关键点		
3	拉开熔断器	拉开熔断器	电击伤人	使用绝缘性能检验合格的绝缘手套、绝缘靴、绝缘棒
			电弧灼伤	依次拉开中间相、下风侧、上风侧熔断器
			触　电	① 雷电天气严禁操作跌落式熔断器； ② 停电后，用验电器检测控制柜上一级开关电源侧，确认无电； ③ 确认控制柜上一级开关完全断开； ④ 在变压器上悬挂“禁止合闸，有人工作”的标志牌
4	送合熔断器	送合熔断器	带负荷合闸	确认控制柜上一级开关完全断开后，合闸送电
			电击伤人	① 确认设备、线路上无人； ② 使用绝缘性能检验合格的绝缘手套、绝缘靴、绝缘棒
			电弧灼伤	依次合上风侧、下风侧、中间相熔断器
			熔断器损坏	合闸应操作准确，用力适当，不宜用力过猛
5	开　抽	松刹车	机械伤害	① 确认抽油机周围无人； ② 平稳松刹车
			设备损坏	① 确认抽油机周围无障碍物； ② 平稳松刹车
		合控制柜上一级开关	触　电	① 戴好绝缘手套； ② 用验电器确认控制柜上一级开关外壳无电
			电弧灼伤	侧身合控制柜上一级开关
		启动抽油机	触　电	① 戴好绝缘手套； ② 用验电器确认控制柜外壳无电
			电弧灼伤	侧身操作空气开关及按启动按钮
			人身伤害	① 长发盘入安全帽； ② 按要求穿戴劳动保护用品

续表 3-49

序号	操作步骤		风　险	控制措施
	操作项	操作关键点		
5	开　抽	启动抽油机	设备损坏	① 启动前确认刹车完全松开； ② 利用惯性二次启动抽油机
6	开抽后检查	抽油机运转情况	人身伤害	① 开抽后严禁进入旋转区域； ② 检查时必须站在防护栏外的安全区域； ③ 发现故障必须先停机后操作

（5）更换抽油机井控制柜上一级开关操作，见表 3-50。

表 3-50　更换抽油机井控制柜上一级开关操作的步骤、风险及其控制措施

序号	操作步骤		风　险	控制措施
	操作项	操作关键点		
1	停　抽	打开控制柜门	触　电	① 戴好绝缘手套； ② 用验电器确认控制柜外壳无电
		停　抽	电弧灼伤	侧身操作停止按钮
		拉刹车	机械伤害	① 拉刹车时要站稳踏实； ② 刹车要一次到位，刹车锁块锁定在行程的 1/2～2/3 之间
2	断　电	先断开控制柜开关，再断开上一级开关	触　电	① 戴好绝缘手套； ② 用验电器确认控制柜上一级开关外壳无电
			电弧灼伤	侧身拉闸断电
3	拉开熔断器	拉开熔断器	电击伤人	使用绝缘性能检验合格的绝缘手套、绝缘靴、绝缘棒
			电弧灼伤	依次拉开中间相、下风侧、上风侧熔断器
			触　电	① 雷电天气严禁操作跌落式熔断器； ② 停电后，用验电器检测控制柜上一级开关电源侧，确认无电； ③ 确认电缆无短路，无返回电源； ④ 确认控制柜上一级开关完全断开； ⑤ 在变压器上悬挂“禁止合闸，有人工作”的标志牌

续表 3-50

序号	操作步骤		风　险	控制措施
	操作项	操作关键点		
4	更换控制柜上一级并关	拆除旧控制柜上一级开关	触　电	拆除前必须确认输入电缆无电
			磕伤、碰伤	① 戴好安全帽； ② 正确使用手钳、扳手，平稳操作； ③ 操作人员注意协调配合、平稳操作
		安装新控制柜上一级开关	磕伤、碰伤	① 戴好安全帽； ② 正确使用手钳、扳手，平稳操作； ③ 操作人员注意协调配合、平稳操作
			接地保护功能缺失	必须连接接地线并将接地线连接牢靠
5	送合熔断器	送合熔断器	带负荷合闸	确认控制柜上一级开关完全断开后，合闸送电
			电弧灼伤	依次合上风侧、下风侧、中间相熔断器
			熔断器损坏	合闸应操作准确，用力适当，平稳操作
			电击伤人	① 确认设备、线路上无人； ② 使用绝缘性能检验合格的绝缘手套、绝缘靴、绝缘棒
6	开　抽	松刹车	机械伤害	① 确认抽油机周围无人； ② 平稳松刹车
			设备损坏	① 确认抽油机周围无障碍物； ② 平稳松刹车
		合控制柜上一级开关	触　电	① 戴好绝缘手套； ② 用验电器确认控制柜上一级开关外壳无电
			电弧灼伤	侧身合控制柜上一级开关
		启动抽油机	触　电	① 戴好绝缘手套； ② 用验电器确认控制柜外壳无电
			电弧灼伤	侧身操作空气开关和按启动按钮
			接头发热烧毁	接线前必须清除、擦拭干净电缆接线端子氧化层

续表 3-50

序号	操作步骤		风　险	控制措施
	操作项	操作关键点		
6	开　抽	启动抽油机	抽油机反转	接线时，必须按记录相序连接紧固电源侧、负荷侧电缆接线端子
			电　击	必须连接接地线并将接地线连接牢靠
			人身伤害	① 长发盘入安全帽内； ② 按要求穿戴劳动保护用品
			设备损坏	① 启动前确认刹车完全松开； ② 利用惯性二次启动抽油机
7	开抽后检查	抽油机运转情况	人身伤害	① 开抽后严禁进入旋转区域； ② 检查时必须站在防护栏外的安全区域； ③ 发现故障必须先停机后操作

（6）更换抽油机井低压电缆操作，见表 3-51。

表 3-51　更换抽油机井低压电缆操作的步骤、风险及其控制措施

序号	操作步骤		风　险	控制措施
	操作项	操作关键点		
1	停　抽	打开控制柜门	触　电	① 戴好绝缘手套； ② 用验电器确认控制柜外壳无电
		停　抽	电弧灼伤	侧身操作停止按钮
		拉刹车	机械伤害	① 拉刹车时要站稳踏实； ② 刹车要一次到位，刹车锁块锁定在行程的 1/2～2/3 之间
2	断　电	先断开控制柜开关，再断开上一级开关	触　电	① 戴好绝缘手套； ② 用验电器确认控制柜上一级开关外壳无电
			电弧灼伤	侧身拉闸断电
3	拆除旧电缆	拆除旧电缆	触　电	① 用验电器检测控制柜上一级开关负荷侧无电； ② 确认控制柜上一级开关完全断开； ③ 在变压器上悬挂“禁止合闸，有人工作”的标志牌
4	开挖电缆沟	选择路径	触　电	确认所选路径地下无电缆通过
			伤害管线	确认所选路径地下无管线通过
		开挖电缆沟	人身伤害	① 操作者要确认身边无人； ② 操作要平稳，边操作边观察

续表 3-51

序号	操作步骤		风险	控制措施
	操作项	操作关键点		
5	制作电缆头	剥除电缆保护层	人身伤害	平稳剥除电缆保护层操作，剥切电缆不得伤及线芯绝缘
		检测绝缘	电击	换相或拆除表线要及时放电
6	敷设电缆	敷设电缆	电缆绝缘损坏	① 电缆路径应选择避免遭受机械性损伤和化学危害的区域； ② 电缆外皮距地面的距离不应小于 0.7 m，穿越农田时不应小于 1 m
7	接线	连接控制柜及上一级开关	触电	① 戴好绝缘手套； ② 操作前确认控制柜上一级开关负荷端无电
			磕伤、碰伤	① 戴好安全帽； ② 正确使用手钳、扳手，平稳操作
			接地保护功能缺失	必须连接接地线并将接地线连接牢靠
8	开抽	松刹车	机械伤害	① 确认抽油机周围无人； ② 平稳松刹车
			设备损坏	① 确认抽油机周围无障碍物； ② 平稳松刹车
		合控制柜上一级开关	触电	① 戴好绝缘手套； ② 用验电器确认控制柜上一级开关外壳无电
			电弧灼伤	侧身合控制柜上一级开关
		启动抽油机	触电	① 戴好绝缘手套； ② 合闸前用验电器确认控制柜上一级开关外壳无电
			电弧灼伤	侧身操作空气开关和按启动按钮
			接头发热烧毁	接线前必须清除、擦拭干净电缆接线端子氧化层
			抽油机反转	接线时，必须按记录相序连接紧固电源侧、负荷侧电缆接线端子

续表 3-51

序号	操作步骤		风　险	控制措施
	操作项	操作关键点		
8	开　抽	启动抽油机	人身伤害	① 长发盘入安全帽； ② 按要求穿戴劳动保护用品
			设备损坏	① 启动前确认刹车完全松开； ② 利用惯性二次启动抽油机
9	开抽后检查	检查抽油机运转情况	人身伤害	① 开抽后严禁进入旋转区域； ② 检查时必须站在防护栏外的安全区域； ③ 发现故障必须先停机后操作

（7）更换抽油机电机控制柜操作，见表 3-52。

表 3-52　更换抽油机电机控制柜操作的步骤、风险及其控制措施

序号	操作步骤		风　险	控制措施
	操作项	操作关键点		
1	停　抽	打开控制柜门	触　电	① 戴好绝缘手套； ② 用验电器确认控制柜外壳无电
		停　抽	电弧灼伤	侧身操作停止按钮
		拉刹车	机械伤害	① 拉刹车时要站稳踏实； ② 刹车要一次到位，刹车锁块锁定在行程的 1/2～2/3 之间
2	断　电	先断开控制柜开关，再断开上一级开关	触　电	① 戴好绝缘手套； ② 用验电器确认控制柜上一级开关外壳无电
			电弧灼伤	侧身拉闸断电
3	拆除旧控制柜	拆除电缆	触　电	① 检测动力电缆，确认无电； ② 确认控制柜上一级开关完全断开； ③ 在变压器上悬挂“禁止合闸，有人工作”的标志牌
			磕伤、碰伤	正确使用手钳、扳手，平稳操作
		拆除控制柜	磕伤、碰伤	① 正确使用扳手，平稳操作； ② 操作人员注意协调配合、平稳操作
4	安装控制柜	安装控制柜	磕伤、碰伤	① 正确使用扳手，平稳操作； ② 操作人员注意协调配合、平稳操作

续表 3-52

序号	操作步骤		风　险	控制措施
	操作项	操作关键点		
4	安装控制柜	连接电缆	触　电	① 安装前检测动力电缆，确认无电； ② 确认控制柜上一级开关完全断开； ③ 在变压器上悬挂“禁止合闸，有人工作”的标志牌
			磕伤、碰伤	正确使用手钳、扳手，平稳操作
			接地保护功能缺失	必须连接接地线并将接地线连接牢靠
		设置保护值	自动保护失灵	① 确认自动保护装置完好； ② 将保护值设置在规定范围
5	开　抽	松刹车	机械伤害	① 确认抽油机周围无人； ② 平稳松刹车
			设备损坏	① 确认抽油机周围无障碍物； ② 平稳松刹车
		合控制柜上一级开关	触　电	① 戴好绝缘手套； ② 用验电器确认控制柜上一级开关外壳无电
			电弧灼伤	侧身合控制柜上一级开关
		启动抽油机	触　电	① 戴好绝缘手套； ② 合闸前用验电器确认用电设备外壳无电
			电弧灼伤	侧身操作空气开关及按启动按钮
			抽油机反转	接线时，必须按记录相序连接紧固电源侧、负荷侧电缆接线端子
			人身伤害	① 长发盘入安全帽； ② 按要求穿戴劳动保护用品

续表 3-52

序号	操作步骤		风 险	控制措施
	操作项	操作关键点		
5	开 抽	启动抽油机	设备损坏	① 启动抽油机前必须松开刹车； ② 松刹车要平稳，边松边观察； ③ 安装控制柜要符合要求； ④ 利用惯性二次启动抽油机； ⑤ 接线前必须清除、擦拭干净电缆及接线端子氧化层
6	开抽后检查	检查抽油机运转情况	人身伤害	① 开抽后严禁进入旋转区域； ② 检查时必须站在防护栏外的安全区域； ③ 发现故障必须先停机后操作

(8) 更换抽油机电动机操作，见表 3-53。

表 3-53 更换抽油机电动机操作的步骤、风险及其控制措施

序号	操作步骤		风 险	控制措施
	操作项	操作关键点		
1	停 抽	打开控制柜门	触 电	① 戴好绝缘手套； ② 用验电器确认控制柜外壳无电
		停 抽	电弧灼伤	侧身操作停止按钮
		拉刹车	机械伤害	① 拉刹车时要站稳踏实； ② 刹车要一次到位，刹车锁块锁定在行程的 1/2～2/3 之间
2	断 电	先断开控制柜开关，再断开上一级开关	触 电	① 戴好绝缘手套； ② 用验电器确认控制柜上一级开关外壳无电
			电弧灼伤	侧身拉闸断电
3	拆除旧电机	拆除电缆	触 电	① 检测输入电缆，确认无电； ② 确认空气开关完全断开； ③ 在变压器上悬挂“禁止合闸，有人工作”的标志牌
			磕伤、碰伤	正确使用手钳、扳手，平稳操作
		移动电机	磕伤、碰伤	正确使用扳手、撬杠，平稳操作
		摘皮带	挤 伤	① 盘皮带时不准戴手套； ② 盘皮带时不准手抓皮带

续表 3-53

序号	操作步骤		风险	控制措施
	操作项	操作关键点		
3	拆除旧电机	摘皮带	摔伤	① 摘皮带时要选择好位置并站稳； ② 摘皮带要平稳
		拆卸旧电机	磕伤、碰伤	① 正确使用扳手，平稳操作； ② 操作人员注意协调配合、平稳操作
4	吊装电机	吊车现场就位	车辆伤害	吊车移动前要确认移动方向无人
		吊下旧电机	电机坠落	电机与吊钩要连接牢靠
			挤伤、砸伤	① 确认吊车吊动电机时移动范围无人； ② 吊车司机与指挥人员要协调配合、平稳操作
		吊装新电机	电机坠落	电机与吊钩要连接牢靠
			挤伤、砸伤	① 确认吊车吊动电机时移动范围无人； ② 吊车司机与指挥人员要协调配合、平稳操作
		吊车驶离现场	车辆伤害	吊车驶离现场时确认吊车行驶方向无人
5	安装新电机	安装新电机	磕伤、碰伤	① 正确使用撬杠、扳手，平稳操作； ② 操作人员注意协调配合、平稳操作
		安装皮带	挤伤	① 盘皮带时不准戴手套； ② 盘皮带时不准手抓皮带； ③ 盘动皮带时不准手抓皮带试松紧
			摔伤	① 安装皮带时要选择好位置并站稳； ② 安装皮带要平稳
		连接电缆	磕伤、碰伤	正确使用手钳、扳手，平稳操作
			接地保护功能缺失	必须连接接地线并将接地线连接牢靠
6	开抽	松刹车	机械伤害	① 确认抽油机周围无人； ② 平稳松刹车
			设备损坏	① 确认抽油机周围无障碍物； ② 平稳松刹车

续表 3-53

序号	操作步骤		风　险	控制措施
	操作项	操作关键点		
6	开　抽	合控制柜上一级开关	触　电	① 戴好绝缘手套； ② 用验电器确认控制柜上一级开关外壳无电
			电弧灼伤	侧身合控制柜上一级开关
		启动抽油机	触　电	① 戴好绝缘手套； ② 合闸前用验电器确认控制柜外壳无电
			电弧灼伤	侧身操作控制开关及启动按钮
			抽油机反转	接线时，必须按记录相序连接紧固电源侧、负荷侧电缆接线端子
			人身伤害	① 长发盘入安全帽； ② 劳动保护用品穿戴整齐
			设备损坏	① 启动抽油机前必须松开刹车； ② 松刹车要平稳，边松边观察； ③ 利用惯性二次启动抽油机； ④ 新安装电动机符合要求； ⑤ 接线前必须清除、擦拭干净电缆及接线端子氧化层
7	开抽后检查	检查抽油机运转情况	人身伤害	① 开抽后严禁进入旋转区域； ② 检查时必须站在防护栏外的安全区域； ③ 发现故障必须先停机后操作

二、无杆泵采油

1. 潜油电泵井采油

（1）潜油电泵井开井操作，见表 3-54。

表 3-54　潜油电泵井开井操作的步骤、风险及其控制措施

序号	操作步骤		风　险	控制措施
	操作项	操作关键点		
1	开井前检查	检查电气设备	触　电	① 戴绝缘手套，侧身操作； ② 用验电器验电，确认电气设备外壳无电

续表 3-54

序号	操作步骤		风险	控制措施
	操作项	操作关键点		
1	开井前检查	检查井口设备	碰伤、砸伤	① 戴好安全帽； ② 正确使用管钳、活动扳手，平稳操作； ③ 装、卸丝堵平稳操作
		检查井下电缆	电击	换相或拆除表线前必须对地放电
		检查地面流程、计量站	淹溺	确认流程沿线无不明水坑，避开情况不明区域
			中毒	① 进站前确认站内无有毒有害气体； ② 进行有毒有害气体检测； ③ 佩戴空气呼吸器等防护设施； ④ 打开门窗通风换气
			紧急情况无法撤离	① 确保应急通道畅通； ② 房门采取栓系、销栓等开启固定措施
			碰伤	① 戴好安全帽； ② 与设备保持一定的安全距离
2	开井	灌液	液体刺漏伤人	① 确认井号，平稳操作，先开后关； ② 侧身平稳操作阀门
		送电开机	触电	① 戴绝缘手套操作电气设备； ② 操作用电设备前用高压验电器验电
			灼伤	侧身操作电器
		憋压	液体刺漏伤人	① 确认管线无腐蚀穿孔、阀门密封垫圈完好； ② 压力上升后及时侧身打开生产阀门，严禁憋压过高
		打开生产阀门	液体刺漏伤人	确认管线无腐蚀穿孔、阀门密封垫圈完好
			丝杠弹出伤人	① 确认阀门完好、灵活好用； ② 侧身平稳操作
3	开井后检查	检查井口	磕伤、碰伤	与井口、管线保持一定安全距离

（2）潜油电泵井关井操作，见表 3-55。

表 3-55　潜油电泵井关井操作的步骤、风险及其控制措施

序号	操作步骤		风　险	控制措施
	操作项	操作关键点		
1	停井前检查	检查井口流程	磕伤、碰伤	① 戴好安全帽； ② 倒井口流程时合理站位，保证一定安全距离
2	停　井	按停止按钮	触　电	① 戴绝缘手套操作电气设备； ② 用高压验电器确认控制屏外壳无电
			灼　伤	侧身操作电器
3	倒流程	关阀门	液体刺漏伤人	① 确认井号，平稳操作，先开后关； ② 确认管线无腐蚀穿孔、阀门密封垫圈完好
			丝杠弹出伤人	① 确认阀门完好、灵活好用； ② 侧身平稳操作

(3) 更换潜油电泵井油嘴操作，见表 3-56。

表 3-56　更换潜油电泵井油嘴操作的步骤、风险及其控制措施

序号	操作步骤		风　险	控制措施
	操作项	操作关键点		
1	检查流程	检查井口流程	磕伤、碰伤	① 戴好安全帽； ② 倒井口流程时合理站位，保证一定安全距离
2	倒流程	倒备用流程	液体刺漏伤人	① 平稳操作，先开后关； ② 确认管线无腐蚀穿孔、阀门密封垫圈完好
			丝杠弹出伤人	① 确认阀门完好、灵活好用； ② 侧身平稳操作
3	更换油嘴	卸下旧油嘴	液体刺漏伤人	① 确认原生产流程关严； ② 打开放空阀门放空； ③ 边晃动边卸松丝堵，泄尽余压，卸油嘴前要用通条通油嘴泄压； ④ 侧身平稳操作

续表 3-56

序号	操作步骤		风险	控制措施
	操作项	操作关键点		
3	更换油嘴	卸下旧油嘴	挤伤、砸伤	正确使用工具，平稳操作
		安装新油嘴	挤伤、砸伤	① 正确使用工具，平稳操作； ② 装油嘴、丝堵操作要平稳
4	倒流程	恢复原流程	液体刺漏伤人	① 正确倒流程，平稳操作，先开后关； ② 确认管线无腐蚀穿孔、阀门密封垫圈完好
			丝杠弹出伤人	① 确认阀门完好、灵活好用； ② 侧身平稳操作
5	检查效果	检查井口流程	磕伤、碰伤	① 戴好安全帽； ② 站在合适的位置

(4) 潜油电泵井巡回检查操作，见表 3-57。

表 3-57　潜油电泵井巡回检查操作的步骤、风险及其控制措施

序号	操作步骤		风险	控制措施
	操作项	操作关键点		
1	检查井场	井场	火灾	严禁井场吸烟
		电气设备	触电	① 戴好绝缘手套； ② 用高压验电器确认电气设备外壳无电
		井口部位	碰伤、砸伤	戴好安全帽
2	检查管路	地面流程	淹溺	确认流程沿线无不明水坑，避开情况不明的危险区域
3	检查计量站	计量站内	中毒	① 进站前确认站内无有毒有害气体； ② 进行有毒有害气体检测； ③ 佩戴空气呼吸器等防护用品； ④ 打开门窗通风换气
			紧急情况无法撤离	① 确保应急通道畅通； ② 房门采取栓系、销栓等开启固定措施
			流体刺漏伤人	确认管线、流程无泄漏

2. 水力喷射泵井采油

（1）水力喷射泵井投泵操作，见表 3-58。

表 3-58 水力喷射泵井投泵操作的步骤、风险及其控制措施

序号	操作步骤		风　险	控制措施
	操作项	操作关键点		
1	倒流程放空	井口放空	高压动力液刺漏伤人	① 正确倒流程，平稳操作，先开后关； ② 确认管线无腐蚀穿孔、阀门密封垫圈完好
			丝杠弹出伤人	① 确认阀门完好、灵活好用； ② 侧身平稳操作
2	投　泵	投泵芯	高压动力液刺漏伤人	① 放空后进行投泵操作； ② 投泵前确认无余压
			砸　伤	操作人员配合协调一致，平稳操作
3	启　泵	调整动力液排量	高压动力液刺漏伤人	① 正确倒流程，平稳操作，先开后关； ② 确认管线无腐蚀穿孔、阀门密封垫圈完好
			丝杠弹出伤人	① 确认阀门完好、灵活好用； ② 侧身平稳操作
4	启泵后检查	检查井口设备	磕伤、碰伤	戴好安全帽
			高压动力液刺漏伤人	确认井口无泄漏

（2）水力喷射泵井启泵操作，见表 3-59。

表 3-59 水力喷射泵井启泵操作的步骤、风险及其控制措施

序号	操作步骤		风　险	控制措施
	操作项	操作关键点		
1	启泵前检查	检查井口设备	磕伤、碰伤	戴好安全帽
			高压动力液刺漏伤人	确认井口无刺漏
2	倒流程	倒反洗井流程	高压动力液刺漏伤人	① 正确倒流程，平稳操作，先开后关； ② 确认管线无腐蚀穿孔、阀门密封垫圈完好
			丝杠弹出伤人	① 确认阀门完好、灵活好用； ② 侧身平稳操作

续表 3-59

序号	操作步骤		风　险	控制措施
	操作项	操作关键点		
3	启　泵	启出旧泵芯	高压动力液刺漏伤人	① 放空后进行投泵操作； ② 投泵前确认无余压
			砸　伤	操作人员配合协调一致，平稳操作

(3) 水力喷射泵井巡回检查操作，见表 3-60。

表 3-60　水力喷射泵井巡回检查操作的步骤、风险及其控制措施

序号	操作步骤		风　险	控制措施
	操作项	操作关键点		
1	检查井场	检查井场	火　灾	井场严禁吸烟
		检查井口设备	磕伤、碰伤	戴好安全帽
			高压动力液刺漏伤人	确认井口无刺漏
2	管线、计量站检查	检查地面流程	淹　溺	确认流程沿线无不明水坑，避开情况不明的危险区域
		检查计量站	中　毒	① 进站前确认站内无有毒有害气体； ② 进行有毒有害气体检测； ③ 佩戴空气呼吸器等防护用品； ④ 打开门窗通风换气
			紧急情况无法撤离	① 确保应急通道畅通； ② 房门采取栓系、销栓等开启固定措施
			高压流体刺漏伤人	确认管线、流程无泄漏

3. 水力活塞泵井采油

(1) 水力活塞泵井投泵操作，见表 3-61。

表 3-61　水力活塞泵井投泵操作的步骤、风险及其控制措施

序号	操作步骤		风　险	控制措施
	操作项	操作关键点		
1	投泵前准备	安装防喷管	砸　伤	安装防喷管要协调一致，平稳操作

续表 3-61

序号	操作步骤		风　险	控制措施
	操作项	操作关键点		
1	投泵前准备	安装防喷管	挤　伤	确认起重机移动时周围无人
2	试　压	防喷管试压	高压动力液刺漏伤人	① 侧身操作； ② 确认连接部位严密
3	投　泵	投泵芯	摔　伤	攀爬井口要踩稳踏实
			挤　伤	起重机司机要密切观察井口操作人员所处位置，严防起重臂挤伤人员
		倒投泵流程	高压动力液刺漏伤人	① 正确倒流程，平稳操作，先开后关； ② 确认管线无腐蚀穿孔、阀门密封垫圈完好
			丝杠弹出伤人	① 确认阀门完好、灵活好用； ② 侧身开、关阀门，平稳操作
4	启　泵	倒启泵流程	高压动力液刺漏伤人	① 正确倒流程，平稳操作，先开后关； ② 确认管线无腐蚀穿孔、阀门密封垫圈完好
			丝杠弹出伤人	① 确认阀门完好、灵活好用； ② 侧身平稳操作
5	启泵后检查	检查井口设备	磕伤、碰伤	戴好安全帽
			高压动力液刺漏伤人	确认井口无泄漏

(2) 水力活塞泵井启泵操作，见表 3-62。

表 3-62　水力活塞泵井启泵操作的步骤、风险及其控制措施

序号	操作步骤		风　险	控制措施
	操作项	操作关键点		
1	启泵前准备	安装防喷管	砸　伤	安装防喷管要协调一致，平稳操作
			挤　伤	起重机移动时要确认周围无人
		防喷管试压	高压动力液刺漏伤人	① 侧身操作； ② 确认连接部位严密

续表 3-62

序号	操作步骤		风　险	控制措施
	操作项	操作关键点		
2	倒流程	反洗井流程	高压动力液刺漏伤人	① 正确倒流程,平稳操作,先开后关; ② 确认管线无腐蚀穿孔、阀门密封垫圈完好
			丝杠弹出伤人	① 确认阀门完好、灵活好用; ② 侧身平稳操作
3	启　泵	调节流量启泵	高压动力液刺漏伤人	① 正确倒流程,平稳操作,先开后关; ② 确认管线无腐蚀穿孔、阀门密封垫圈完好
			丝杠弹出伤人	① 确认阀门完好、灵活好用; ② 侧身平稳操作
		倒启泵流程	高压动力液刺漏伤人	① 正确倒流程,平稳操作,先开后关; ② 确认管线无腐蚀穿孔、阀门密封垫圈完好
			丝杠弹出伤人	① 确认阀门完好、灵活好用; ② 侧身平稳操作
		吊卸防喷管及泵芯	砸　伤	安装防喷管要协调一致,平稳操作
			挤　伤	起重机司机要密切观察井口操作人员所处位置,严防起重臂挤伤人员
4	洗　井	反洗井	高压动力液刺漏伤人	① 正确倒流程,平稳操作,先开后关; ② 确认管线无腐蚀穿孔、阀门密封垫圈完好
			丝杠弹出伤人	① 确认阀门完好、灵活好用; ② 侧身平稳操作
		正洗井	高压动力液刺漏伤人	① 正确倒流程,平稳操作,先开后关; ② 确认管线无腐蚀穿孔、阀门密封垫圈完好
			丝杠弹出伤人	① 确认阀门完好、灵活好用; ② 侧身平稳操作

(3) 水力活塞泵井巡回检查操作,见表3-63。

表3-63　水力活塞泵井巡回检查操作的步骤、风险及其控制措施

序号	操作步骤		风　险	控制措施
	操作项	操作关键点		
1	检查井场	检查井场	火　灾	① 清除井场周围可燃物; ② 查清井场周围明火原因,协调排除; ③ 严禁井场擅自动火、接打手机
		检查井口流程	磕伤、碰伤	戴好安全帽
			高压动力液刺漏伤人	确认井口阀门、管线无泄漏
2	检查管路	检查地面流程	淹　溺	确认流程沿线无不明水坑,避开情况不明的危险区域
			高压动力液刺漏伤人	确认沿程管路无泄漏
3	检查计量站	检查站内流程	中　毒	① 进站前确认站内无有毒有害气体; ② 进行有毒有害气体检测; ③ 佩戴空气呼吸器等防护用品; ④ 打开门窗通风换气
			紧急情况无法撤离	① 确保应急通道畅通; ② 房门采取栓系、销栓等开启固定措施

第三节　蒸汽吞吐采油

(1) 蒸汽吞吐井焖井操作,见表3-64。

表3-64　蒸汽吞吐井焖井操作的步骤、风险及其控制措施

序号	操作步骤		风　险	控制措施
	操作项	操作关键点		
1	关　井	关闭生产阀门	烫　伤	在安全区域侧身缓慢操作阀门
2	更换压力表	卸压力表	刺伤、烫伤	① 关闭阀门; ② 确认压力泄尽

续表 3-64

序号	操作步骤		风　险	控制措施
	操作项	操作关键点		
3	记录焖井压力	观察压力	刺伤、烫伤	观察井口周围情况

(2) 蒸汽吞吐井放喷操作，见表 3-65。

表 3-65　蒸汽吞吐井放喷操作的步骤、风险及其控制措施

序号	操作步骤		风　险	控制措施
	操作项	操作关键点		
1	连接放喷流程	连接放喷管线	砸　伤	连接管线时操作平稳
		检查放喷管线	刺　伤	观察井口周围情况
2	更换油嘴	卸油嘴	刺伤、烫伤	① 卸松丝堵，晃动泄压后，再完全卸掉油嘴，卸油嘴前要用通条通油嘴泄压；② 侧身操作
			砸　伤	正确使用工具，平稳操作
		装油嘴	砸　伤	装丝堵操作平稳
3	倒放喷流程	开生产阀门	刺伤、烫伤	侧身缓慢操作阀门
		倒计量流程	流体刺漏伤人	① 及时更换密封垫圈；② 注意观察井口生产情况
			丝杠弹出伤人	侧身缓慢操作阀门
4	记录焖井压力	观察压力	刺伤、烫伤	观察井口周围情况

(3) 蒸汽吞吐井(空心杆掺水工艺)开井操作，见表 3-66。

表 3-66　蒸汽吞吐井(空心杆掺水工艺)开井操作的步骤、风险及其控制措施

序号	操作步骤		风　险	控制措施
	操作项	操作关键点		
1	连接掺水软管	连接掺水软管	碰伤、摔伤	① 戴好安全帽；② 系好安全带

续表 3-66

序号	操作步骤		风　险	控制措施
	操作项	操作关键点		
1	连接掺水软管	掺水软管试压	流体刺漏伤人	① 正确倒流程； ② 及时更换密封垫圈； ③ 注意观察周围生产情况； ④ 连接前仔细检查掺水软管
			丝杠弹出伤人	① 确认丝杠与闸板连接处完好； ② 侧身平稳操作
2	倒开井流程	倒开井流程	液体刺漏伤人	① 正确倒流程； ② 及时更换密封垫圈； ③ 观察井口周围生产情况
			丝杠弹出伤人	① 确认丝杠与闸板连接处完好； ② 侧身平稳操作
3	开井前检查	连接部位	磕伤、碰伤	① 戴安全帽； ② 正确使用工具； ③ 平稳操作
		电气设备	触　电	① 操作用电设备前用高压验电器验电； ② 戴绝缘手套操作电气设备
4	开　井	松刹车	机械伤害	平稳操作刹车
		合控制柜上一级开关	触　电	① 戴绝缘手套操作控制柜上一级开关； ② 操作前用验电器确认控制柜上一级开关外壳无电
			电弧灼伤	侧身操作
		启动抽油机	触　电	① 戴绝缘手套操作控制柜； ② 合闸前用验电器确认控制柜外壳无电
			电弧灼伤	侧身合闸及按启动按钮
			人身伤害	① 长发盘入安全帽； ② 劳动保护用品穿戴整齐
			设备损坏	松刹车后启动抽油机

续表 3-66

序号	操作步骤		风　险	控制措施
	操作项	操作关键点		
5	开抽后检查	检查抽油机	人身伤害	① 开抽后严禁进入旋转区域； ② 检查时必须站在防护栏外的安全区域； ③ 发现故障必须先停机后操作
		检查井口	磕伤、碰伤	① 防止悬绳器磕碰； ② 劳动保护用品穿戴整齐
		检查电机及皮带	挤　伤	① 劳动保护用品穿戴整齐； ② 长发盘入安全帽
		测电流	触　电	① 操作用电设备前用高压验电器验电； ② 戴绝缘手套操作电气设备

(4) 蒸汽吞吐井酸洗空心杆操作，见表 3-67。

表 3-67　蒸汽吞吐井酸洗空心杆操作的步骤、风险及其控制措施

序号	操作步骤		风　险	控制措施
	操作项	操作关键点		
1	停　机	打开控制柜门	触　电	① 戴绝缘手套； ② 操作前用验电器确认控制柜外壳无电
		停　抽	电弧灼伤	侧身按停止按钮
2	断　电	先断开控制柜开关，再断开上一级开关	触　电	① 戴绝缘手套； ② 操作前用验电器确认控制柜上一级开关外壳无电
			电弧灼伤	侧身拉闸断电
3	刹　车	检查刹车	人身伤害	① 刹车操作到位； ② 缓慢操作刹车
4	倒流程	关闭掺水阀门	液体刺漏伤人	① 正确倒流程； ② 及时更换密封垫圈； ③ 观察井口周围生产情况
			丝杠弹出伤人	① 确认丝杠与闸板连接处完好； ② 侧身平稳操作
5	连接酸洗流程	拆掺水软管	刺伤、烫伤	① 关闭掺水阀门； ② 泄压
		装酸洗管线	碰伤、砸伤	① 戴安全帽； ② 正确使用大锤

续表 3-67

<table>
<tr><th rowspan="2">序号</th><th colspan="2">操作步骤</th><th rowspan="2">风　险</th><th rowspan="2">控制措施</th></tr>
<tr><th>操作项</th><th>操作关键点</th></tr>
<tr><td>6</td><td>酸　洗</td><td>加酸液</td><td>灼　伤</td><td>① 缓慢加酸液；
② 采取保护措施</td></tr>
<tr><td rowspan="2">7</td><td rowspan="2">拆酸洗管线</td><td rowspan="2">拆酸洗管线</td><td>碰伤、砸伤、刺伤、灼伤</td><td>① 关闭阀门；
② 泄压；
③ 正确使用大锤；
④ 戴安全帽；
⑤ 采取保护措施</td></tr>
<tr><td>中　毒</td><td>① 进行有毒有害气体检测；
② 佩戴空气呼吸器等防护用品；
③ 操作时站在上风口</td></tr>
<tr><td>8</td><td>连接掺水软管</td><td>连接掺水软管</td><td>刺伤、烫伤</td><td>① 关闭掺水阀门；
② 泄压</td></tr>
<tr><td rowspan="2">9</td><td rowspan="2">倒流程</td><td rowspan="2">打开掺水阀门</td><td>液体刺漏伤人</td><td>① 正确倒流程；
② 及时更换密封垫圈；
③ 观察井口周围生产情况</td></tr>
<tr><td>丝杠弹出伤人</td><td>① 确认丝杠与闸板连接处完好；
② 侧身平稳操作</td></tr>
<tr><td rowspan="2">10</td><td rowspan="2">开井前检查</td><td>连接部位</td><td>磕伤、碰伤</td><td>① 戴安全帽；
② 正确使用工具；
③ 平稳操作</td></tr>
<tr><td>电气设备</td><td>触　电</td><td>① 操作用电设备前用高压验电器验电；
② 戴绝缘手套操作电气设备</td></tr>
<tr><td rowspan="7">11</td><td rowspan="7">开　井</td><td>松刹车</td><td>机械伤害</td><td>缓慢操作刹车</td></tr>
<tr><td rowspan="2">合控制柜上一级开关</td><td>触　电</td><td>① 戴绝缘手套操作控制柜上一级开关；
② 操作前用验电器确认控制柜上一级开关外壳无电</td></tr>
<tr><td>电弧灼伤</td><td>侧身操作</td></tr>
<tr><td rowspan="4">启动抽油机</td><td>触　电</td><td>① 戴绝缘手套操作控制柜；
② 合闸前用验电器确认控制柜外壳无电</td></tr>
<tr><td>电弧灼伤</td><td>侧身合闸及按启动按钮</td></tr>
<tr><td>人身伤害</td><td>① 长发盘入安全帽；
② 劳动保护用品穿戴整齐</td></tr>
<tr><td>设备损坏</td><td>松刹车后启动抽油机</td></tr>
</table>

续表 3-67

序号	操作步骤		风　险	控制措施
	操作项	操作关键点		
12	开抽后检查	检查抽油机	人身伤害	① 开抽后严禁进入旋转区域； ② 检查时必须站在防护栏外的安全区域； ③ 发现故障必须先停机后操作
		检查井口	碰　伤	① 防止悬绳器磕碰； ② 劳动保护用品穿戴整齐
		检查电机及皮带	挤　伤	① 劳动保护用品穿戴整齐； ② 长发盘入安全帽内
		测电流	触　电	① 操作用电设备前用高压验电器验电； ② 戴绝缘手套操作电气设备

(5) 蒸汽吞吐井空心杆解堵(泵车＋高压锅炉车)操作，见表 3-68。

表 3-68　蒸汽吞吐井空心杆解堵(泵车＋高压锅炉车)操作的步骤、风险及其控制措施

序号	操作步骤		风　险	控制措施
	操作项	操作关键点		
1	停　机	打开控制柜门	触　电	① 戴绝缘手套； ② 操作前用验电器确认控制柜外壳无电
		停　抽	电弧灼伤	侧身按停止按钮
2	断　电	先断开控制柜开关，再断开上一级开关	触　电	① 戴绝缘手套； ② 操作前用验电器确认控制柜上一级开关外壳无电
			电弧灼伤	侧身拉闸断电
3	刹　车	检查刹车	人身伤害	① 刹车操作到位； ② 缓慢操作刹车；
4	连接解堵流程	拆掺水管线	刺伤、烫伤	① 关闭掺水阀门； ② 泄压
		连接高压锅炉车热洗管线	碰伤、砸伤	① 戴安全帽； ② 正确使用大锤
		连接泵车解堵管线	碰　伤	戴安全帽

续表 3-68

序号	操作步骤		风险	控制措施
	操作项	操作关键点		
5	观察温度及压力	观察温度及压力	刺伤、烫伤	观察周围情况
6	拆管线	拆管线	烫伤、砸伤、刺伤、碰伤	① 关闭阀门； ② 泄压； ③ 正确使用大锤； ④ 戴安全帽
7	连掺水管线	开掺水阀门	刺伤	侧身缓慢操作阀门
8	开井前检查	连接部位	磕伤、碰伤	① 戴安全帽； ② 正确使用工具； ③ 平稳操作
		电气设备	触电	① 操作用电设备前用高压验电器验电； ② 戴绝缘手套操作电气设备
9	开井	松刹车	机械伤害	缓慢操作刹车
		合控制柜上一级开关	触电	① 戴绝缘手套操作控制柜上一级开关； ② 操作前用验电器确认控制柜上一级开关外壳无电
			电弧灼伤	侧身操作
		启动抽油机	触电	① 戴绝缘手套操作控制柜； ② 合闸前用验电器确认控制柜外壳无电
			电弧灼伤	侧身合闸及按启动按钮
			人身伤害	① 长发盘入安全帽； ② 劳动保护用品穿戴整齐
			设备损坏	松刹车后启动抽油机
10	开抽后检查	检查抽油机	检查抽油机	① 开抽后严禁进入旋转区域； ② 检查时必须站在防护栏外的安全区域； ③ 发现故障必须先停机后操作
		检查井口	碰伤	① 注意悬绳器运行位置； ② 劳动保护用品穿戴整齐
		检查电机及皮带	挤伤	① 劳动保护用品穿戴整齐； ② 长发盘入安全帽

续表 3-68

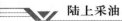

序号	操作步骤		风　险	控制措施
	操作项	操作关键点		
10	开抽后检查	测电流	触　电	① 操作用电设备前用高压验电器验电； ② 戴绝缘手套操作电气设备

（6）变频控制柜工频、变频互换操作，见表 3-69。

表 3-69　变频控制柜工频、变频互换操作的步骤、风险及其控制措施

序号	操作步骤		风　险	控制措施
	操作项	操作关键点		
1	停　机	打开控制柜门	触　电	① 戴绝缘手套； ② 操作前用验电器确认控制柜外壳无电
		停　抽	电弧灼伤	侧身按停止按钮
2	断　电	先断开控制柜开关，再断开上一级开关	触　电	① 戴绝缘手套； ② 操作前用验电器确认控制柜上一级开关外壳无电
			电弧灼伤	侧身拉闸断电
3	刹　车	检查刹车	人身伤害	① 刹车操作到位； ② 缓慢操作刹车；
4	工频、变频互换	工频、变频互换	电弧灼伤	侧身操作
5	开井前检查	连接部位	磕伤、碰伤	① 戴安全帽； ② 正确使用工具； ③ 平稳操作
		电气设备	触　电	① 操作用电设备前用高压验电器验电； ② 戴绝缘手套操作电气设备
6	开　井	松刹车	机械伤害	缓慢操作刹车
		合控制柜上一级开关	触　电	① 戴绝缘手套操作控制柜上一级开关； ② 操作前用验电器确认控制柜上一级开关外壳无电
			电弧灼伤	侧身操作

续表 3-69

序号	操作步骤		风　险	控制措施
	操作项	操作关键点		
6	开　井	启动抽油机	触　电	① 戴绝缘手套操作控制柜； ② 合闸前用验电器确认控制柜外壳无电
			电弧灼伤	侧身合闸及按启动按钮
			人身伤害	① 长发盘入安全帽； ② 劳动保护用品穿戴整齐
			设备损坏	松刹车后启动抽油机
7	开抽后检查	检查抽油机	人身伤害	① 开抽后严禁进入旋转区域； ② 检查时必须站在防护栏外的安全区域； ③ 发现故障必须先停机后操作
		检查井口	碰　伤	① 注意悬绳器运行位置； ② 劳动保护用品穿戴整齐
		检查电机及皮带	挤　伤	① 劳动保护用品穿戴整齐； ② 长发盘入安全帽
		测电流	触　电	① 操作用电设备前用高压验电器验电； ② 戴绝缘手套操作电气设备

(7) 蒸汽吞吐井(空心杆掺水工艺)更换掺水阀门操作，见表 3-70。

表 3-70　蒸汽吞吐井(空心杆掺水工艺)更换掺水阀门操作的步骤、风险及其控制措施

序号	操作步骤		风　险	控制措施
	操作项	操作关键点		
1	停　机	打开控制柜门	触　电	① 戴绝缘手套； ② 操作前用验电器确认控制柜外壳无电
		停　抽	电弧灼伤	侧身按停止按钮
2	断　电	先断开控制柜开关，再断开上一级开关	触　电	① 戴绝缘手套； ② 操作前用验电器确认控制柜上一级开关外壳无电
			电弧灼伤	侧身拉闸断电
3	刹　车	检查刹车	人身伤害	① 刹车操作到位； ② 缓慢操作刹车；

续表 3-70

序号	操作步骤		风险	控制措施
	操作项	操作关键点		
4	拆掺水阀门	拆掺水管线	刺伤、烫伤	① 关闭计量站掺水阀门； ② 泄压
		拆掺水阀门	碰伤、砸伤	① 戴安全帽； ② 缓慢取下阀门
5	装掺水阀门	装掺水阀门	碰伤、砸伤	① 戴安全帽； ② 正确使用大锤
		装掺水管线	碰伤、砸伤	① 戴安全帽； ② 正确使用大锤
		开掺水阀门	刺伤	侧身缓慢操作阀门
6	开井前检查	连接部位	磕伤、碰伤	① 戴安全帽； ② 正确使用工具； ③ 平稳操作
		电气设备	触电	① 操作用电设备前用高压验电器验电； ② 戴绝缘手套操作电气设备
7	开井	松刹车	机械伤害	缓慢操作刹车
		合控制柜上一级开关	触电	① 戴绝缘手套操作控制柜上一级开关； ② 操作前用验电器确认控制柜上一级开关外壳无电
			电弧灼伤	侧身操作
		启动抽油机	触电	① 戴绝缘手套操作控制柜； ② 合闸前用验电器确认控制柜外壳无电
			电弧灼伤	侧身合闸及按启动按钮
			人身伤害	① 长发盘入安全帽； ② 劳动保护用品穿戴整齐
			设备损坏	松刹车启动抽油机
8	开抽后检查	检查抽油机	人身伤害	① 开抽后严禁进入旋转区域； ② 检查时必须站在防护栏外的安全区域； ③ 发现故障必须先停机后操作
		检查井口	碰伤	① 防止悬绳器磕碰； ② 劳动保护用品穿戴整齐

续表 3-70

序号	操作步骤		风　险	控制措施
	操作项	操作关键点		
8	开抽后检查	检查电机及皮带	挤　伤	① 劳动保护用品穿戴整齐； ② 长发盘入安全帽
		测电流	触　电	① 操作用电设备前用高压验电器验电； ② 戴绝缘手套操作电气设备

第四节　注入作业

一、注水

1. 注水泵站

(1) 启动冷却水系统操作，见表 3-71。

表 3-71　启动冷却水系统操作的步骤、风险及其控制措施

序号	操作步骤		风　险	控制措施
	操作项	操作关键点		
1	启动前检查	泵　房	紧急情况无法撤离	① 保持应急通道畅通； ② 房门应采取栓系、插销等开启固定措施
		低压配电柜	触　电	① 站绝缘脚垫上、戴绝缘手套操作电气设备； ② 使用验电器进行验电，确认外壳无电； ③ 电源开关处挂“停机检查”标志牌
		油质、油位	磕伤、碰伤	劳动保护用品穿戴整齐，戴好安全帽
		泵联轴器	机械伤害	① 确认机泵周围无人或障碍物； ② 旋转部位安装防护罩； ③ 正确使用工具，平稳操作； ④ 长发盘入安全帽； ⑤ 劳动保护用品穿戴整齐
		盘　泵	碰　伤	正确使用工具，平稳操作

续表 3-71

序号	操作步骤		风 险	控制措施
	操作项	操作关键点		
1	启动前检查	机泵固定螺丝	磕伤、碰伤	① 劳动保护用品穿戴整齐,戴好安全帽; ② 正确使用工具,平稳操作
		压力表	刺漏伤人	① 劳动保护用品穿戴整齐,戴好安全帽; ② 确认管线无腐蚀、阀门开关灵活好用
		冷却塔	高空坠落	攀爬冷却塔时抓牢踩稳
		冷却系统	丝杠弹出伤人	① 确认丝杠与闸板连接处完好; ② 侧身平稳操作
2	倒流程	倒通机泵冷却系统用水流程	人身伤害	① 正确倒好流程,平稳操作; ② 确认管线、密封垫圈完好
			丝杠弹出伤人	① 确认丝杠与闸板连接处完好; ② 侧身平稳操作
		放 空	汽 蚀	排净泵内余汽
3	启 泵	合空气开关	触 电	① 站在绝缘脚垫上、戴绝缘手套操作电气设备; ② 操作人员侧身操作用电设备
		按启动按钮	触 电	① 站在绝缘脚垫上、戴绝缘手套操作电气设备; ② 接触用电设备前使用验电器确认外壳无电; ③ 操作人员侧身操作用电设备
		开冷却水泵出口阀门	丝杠弹出伤人	① 确认丝杠与闸板连接处完好; ② 侧身平稳操作
4	运行中检查调节	检查联轴器	机械伤害	① 按要求穿戴好劳动保护用品,长发盘入安全帽; ② 操作人员应与旋转部位保持合理的安全距离
		录取资料	人身伤害	① 按要求穿戴好劳动保护用品; ② 按规定路线集中精力巡检录取资料
		悬挂标志牌	人身伤害	在醒目的位置悬挂"运行"标志牌

(2) 停止冷却水系统操作，见表3-72。

表3-72 停止冷却水系统操作的步骤、风险及其控制措施

序号	操作步骤		风险	控制措施
	操作项	操作关键点		
1	停泵前检查	检查泵房	紧急情况无法撤离	① 保持应急通道畅通； ② 房门应采取栓系、插销等开启固定措施
		录取资料	人身伤害	① 按要求穿戴好劳动保护用品； ② 按规定路线集中精力巡检，录取资料； ③ 压力表按要求定期校检并有合格证
2	停泵	按停止按钮	触电	① 站在绝缘脚垫上、戴绝缘手套操作电气设备； ② 接触用电设备前使用验电器确认外壳无电； ③ 操作人员侧身操作用电设备
		关闭所有冷却系统阀门	磕伤、碰伤	① 劳动保护用品穿戴整齐，戴好安全帽； ② 侧身平稳操作
3	停泵后检查	检查冷却系统	磕伤、碰伤	① 劳动保护用品穿戴整齐，戴好安全帽； ② 按规定路线巡检
		盘泵	挤伤	正确使用工具，平稳操作
		悬挂标志牌	人身伤害	在醒目的位置悬挂“停运”标志牌

(3) 启动润滑油系统操作，见表3-73。

表3-73 启动润滑油系统操作的步骤、风险及其控制措施

序号	操作步骤		风险	控制措施
	操作项	操作关键点		
1	启动前检查	泵房	紧急情况无法撤离	① 保持应急通道畅通； ② 房门应采取栓系、插销等开启固定措施
		低压配电柜	触电	① 站在绝缘脚垫上、戴绝缘手套操作电气设备； ② 接触用电设备前使用验电器确认外壳无电； ③ 操作人员侧身操作用电设备

续表 3-73

<table>
<tr><th rowspan="2">序号</th><th colspan="2">操作步骤</th><th rowspan="2">风　险</th><th rowspan="2">控制措施</th></tr>
<tr><th>操作项</th><th>操作关键点</th></tr>
<tr><td rowspan="9">1</td><td rowspan="9">启动前检查</td><td>油质、油位</td><td>磕伤、碰伤</td><td>劳动保护用品穿戴整齐，戴好安全帽</td></tr>
<tr><td>地下油箱</td><td>摔伤、磕伤</td><td>① 劳动保护用品穿戴整齐，戴好安全帽；
② 进入地下油箱时抓牢踩稳</td></tr>
<tr><td>事故油箱</td><td>高空坠落</td><td>攀爬时系好安全带，抓牢踩稳</td></tr>
<tr><td>冷凝器及滤网</td><td>人身伤害</td><td>① 劳动保护用品穿戴整齐，戴好安全帽；
② 正确使用工具，平稳操作</td></tr>
<tr><td>润滑油冷却系统</td><td>磕伤、碰伤</td><td>① 劳动保护用品穿戴整齐，戴好安全帽；
② 侧身平稳操作</td></tr>
<tr><td>机泵固定螺丝</td><td>磕伤、碰伤</td><td>① 劳动保护用品穿戴整齐，戴好安全帽；
② 正确使用工具，平稳操作</td></tr>
<tr><td>压力表</td><td>刺漏伤人</td><td>① 劳动保护用品穿戴整齐，戴好安全帽；
② 确认管线、阀门完好</td></tr>
<tr><td>润滑油泵</td><td>磕伤、碰伤</td><td>① 劳动保护用品穿戴整齐；
② 按规定路线巡检</td></tr>
<tr><td colspan="3"></td></tr>
<tr><td rowspan="2">2</td><td rowspan="2">倒流程</td><td rowspan="2">倒润滑系统机泵流程</td><td>摔　伤</td><td>① 正确倒流程，平稳操作；
② 确认管线、阀门完好</td></tr>
<tr><td>丝杠弹出伤人</td><td>① 确认丝杠与闸板连接处完好；
② 侧身开、关阀门，平稳操作</td></tr>
<tr><td rowspan="3">3</td><td rowspan="3">启　泵</td><td>合空气开关</td><td>触　电</td><td>① 站在绝缘脚垫上、戴绝缘手套操作电气设备；
② 操作人员侧身操作用电设备</td></tr>
<tr><td>按启动按钮</td><td>触　电</td><td>① 站在绝缘脚垫上、戴绝缘手套操作电气设备；
② 接触用电设备前使用验电器确认外壳无电
③ 操作人员侧身操作用电设备</td></tr>
<tr><td>自动切换</td><td>机械伤害</td><td>确认自动切换开关动作灵敏并且完好</td></tr>
</table>

续表 3-73

序号	操作步骤		风 险	控制措施
	操作项	操作关键点		
4	运行中检查调节	检查润滑油冷却器	磕伤、碰伤	① 劳动保护用品穿戴整齐，戴好安全帽； ② 侧身平稳操作
		电机风扇护罩	人身伤害	按要求穿戴好劳动保护用品，将长发盘入安全帽
		电接点压力表	触 电	① 戴好绝缘手套； ② 调整好低限跳闸压力、高限报警压力值
			机械伤害	
		录取资料	人身伤害	① 按要求穿戴劳动保护用品； ② 按规定路线集中精力巡检
		悬挂警示牌	人身伤害	在醒目的位置悬挂“运行”标志牌

（4）停止润滑油系统操作，见表 3-74。

表 3-74 停止润滑油系统操作的步骤、风险及其控制措施

序号	操作步骤		风 险	控制措施
	操作项	操作关键点		
1	停泵前检查	检查泵房	紧急情况无法撤离	① 保持应急通道畅通； ② 房门应采取栓系、插销等开启固定措施
		录取资料	人身伤害	① 按要求穿戴好劳动保护用品； ② 按规定路线巡检，录取资料； ③ 压力表按要求定期校检并有合格证
2	停 泵	按停泵按钮	触 电	① 站在绝缘脚垫上、戴绝缘手套操作电气设备； ② 接触用电设备前使用验电器确认外壳无电 ③ 侧身操作用电设备
3	倒流程	关闭润滑系统流程	液体刺漏伤人	① 正确倒流程，平稳操作； ② 确认管线、阀门完好
			丝杠弹出伤人	① 确认丝杠与闸板连接处完好； ② 侧身平稳操作

续表 3-74

序号	操作步骤		风 险	控制措施
	操作项	操作关键点		
4	停泵后检查	检查润滑系统流程	磕伤、碰伤	① 劳动保护用品穿戴整齐,戴好安全帽; ② 按规定路线集中精力巡检
		悬挂警示牌	人身伤害	在醒目的位置悬挂“停运”标志牌

(5) 启动柱塞式注水泵操作(以 5FB127-11.8-33.1/42-16 泵为例),见表 3-75。

表 3-75 启动柱塞式注水泵操作(以 5FB127-11.8-33.1/42-16 泵为例)的步骤、风险及其控制措施

序号	操作步骤		风 险	控制措施
	操作项	操作关键点		
1	启泵前检查	柱塞泵房	紧急情况无法撤离	① 保持应急通道畅通; ② 房门应采取栓系、插销等开启固定措施
		控制箱空气开关	触 电	① 站在绝缘脚垫上、戴绝缘手套操作电气设备; ② 使用验电器进行验电; ③ 操作人员侧身进行操作
		泵进、出口流程及回流阀门	磕伤、碰伤	① 劳动保护用品穿戴整齐; ② 正确使用工具,平稳操作; ③ 侧身开、关阀门,平稳操作
		液力端	磕伤、碰伤	① 劳动保护用品穿戴整齐; ② 正确使用工具,平稳操作
		动力端	磕伤、碰伤	① 劳动保护用品穿戴整齐; ② 正确使用工具,平稳操作
		皮带及护罩	挤 手	① 劳动保护用品穿戴整齐; ② 正确使用工具,平稳操作; ③ 不得戴手套盘皮带或手抓皮带进行操作
		电机及电源接线	触 电	① 站在绝缘脚垫上、戴绝缘手套操作电气设备; ② 使用验电器进行验电; ③ 操作人员侧身进行操作

续表 3-75

<table>
<tr><th rowspan="2">序号</th><th colspan="2">操作步骤</th><th rowspan="2">风 险</th><th rowspan="2">控制措施</th></tr>
<tr><th>操作项</th><th>操作关键点</th></tr>
<tr><td rowspan="4">1</td><td rowspan="4">启泵前检查</td><td>机泵固定螺丝及底座</td><td>磕伤、碰伤</td><td>① 劳动保护用品穿戴整齐；
② 正确使用工具，平稳操作</td></tr>
<tr><td>检查安全阀</td><td>碰 伤</td><td>① 劳动保护用品穿戴整齐；
② 正确使用工具，平稳操作</td></tr>
<tr><td rowspan="2">出口电接点压力表</td><td>触 电</td><td rowspan="2">① 戴好绝缘手套进行操作；
② 调整好低限跳闸压力、高限报警压力值</td></tr>
<tr><td>机械伤害</td></tr>
<tr><td rowspan="4">2</td><td rowspan="4">启 泵</td><td rowspan="2">开回流阀门</td><td>液体刺漏伤人</td><td>① 侧身平稳操作；
② 确认管线无腐蚀穿孔、阀门密封填料完好</td></tr>
<tr><td>丝杠弹出伤人</td><td>① 丝杠与闸板连接处完好、灵活好用；
② 侧身平稳操作</td></tr>
<tr><td>按启动按钮</td><td>触 电</td><td>① 站在绝缘脚垫上、戴绝缘手套操作电气设备；
② 接触用电设备前用验电器确认外壳无电；
③ 侧身操作用电设备</td></tr>
<tr><td>开出口阀门并缓慢关回流阀门</td><td>液体刺漏伤人</td><td>① 正确倒好流程，平稳操作；
② 确认管线、阀门完好</td></tr>
<tr><td rowspan="3">4</td><td rowspan="3">启泵后检查</td><td rowspan="2">机泵及流程</td><td>机械伤害</td><td>① 发现问题进行过滤或及时更换润滑油；
② 检查并紧固液力端固定螺丝</td></tr>
<tr><td>人身伤害</td><td>① 操作人员与速运转部位保持正常安全距离；
② 按要求穿戴劳动保护用品，长发盘入安全帽；
③ 正确使用工具调整漏失量；
④ 安全阀定期校检并有合格证；
⑤ 按要求调整好保护值</td></tr>
<tr><td>悬挂警示牌</td><td>人身伤害</td><td>在醒目的位置悬挂“运行”标志牌</td></tr>
</table>

（6）停止柱塞式注水泵操作（以5FB127-11.8-33.1/42-16泵为例），见表3-76。

表3-76　停止柱塞式注水泵操作（以5FB127-11.8-33.1/42-16泵为例）的步骤、风险及其控制措施

序号	操作步骤		风险	控制措施
	操作项	操作关键点		
1	停泵前检查	检查柱塞泵房	紧急情况无法撤离	① 保持应急通道畅通； ② 房门应采取栓系、插销等开启固定措施
		录取资料	人身伤害	① 按要求穿戴好劳动保护用品； ② 按规定路线巡检，录取资料
		泄压操作	机械伤害	缓慢开回流阀，操作平稳
			人身伤害	① 侧身平稳操作； ② 压力表按要求定期校检； ③ 正确使用工具，平稳操作； ④ 旋转部位应安装防护罩； ⑤ 确认机泵周围无人或障碍物
2	停泵	打开回流阀门，关闭出口阀门	液体刺漏伤人	① 侧身平稳操作； ② 确认管线无腐蚀穿孔、阀门密封填料完好
			丝杠弹出伤人	① 丝杠与闸板连接处完好、灵活好用； ② 侧身平稳操作
		按停泵按钮	触电	① 站在绝缘脚垫上、戴绝缘手套操作电气设备； ② 接触用电设备前用验电器确认外壳无电； ③ 侧身操作用电设备
		关闭回流阀门	磕伤、碰伤	正确使用工具，侧身平稳操作
		打开泵出口放空阀门	磕伤、碰伤	正确使用工具，侧身平稳操作
3	停泵后检查	检查仪器仪表	触电	正确使用绝缘器具进行检查
		检查机泵及流程	磕伤、碰伤	① 侧身操作； ② 确认阀门总成完好； ③ 按规定路线巡检
			冻裂（冬季）	将液体彻底放尽

续表 3-76

序号	操作步骤		风　险	控制措施
	操作项	操作关键点		
3	停泵后检查	悬挂警示牌	人身伤害	在醒目的位置悬挂“停运”标志牌

(7) 更换高压阀门密封填料操作(以350型闸板阀为例),见表3-77。

表 3-77　更换高压阀门密封填料操作(以350型闸板阀为例)的步骤、风险及其控制措施

序号	操作步骤		风　险	控制措施
	操作项	操作关键点		
1	倒流程	进入泵房	紧急情况无法撤离	① 保持应急通道畅通； ② 房门应采取栓系、插销等开启固定措施
		关闭上下流阀门、泄压	液体刺漏伤人	① 侧身平稳操作； ② 确认管线无腐蚀穿孔、阀门密封填料完好
			丝杠弹出伤人	① 丝杠与闸板连接处完好、灵活好用； ② 侧身平稳操作
		悬挂警示牌	人身伤害	在明显位置悬挂“检修”标志牌,防止误操作
2	更换填料	取出旧填料	高压刺伤	① 待余压泄尽后取下阀盖； ② 侧身操作
			机械伤害	① 不得戴手套使用手锤； ② 操作人员协调配合,平稳操作
		加入新填料	机械伤害	① 不得戴手套使用手锤； ② 操作人员协调配合,平稳操作
3	试　压	打开阀门	液体刺漏伤人	① 加入合格的密封填料,并满足密封需求； ② 添加填料时不得损伤填料； ③ 侧身操作阀门； ④ 填料压盖松紧适宜； ⑤ 缓慢打开阀门,平稳操作

(8) 柱塞泵例行保养(3H-8/450柱塞泵)操作,见表3-78。

表 3-78　柱塞泵例行保养(3H-8/450 柱塞泵)操作的步骤、风险及其控制措施

序号	操作步骤		风险	控制措施
	操作项	操作关键点		
1	运行中检查	柱塞泵房	紧急情况无法撤离	① 保持应急通道畅通； ② 房门应采取栓系、插销等开启固定措施
		配电盘	触　电	① 戴好绝缘手套； ② 电源开关处悬挂“运行”标志牌
		泵、皮带、护罩	机械伤害	① 确认机泵周围无人或障碍物； ② 旋转部位应安装防护罩； ③ 长发盘入安全帽； ④ 劳动保护用品穿戴整齐
		阀门、水表、连接螺栓等	磕伤、碰伤	① 劳动保护用品穿戴整齐； ② 按规定路线进行巡检
			液体刺漏伤人	① 侧身平稳操作； ② 检查确认管线无腐蚀穿孔、阀门密封填料完好
			丝杠弹出伤人	① 丝杠与闸板连接处完好、灵活好用； ② 侧身平稳操作
		安全阀	液体刺漏伤人	确认安全阀完好并且合格证在有效期内
2	停泵保养(发现问题时)	按停泵按钮	触　电	① 站在绝缘脚垫上、戴绝缘手套操作电气设备； ② 接触用电设备前用验电器确认外壳无电
		悬挂警示牌	人身伤害	电源开关处悬挂“检修”标志牌
		拉空气开关	电弧灼伤	操作人员侧身操作用电设备
		倒流程	液体刺漏伤人	① 正确倒流程，侧身平稳操作； ② 检查确认管线无腐蚀穿孔、阀门密封填料完好
			丝杠弹出伤人	① 丝杠与闸板连接处完好、灵活好用； ② 侧身平稳操作

续表 3-78

序号	操作步骤		风　险	控制措施
	操作项	操作关键点		
2	停泵保养(发现问题时)	皮　带	机械伤害	① 正确使用工具,平稳操作; ② 盘皮带时不得戴手套或手抓皮带进行操作
3	保养后启泵	合空气开关	触　电	① 在绝缘脚垫上、戴绝缘手套操作电气设备; ② 接触用电设备前确认外壳无电
		按启动按钮	电弧灼伤	侧身操作用电设备
4	启泵后检查	检查传动部位	人身伤害	① 劳动保护用品穿戴整齐; ② 正确选择站立位置,保持安全距离
		检查运转部位、压力部位	机械伤害	① 劳动保护用品穿戴整齐; ② 正确选择站立位置,保持安全距离
		悬挂警示牌	人身伤害	在醒目的位置悬挂“运行”标志牌

(9) 启动离心式注水泵操作,见表 3-79。

表 3-79　启动离心式注水泵操作的步骤、风险及其控制措施

序号	操作步骤		风　险	控制措施
	操作项	操作关键点		
1	启泵前检查	检查泵房	紧急情况无法撤离	① 保持应急通道畅通; ② 房门应采取栓系、插销等开启固定措施
		悬挂标志牌	人身伤害	电源开关处悬挂“检修”标志牌
		检查电控柜	触　电	① 站在绝缘脚垫上、戴绝缘手套操作电气设备; ② 操作用电设备前用验电器验电; ③ 使用合适量程的兆欧表测量电机绝缘电阻; ④ 测量完按规定进行放电
		检查电机外壳	触　电	接触用电设备前用高压验电器验电
		检查测温装置	划　伤	① 劳动保护用品穿戴整齐; ② 温度计完好无损,侧身观察测温孔

续表 3-79

序号	操作步骤		风　险	控制措施
	操作项	操作关键点		
1	启泵前检查	检查各部位紧固螺丝、阀门	人身伤害	① 劳动保护用品穿戴整齐； ② 正确使用工具； ③ 操作人员侧身操作；
		检查冷却系统、润滑系统	机械伤害	① 劳动保护用品穿戴整齐； ② 正确使用工具，平稳操作； ③ 操作人员侧身操作； ④ 按要求路线检查
		检查测量机泵轴窜量	磕伤、碰伤	① 劳动保护用品穿戴整齐； ② 正确使用撬杠，平稳操作
		盘　泵	碰　伤	① 劳动保护用品穿戴整齐； ② 正确使用 F 形扳手，平稳操作
		检查、倒通机泵流程	机械伤害	① 劳动保护用品穿戴整齐； ② 正确倒流程，平稳操作； ③ 操作人员侧身操作； ④ 正确使用工具，平稳操作； ⑤ 确认丝杠与闸板连接处完好
		检查过滤缸	磕　伤	① 劳动保护用品穿戴整齐； ② 戴好安全帽
		放　空	汽　蚀	确认将泵内气体排尽
		检查泵密封填料函	碰　伤	① 劳动保护用品穿戴整齐； ② 正确使用工具，平稳操作
		检查仪器仪表	碰　伤	① 劳动保护用品穿戴整齐； ② 正确使用工具，平稳操作； ③ 按要求定期校检并有合格证
		检查试验低油压、低水压保护	触　电	① 劳动保护用品穿戴整齐，戴好绝缘手套； ② 正确使用工具，平稳操作

续表 3-79

序号	操作步骤		风　险	控制措施
	操作项	操作关键点		
1	启泵前检查	检查机泵联轴器	机械伤害	① 劳动保护用品穿戴整齐； ② 正确使用工具,平稳操作
2	启动辅助系统	冷却水泵、润滑油泵	触　电	① 站在绝缘脚垫上、戴绝缘手套操作电气设备； ② 接触用电设备前使用验电器确认外壳无电； ③ 操作人员侧身操作用电设备
			机械伤害	按操作规程操作
3	启　泵	按启动按钮	触　电	① 站在绝缘脚垫上、戴绝缘手套操作电气设备； ② 接触用电设备前使用高压验电器确认外壳无电； ③ 侧身操作用电设备
		悬挂警示牌	人身伤害	在醒目的位置悬挂“运行”标志牌
4	启泵后检查	检查并录取各项参数	人身伤害	① 劳动保护用品穿戴整齐； ② 长发盘入安全帽； ③ 检查确认机泵周围无人或障碍物； ④ 旋转部位应安装防护罩； ⑤ 正确使用工具,平稳操作； ⑥ 按规定路线巡检； ⑦ 检查确认管线完好
			机械伤害	调整好电流、电压、出口压力,润滑系统、冷却系统等压力值
5	调节泵排量	泵出口电磁阀开、关按钮	触　电	① 站在绝缘脚垫上、戴绝缘手套操作电气设备； ② 接触用电设备前确认外壳无电
			电磁阀丝杠弹出伤人	确认电磁阀附近无人
			人身伤害	确认出口管线完好

（10）停止离心式注水泵操作,见表 3-80。

表 3-80　停止离心式注水泵操作的步骤、风险及其控制措施

序号	操作步骤		风　险	控制措施
	操作项	操作关键点		
1	停泵前检查	检查泵房	紧急情况无法撤离	① 保持应急通道畅通； ② 房门应采取栓系、插销等开启固定措施
		录取资料	人身伤害	① 按要求穿戴劳动保护用品； ② 按规定路线巡检、录取资料
2	停　泵	按停泵按钮	触　电	① 站在绝缘脚垫上、戴绝缘手套操作电气设备； ② 接触用电设备前用验电器确认外壳无电； ③ 侧身操作用电设备
		关出口阀门	丝杠弹出伤人	确认出口电磁阀附近无人
3	盘　泵	联轴器	碰　伤	① 劳动保护用品穿戴整齐； ② 正确使用 F 形扳手
4	倒流程	关闭所有阀门，打开放空、排污阀门	液体刺漏伤人	确认管线、密封垫圈完好
			丝杠弹出伤人	① 确认丝杠与闸板连接完好； ② 操作人员正确使用工具，侧身平稳操作
		停冷却水泵、润滑油泵	触　电	① 站在绝缘脚垫上、戴绝缘手套操作电气设备； ② 接触用电设备前用验电器确认外壳无电； ③ 侧身操作用电设备
			机械伤害	确认注水泵停稳后再停辅助系统
5	停泵后检查	注水机泵	磕伤、碰伤	操作人员未按巡检路线巡检
		悬挂警示牌	人身伤害	在醒目的位置悬挂“停运”标志牌

(11) 高压离心泵倒泵操作，见表 3-81。

表 3-81 高压离心泵倒泵操作的步骤、风险及其控制措施

序号	操作步骤		风险	控制措施
	操作项	操作关键点		
1	检查备用泵	检查泵房	紧急情况无法撤离	① 保持应急通道畅通； ② 房门应采取栓系、插销等开启固定措施
		悬挂标志牌	人身伤害	电源开关处悬挂“停运”标志牌
		检查电控柜	触电	① 站在绝缘脚垫上、戴好绝缘手套操作电气设备； ② 操作用电设备前用高压验电器验电； ③ 使用合适量程的兆欧表测量电机绝缘电阻； ④ 测量完按规定进行放电
		电机外壳	触电	接触用电设备前进行验电
		测温装置	划伤	① 劳动保护用品穿戴整齐； ② 确认温度计完好，侧身观察测温孔
		各部位紧固螺丝、阀门	人身伤害	① 劳动保护用品穿戴整齐； ② 正确使用工具； ③ 操作人员侧身操作； ④ 按要求路线检查
		机泵轴窜量	磕伤、碰伤	① 劳动保护用品穿戴整齐； ② 正确使用撬杠，平稳操作
		盘泵	碰伤	① 劳动保护用品穿戴整齐； ② 正确使用 F 形扳手，平稳操作
		倒通机泵流程	人身伤害	① 劳动保护用品穿戴整齐； ② 避免倒错流程； ③ 侧身操作； ④ 正确使用工具，平稳操作； ⑤ 确认丝杠与闸板连接完好，灵活好用
		泵密封填料函	碰伤	① 劳动保护用品穿戴整齐； ② 正确使用工具，平稳操作
		仪器仪表	人身伤害	① 劳动保护用品穿戴整齐，戴好安全帽； ② 及时更换老化的管线、阀门
		试验低油压、低水压保护	触电	① 劳动保护用品穿戴整齐，戴绝缘手套； ② 正确使用工具，平稳操作

续表 3-81

序号	操作步骤		风　险	控制措施
	操作项	操作关键点		
1	检查备用泵	机泵联轴器	碰　伤	① 劳动保护用品穿戴整齐； ② 正确使用工具
2	倒流程	关小欲停泵出口阀门，控制排量	液体刺漏伤人	① 正确倒流程，平稳操作； ② 确认管线、密封垫圈完好
			丝杠弹出伤人	① 确认丝杠与闸板连接完好； ② 侧身操作
3	启动备用泵	按启动按钮	触　电	① 站在绝缘脚垫上、戴绝缘手套操作电气设备； ② 接触用电设备前用验电器确认外壳无电
		悬挂警示牌	人身伤害	在醒目的位置悬挂“运行”标志牌
	启泵后检查	管线、阀门	液体刺漏伤人	① 正确倒流程，平稳操作； ② 确认管线、阀门密封垫圈完好
			丝杠弹出伤人	① 确认丝杠与闸板连接完好； ② 侧身操作
		录取资料	人身伤害	① 按要求穿戴劳动保护用品； ② 按规定路线巡检，录取资料
4	停止欲停泵	按停止按钮	触　电	① 站在绝缘脚垫上、戴绝缘手套侧身操作电气设备； ② 接触用电设备前用验电器确认外壳无电
		停泵后检查	磕伤、碰伤	① 盘泵时正确使用 F 形扳手； ② 操作人员按规定路线集中精力检查
		悬挂警示牌	人身伤害	在醒目的位置悬挂“停运”标志牌

（12）更换离心式注水泵密封填料操作，见表 3-82。

表 3-82 更换离心式注水泵密封填料操作的步骤、风险及其控制措施

序号	操作步骤		风险	控制措施
	操作项	操作关键点		
1	停泵前检查	检查泵房	紧急情况无法撤离	① 保持应急通道畅通； ② 房门应采取栓系、插销等开启固定措施
		录取资料	人身伤害	① 按要求穿戴劳动保护用品； ② 按规定路线巡检，录取资料
2	停泵	按停泵按钮	触电	① 站在绝缘脚垫上、戴绝缘手套操作电气设备； ② 接触用电设备前确认外壳无电； ③ 侧身操作用电设备
		悬挂警示牌	人身伤害	在醒目的位置悬挂“停运”标志牌
3	盘泵	联轴器	碰伤	① 劳动保护用品穿戴整齐； ② 正确使用 F 形扳手，平稳操作
4	倒流程	关闭所有阀门，打开放空、排污阀门	摔伤	确认管线、阀门无渗漏，清除地面液体
			磕伤、碰伤	① 正确使用工具，平稳操作； ② 侧身操作
5	更换密封填料	取出旧密封填料	余压伤害	① 维修或更换阀门； ② 应在卸松固定螺丝后，撬动压盖卸掉余压，再卸掉压盖取出旧密封填料
			磕伤、碰伤	正确使用工具，平稳操作
		装入新密封填料	磕伤、碰伤、割伤	正确使用工具，平稳操作
6	盘泵检查	盘泵	机械伤害	① 劳动保护用品按要求穿戴整齐； ② 正确使用 F 形扳手，平稳操作
7	启泵	按启动按钮	触电	① 站在绝缘脚垫上、戴好绝缘手套操作电气设备； ② 接触用电设备前用高压验电器验电； ③ 侧身操作用电设备
		悬挂警示牌	人身伤害	在醒目的位置悬挂“运行”标志牌

续表 3-82

序号	操作步骤		风险	控制措施
	操作项	操作关键点		
8	启泵后检查	检查并录取各项参数	人身伤害	① 劳动保护用品穿戴整齐； ② 长发盘入安全帽； ③ 检查确认机泵周围无人或障碍物； ④ 旋转部位安装防护罩； ⑤ 正确使用工具； ⑥ 按规定路线巡检； ⑦ 确认管线完好
			机械伤害	调整好电流、电压、出口压力，润滑系统、冷却系统等压力值
9	调节泵排量	泵出口电磁阀开、关按钮	触电	① 站在绝缘脚垫上、戴好绝缘手套操作电气设备； ② 接触用电设备前用高压验电器验电； ③ 侧身操作用电设备

(13) 离心泵一级保养操作，见表 3-83。

表 3-83 离心泵一级保养操作的步骤、风险及其控制措施

序号	操作步骤		风险	控制措施
	操作项	操作关键点		
1	停泵前检查	检查泵房	紧急情况无法撤离	① 保持应急通道畅通； ② 房门应采取栓系、插销等开启固定措施
		录取资料	人身伤害	① 按要求穿戴好劳动保护用品； ② 按规定路线巡检、录取资料
2	停泵	按停止按钮	触电	① 站在绝缘脚垫上、戴绝缘手套操作电气设备； ② 接触用电设备前用验电器确认外壳无电； ③ 侧身操作用电设备
		倒流程	液体刺漏伤人	① 正确倒流程，平稳操作； ② 确认管线、阀门完好

续表 3-83

序号	操作步骤		风 险	控制措施
	操作项	操作关键点		
2	停 泵	倒流程	丝杠弹出伤人	① 确认丝杠与闸板连接处完好； ② 侧身操作
		悬挂警示牌	人身伤害	在醒目的位置悬挂“停运”标志牌
3	停泵后检查	更换密封填料	磕伤、碰伤、割伤	① 劳动保护用品穿戴整齐； ② 正确使用工具，平稳操作
		清洗润滑室、更换润滑油	摔 伤	① 劳动保护用品穿戴整齐； ② 使用接油盆接油及地面做好防滑措施
		进出流程、清洗过滤缸	磕伤、碰伤	① 劳动保护用品穿戴整齐，戴好安全帽； ② 注意地面管线及悬空管线
		各种仪表	人身伤害	① 劳动保护用品穿戴整齐，戴好安全帽； ② 及时更换老化的管线、阀门
		紧固各部位螺丝	磕 伤	① 劳动保护用品穿戴整齐； ② 正确使用工具，平稳操作
		清洁卫生	碰 伤	① 劳动保护用品穿戴整齐； ② 注意地面管线及悬空管线
4	启 泵	按启动按钮	触 电	① 站在绝缘脚垫上、戴绝缘手套操作电气设备； ② 接触用电设备前用验电器确认外壳无电； ③ 侧身操作用电设备
		悬挂警示牌	人身伤害	在醒目的位置悬挂“运行”标志牌
5	启泵后检查	检查并录取各项参数	人身伤害	① 劳动保护用品穿戴整齐； ② 长发盘入安全帽； ③ 确认机泵周围无人或障碍物； ④ 旋转部位应安装防护罩； ⑤ 正确使用工具； ⑥ 按规定路线巡检； ⑦ 确认管线完好
			机械伤害	调整好电流、电压、出口压力，润滑系统、冷却系统等的压力值

续表 3-83

序号	操作步骤		风　险	控制措施
	操作项	操作关键点		
6	调节泵排量	泵出口电磁阀开、关按钮	触　电	① 站在绝缘脚垫上、戴绝缘手套操作电气设备； ② 接触用电设备前确认外壳无电
			电磁阀丝杠弹出伤人	确认电磁阀附近无人
			人身伤害	定期测量管线腐蚀状况

(14) 离心式注水站紧急停电故障处理，见表 3-84。

表 3-84　离心式注水站紧急停电故障处理的步骤、风险及其控制措施

序号	操作步骤		风　险	控制措施
	操作项	操作关键点		
1	判断、分析停电原因	检查泵房	紧急情况无法撤离	① 保持应急通道畅通； ② 房门应采取栓系、插销等开启固定措施
		高压电、低压电失电	人身伤害	及时与变电所取得联系，询问原因
2	紧急停电处理	检查电控柜	触　电	① 站在绝缘脚垫上、戴绝缘手套操作电气设备； ② 接触用电设备前用验电器确认外壳无电； ③ 操作人员侧身操作用电设备
		停泵按钮		
		检查泵出口阀门、止回阀	机械伤害	发现泵反转时及时关闭分水器阀门
		检查润滑油系统、冷却水系统	磕伤、碰伤	① 劳动保护用品穿戴整齐； ② 正确使用工具，平稳操作
		检查大罐水位	污水外溢	关闭进站来水阀门
		检查机泵流程	磕伤、碰伤	① 劳动保护用品穿戴整齐； ② 正确使用工具，平稳操作
		悬挂警示牌	人身伤害	在醒目的位置悬挂“备用”标志牌

(15) 柱塞泵注水站紧急停电故障处理,见表3-85。

表3-85 柱塞泵注水站紧急停电故障处理的步骤、风险及其控制措施

序号	操作步骤		风险	控制措施
	操作项	操作关键点		
1	判断、分析停电原因	检查泵房	紧急情况无法撤离	① 保持应急通道畅通; ② 房门应采取栓系、插销等开启固定措施
		低压电失电	人身伤害	及时与变电所取得联系,询问原因
2	停泵后检查	配电柜电源总开关	触电	① 站在绝缘脚垫上、戴绝缘手套操作电气设备; ② 接触用电设备前确认外壳无电; ③ 侧身操作用电设备
3	倒好流程放空泄压	机泵流程	人身伤害	① 劳动保护用品穿戴整齐; ② 正确使用工具,平稳操作
4	倒好分水器流程	高压分水器	液体刺漏伤人	① 正确倒好流程,平稳操作; ② 检查确认管线、阀门完好
			丝杠弹出伤人	① 丝杠与闸板连接处完好; ② 侧身操作
5	检查机泵	机泵流程	人身伤害	① 劳动保护用品穿戴整齐,戴好安全帽; ② 正确使用工具,平稳操作
		悬挂警示牌	人身伤害	在醒目的位置悬挂“备用”标志牌

2. 配水间、注水井

(1) 倒注水井正注流程操作,见表3-86。

表3-86 倒注水井正注流程操作的步骤、风险及其控制措施

序号	操作步骤		风险	控制措施
	操作项	操作关键点		
1	检查流程	井口	机械伤害	按要求穿戴好劳动保护用品,选好站位,避免磕碰或衣物挂到阀门、丝杠等突出部位
			高压刺伤	① 确认井口装置齐备、流程完好无渗漏; ② 选好站位,有预见性地避开易刺漏部位

续表 3-86

序号	操作步骤		风　险	控制措施
	操作项	操作关键点		
1	检查流程	注水管线	淹　溺	确认流程沿线无不明水坑，避开情况不明的危险区域
		配水间	紧急情况无法撤离	① 确保安全通道畅通； ② 房门采取栓系、销栓等开启固定措施
			机械伤害	按要求穿戴好劳动保护用品，选好站位，避免磕碰或衣物挂到阀门、丝杠等突出部位
			高压刺伤	① 确认配水间装置齐备，流程完好无渗漏； ② 选好站位，有预见性地避开易刺漏部位
2	倒流程	倒正注流程	液体刺漏伤人	① 正确倒流程，先开后关，侧身平稳操作； ② 确认管线无腐蚀穿孔、阀门密封垫圈完好
			丝杠弹出伤人	① 确认丝杠与闸板连接处完好； ② 侧身平稳操作
			机械伤害	F 形扳手开口朝外，侧身平稳操作
3	调整水量	调节下流阀门	液体刺漏伤人	① 确认阀门、管线无腐蚀、无损坏； ② 侧身平稳操作
			丝杠弹出伤人	① 确认丝杠与闸板连接处完好； ② 侧身平稳操作
			机械伤害	F 形扳手开口朝外，侧身平稳操作

（2）调整注水井注水量操作，见表 3-87。

表 3-87　调整注水井注水量操作的步骤、风险及其控制措施

序号	操作步骤		风　险	控制措施
	操作项	操作关键点		
1	调整前检查	配水间流程	紧急情况无法撤离	① 确保安全通道畅通； ② 房门采取栓系、销栓等开启固定措施
			机械伤害	按要求穿戴好劳动保护用品，选好站位，避免磕碰或衣物挂到阀门、丝杠等突出部位

续表 3-87

序号	操作步骤		风　险	控制措施
	操作项	操作关键点		
1	调整前检查	配水间流程	高压刺伤	① 确认配水间装置齐备、流程完好无渗漏； ② 选好站位，有预见性地避开易刺漏部位
2	确定调整措施	核对录取资料	机械伤害	按要求穿戴好劳动保护用品，选好站位，避免磕碰或衣物挂到阀门、丝杠等突出部位
3	调整注水量	调节下流阀门	液体刺漏伤人	① 确认阀门、管线无腐蚀、无损坏； ② 侧身平稳操作
			丝杠弹出伤人	① 确认丝杠与闸板连接处完好； ② 侧身平稳操作
			机械伤害	F 形扳手开口朝外，侧身平稳操作

(3) 更换智能磁电流量计操作，见表 3-88。

表 3-88　更换智能磁电流量计操作的步骤、风险及其控制措施

序号	操作步骤		风　险	控制措施
	操作项	操作关键点		
1	更换前检查	配水间流程	紧急情况无法撤离	① 确保安全通道畅通； ② 房门采取栓系、销栓等开启固定措施
			机械伤害	按要求穿戴好劳动保护用品，选好站位，避免磕碰或衣物挂到阀门、丝杠等突出部位
			高压刺伤	① 确认配水间装置齐备、流程完好无渗漏； ② 选好站位，有预见性地避开易刺漏部位
2	切断流程	关闭上、下流阀门	液体刺漏伤人	① 确认阀门、管线无腐蚀、无损坏； ② 侧身平稳操作
			丝杠弹出伤人	① 确认丝杠与闸板连接处完好； ② 侧身平稳操作
			机械伤害	F 形扳手开口朝外，侧身平稳操作

续表 3-88

序号	操作步骤		风　险	控制措施
	操作项	操作关键点		
3	更换流量计	取出旧芯子	高压刺伤	① 严禁带压施工，阀门无法放空时应在井口放尽干线压力； ② 严禁全部卸下法兰盖螺栓，应预留 2～3 扣，侧身二次泄压，确认总成内余压泄尽后，卸下法兰盖； ③ 拆卸芯子严禁采用高压水推顶； ④ 顶部密封圈和底部密封垫必须全部取出检查、更换
			机械伤害	正确选用工具，抓牢重物，平稳操作
		安装新芯子	机械伤害	正确选用工具，抓牢重物，平稳操作
4	试　压	倒试压流程	高压刺伤	① 确认放空阀门关闭，再打开上流阀门； ② 总成内污物要清除干净，密封垫、密封圈涂抹黄油； ③ 法兰盖对角上紧，保证上下法兰平行； ④ 确认管线、阀门无老化、腐蚀、损坏现象； ⑤ 侧身平稳操作
			机械伤害	F 形扳手开口朝外，侧身平稳操作
5	调节水量	调节下流阀门	液体刺漏伤人	① 确认阀门、管线无腐蚀、无损坏； ② 侧身平稳操作
			丝杠弹出伤人	① 确认丝杠与闸板连接处完好； ② 侧身平稳操作
			机械伤害	F 形扳手开口朝外，侧身平稳操作

(4) 注水井反洗井操作，见表 3-89。

表 3-89　注水井反洗井操作的步骤、风险及其控制措施

序号	操作步骤		风　险	控制措施
	操作项	操作关键点		
1	洗井前检查	井　口	机械伤害	按要求穿戴好劳动保护用品，选好站位，避免磕碰或衣物挂到阀门、丝杠等突出部位

续表 3-89

<table>
<tr><th rowspan="2">序号</th><th colspan="2">操作步骤</th><th rowspan="2">风　险</th><th rowspan="2">控制措施</th></tr>
<tr><th>操作项</th><th>操作关键点</th></tr>
<tr><td rowspan="6">1</td><td rowspan="6">洗井前检查</td><td>井　口</td><td>高压刺伤</td><td>① 确认井口装置齐备、流程完好无渗漏；
② 选好站位，有预见性地避开易刺漏部位</td></tr>
<tr><td>注水管线</td><td>淹　溺</td><td>确认流程沿线无不明水坑，避开情况不明的危险区域</td></tr>
<tr><td rowspan="3">配水间流程</td><td>紧急情况无法撤离</td><td>① 确保安全通道畅通；
② 房门采取栓系、销栓等开启固定措施</td></tr>
<tr><td>机械伤害</td><td>按要求穿戴好劳动保护用品，选好站位，避免磕碰或衣物挂到阀门、丝杠等突出部位</td></tr>
<tr><td>高压刺伤</td><td>① 确认配水间装置齐备、流程完好无渗漏；
② 选好站位，有预见性地避开易刺漏部位</td></tr>
<tr><td rowspan="6">2</td><td rowspan="6">倒流程</td><td rowspan="3">关闭配水间下流阀门</td><td>液体刺漏伤人</td><td>① 确认井号，侧身平稳操作；
② 确认管线、阀门无腐蚀、无损坏</td></tr>
<tr><td>丝杠弹出伤人</td><td>① 确认丝杠与闸板连接处完好；
② 侧身平稳操作</td></tr>
<tr><td>机械伤害</td><td>F 形扳手开口朝外，侧身平稳操作</td></tr>
<tr><td rowspan="3">倒井口洗井流程</td><td>液体刺漏伤人</td><td>① 侧身平稳操作；
② 确认管线、阀门无腐蚀、无损坏</td></tr>
<tr><td>丝杠弹出伤人</td><td>① 确认丝杠与闸板连接处完好；
② 侧身平稳操作</td></tr>
<tr><td>机械伤害</td><td>F 形扳手开口朝外，侧身平稳操作</td></tr>
<tr><td rowspan="3">3</td><td rowspan="3">控制排量洗井</td><td rowspan="3">调节进、出口阀门</td><td>液体刺漏伤人</td><td>① 确认阀门、管线无腐蚀、无损坏；
② 配合协调一致，侧身平稳操作</td></tr>
<tr><td>丝杠弹出伤人</td><td>① 确认丝杠与闸板连接处完好；
② 侧身平稳操作</td></tr>
<tr><td>机械伤害</td><td>F 形扳手开口朝外，侧身平稳操作</td></tr>
</table>

续表 3-89

序号	操作步骤		风　险	控制措施
	操作项	操作关键点		
4	恢复正常注水	倒流程	液体刺漏伤人	① 先关闭配水间下流阀门，再倒通井口正注流程，然后缓慢打开配水间下流阀门；② 确认阀门、管线无腐蚀、无损坏；③ 侧身平稳操作
			丝杠弹出伤人	① 确认丝杠与闸板连接处完好；② 侧身平稳操作
			机械伤害	F 形扳手开口朝外，侧身平稳操作
		调整水量	液体刺漏伤人	① 侧身平稳操作配水间下流阀门；② 确认管线、阀门无腐蚀、无损坏
			丝杠弹出伤人	① 确认丝杠与闸板连接处完好；② 侧身平稳操作
			机械伤害	F 形扳手开口朝外，侧身平稳操作

（5）更换配水间分水器下流阀门操作，见表 3-90。

表 3-90　更换配水间分水器下流阀门操作的步骤、风险及其控制措施

序号	操作步骤		风　险	控制措施
	操作项	操作关键点		
1	更换前检查	配水间流程	紧急情况无法撤离	① 确保安全通道畅通；② 房门采取栓系、销栓等开启固定措施
			机械伤害	按要求穿戴好劳动保护用品，选好站位，避免磕碰或衣物挂到阀门、丝杠等突出部位
			高压刺伤	① 确认配水间装置齐备、流程完好无渗漏；② 选好站位，有预见性地避开易刺漏部位
2	泄　压	倒放空流程	液体刺漏伤人	① 确认阀门、管线无腐蚀、无损坏；② 侧身平稳关闭上流阀门，井口放空
			丝杠弹出伤人	① 确认丝杠与闸板连接处完好；② 侧身平稳操作
			机械伤害	F 形扳手开口朝外，侧身平稳操作

续表 3-90

序号	操作步骤		风　险	控制措施
	操作项	操作关键点		
3	更换阀门	拆卸旧阀门	高压刺伤	① 确认上流阀门关严； ② 确认井口放空； ③ 先卸掉下卡箍，二次泄压，再卸上卡箍
			机械伤害	① 使用手锤时摘下手套，平稳操作； ② 重物应抓稳扶牢，操作人员相互配合，注意力集中
		安装新阀门	机械伤害	① 使用手锤时摘下手套，平稳操作； ② 重物应抓稳扶牢，操作人员相互配合，注意力集中
4	恢复正常注水	倒注水流程	高压刺伤	① 试压时放空阀门要关严； ② 清除总成内污物； ③ 密封槽内涂抹黄油； ④ 用专用扳手将卡箍均匀紧固； ⑤ 确认管线、阀门无老化、腐蚀、损坏现象； ⑥ 侧身平稳操作
			机械伤害	F形扳手开口朝外，侧身平稳操作
		调整水量	液体刺漏伤人	① 确认管线、阀门无腐蚀、无损坏； ② 侧身平稳操作
			丝杠弹出伤人	① 确认丝杠与闸板连接处完好； ② 侧身平稳操作
			机械伤害	F形扳手开口朝外，侧身平稳操作

（6）注水管线泄漏处置操作，见表 3-91。

表 3-91　注水管线泄漏处置操作的步骤、风险及其控制措施

序号	操作关键点		风　险	控制措施
	操作项	操作关键点		
1	处置前检查	配水间流程	紧急情况无法撤离	① 确保安全通道畅通； ② 房门采取栓系、销栓等开启固定措施

续表 3-91

序号	操作步骤		风　险	控制措施
	操作项	操作关键点		
1	处置前检查	配水间流程	机械伤害	按要求穿戴好劳动保护用品，选好站位，避免磕碰或衣物挂到阀门、丝杠等突出部位
			高压刺伤	① 确认配水间装置齐备、流程完好无渗漏； ② 选好站位，有预见性地避开易刺漏部位
2	泄　压	倒放空流程	液体刺漏伤人	① 确认阀门无腐蚀、无损坏； ② 侧身平稳关闭配水间下流阀门，井口放空
			丝杠弹出伤人	① 确认丝杠与闸板连接处完好； ② 侧身平稳操作
			机械伤害	F 形扳手开口朝外，侧身平稳操作
3	清理穿孔部位	挖操作坑、处理管线	机械伤害	① 正确选用工具，平稳操作； ② 确认操作范围无人
			淹溺、烫伤	正确选择站位，平稳操作
			塌方掩埋	严格按照破土作业规程操作
4	补　漏	作业车就位	车辆伤害	确认作业车移动方向无人
		焊　补	高压刺伤	必须放尽压力后再进行焊补操作
			火灾爆炸	① 清理周围可燃物； ② 乙炔瓶垂直放置于距氧气瓶安全间距 5 m、与施工点安全间距 10 m 的上风口处
			触　电	① 电焊机正确接地； ② 确认电缆无腐蚀、老化现象，正确连接线路
			人员伤害	① 操作者持有资格证，并填写动火报告，经有关领导签字后方可施工； ② 戴好专用防护用具
		作业车驶离	车辆伤害	确认作业车移动方向无人

续表 3-91

序号	操作步骤		风 险	控制措施
	操作项	操作关键点		
5	试压恢复注水	倒试压流程	高压刺伤	① 正确倒好流程； ② 确认放空阀门关严； ③ 确认管线、阀门无老化、腐蚀、损坏现象； ④ 确认刺漏部位无人； ⑤ 侧身平稳操作
			机械伤害	F形扳手开口朝外，侧身平稳操作
6	调整水量	调节下流阀门	液体刺漏伤人	① 确认阀门、管线无腐蚀、无损坏； ② 侧身平稳操作
			丝杠弹出伤人	① 确认丝杠与闸板连接处完好； ② 侧身平稳操作
			机械伤害	F形扳手开口朝外，侧身平稳操作

(7) 注水井巡回检查，见表 3-92。

表 3-92 注水井巡回检查的步骤、风险及其控制措施

序号	操作步骤		风 险	控制措施
	操作项	操作关键点		
1	检查井口	井口装置	机械伤害	按要求穿戴好劳动保护用品，选好站位，避免磕碰或衣物挂到阀门、丝杠等突出部位
			高压刺伤	① 确认井口装置齐备、流程完好无渗漏； ② 选好站位，有预见性地避开易刺漏部位
		增压泵	触 电	① 戴好绝缘手套； ② 用验电器确认电气设备外壳无电
			电弧灼伤	侧身操作电气设备
			机械伤害	① 旋转部位必须安装防护罩； ② 操作人员应与旋转部位保持合理的安全距离； ③ 按要求穿戴劳动保护用品，将长发盘入安全帽； ④ 正确选用工具，平稳操作

续表 3-92

序号	操作步骤		风　险	控制措施
	操作项	操作关键点		
2	检查注水管线	检查注水管线	淹　溺	确认流程沿线无不明水坑，避开情况不明的危险区域
3	检查配水间	流　程	紧急情况无法撤离	① 确保安全通道畅通； ② 房门采取栓系、销栓等开启固定措施
			机械伤害	按要求穿戴好劳动保护用品，选好站位，避免磕碰或衣物挂到阀门、丝杠等突出部位
			高压刺伤	① 确认配水间装置齐备、流程完好无渗漏； ② 选好站位，有预见性地避开易刺漏部位
		控制下流阀门调整水量	液体刺漏伤人	① 确认阀门、管线无腐蚀、无损坏； ② 侧身平稳操作
			丝杠弹出伤人	① 确认丝杠与闸板连接处完好； ② 侧身平稳操作
			机械伤害	F形扳手开口朝外，侧身平稳操作

(8) 光油管注水井测试操作，见表 3-93。

表 3-93　光油管注水井测试操作的步骤、风险及其控制措施

序号	操作步骤		风　险	控制措施
	操作项	操作关键点		
1	测试前检查	检查、录取资料	紧急情况无法撤离	① 确保安全通道畅通； ② 房门采取栓系、销栓等开启固定措施
			机械伤害	按要求穿戴好劳动保护用品，选好站位，避免磕碰或衣物挂到阀门、丝杠等突出部位
			高压刺伤	① 确认配水间装置齐备、流程完好无渗漏； ② 选好站位，有预见性地避开易刺漏部位
2	降压法测试	调节下流阀门	液体刺漏伤人	① 确认阀门、管线无腐蚀、无损坏； ② 侧身平稳操作

续表 3-93

序号	操作步骤		风　险	控制措施
	操作项	操作关键点		
2	降压法测试	调节下流阀门	丝杠弹出伤人	① 确认丝杠与闸板连接处完好； ② 侧身平稳操作
			机械伤害	F形扳手开口朝外，侧身平稳操作
3	恢复正常注水	控制下流阀门调整水量	液体刺漏伤人	① 确认阀门、管线无腐蚀、无损坏； ② 侧身平稳操作
			丝杠弹出伤人	① 确认丝杠与闸板连接处完好； ② 侧身平稳操作
			机械伤害	F形扳手开口朝外，侧身平稳操作

二、注聚合物

(1) 更换注聚泵进、排液阀操作，见表 3-94。

表 3-94　更换注聚泵进、排液阀操作的步骤、风险及其控制措施

序号	操作步骤		风　险	控制措施
	操作项	操作关键点		
1	停　泵	泵　房	紧急情况无法撤离	① 保持应急通道畅通； ② 房门应采取栓系、插销等开启固定措施
		按停止按钮	触　电	① 戴好绝缘手套； ② 用验电器检验控制箱外壳无电
			电弧伤人	侧身操作停止按钮
		断开控制箱空气开关	电弧伤人	侧身操作空气开关
		断开总控室单泵空气开关	触　电	① 戴好绝缘手套； ② 用验电器检验总控室外壳无电
			电弧伤人	侧身操作空气开关
2	倒流程	关闭泵进出口阀门	误操作启泵	悬挂“禁止合闸”标志牌
			液体刺漏伤人	① 平稳操作； ② 确认管线、阀门无腐蚀、无损坏

续表 3-94

序号	操作步骤		风险	控制措施
	操作项	操作关键点		
2	倒流程	关闭泵进出口阀门	丝杠弹出伤人	① 确认丝杠与闸板连接完好； ② 侧身平稳操作
		打开放空阀门	液体刺漏伤人	① 上紧、上正放空弯头； ② 侧身打开放空阀； ③ 平稳操作
3	更换进、排液阀	拆卸前盖、上盖	砸伤、碰伤	① 平稳操作； ② 正确使用 T 形工具
			滑倒	① 及时清理地面聚合物； ② 平稳操作
		取阀	砸伤、碰伤	① 平稳操作； ② 正确使用 T 形工具
			皮带挤伤	① 禁止戴手套盘皮带； ② 手掌压皮带盘皮带
		装阀	挤伤手指	① 平稳操作； ② 正确使用 T 形工具
			皮带挤伤	① 禁止戴手套盘皮带； ② 手掌压皮带盘皮带
		安装前盖、上盖	挤伤手指	① 平稳操作； ② 正确使用 T 形工具
4	倒流程	打开泵进出口阀门，关闭放空阀门	液体刺漏伤人	① 平稳操作； ② 确认管线、阀门无老化、腐蚀、损坏现象； ③ 确认放空阀关闭； ④ 侧身操作； ⑤ 确认进排液阀固定螺栓紧固
			丝杠弹出伤人	① 确认丝杠与闸板连接完好； ② 侧身平稳操作

续表 3-94

序号	操作步骤		风　险	控制措施
	操作项	操作关键点		
5	启　泵	启泵前检查	碰伤、摔伤	① 戴好安全帽； ② 注意架空管线； ③ 注意注聚泵周围的障碍物和地面设施
		合总控室单泵空气开关	触　电	① 戴好绝缘手套； ② 用高压验电器检验总控室外壳无电； ③ 合闸送电前确认设备、线路无人
			电弧伤人	侧身操作
		合控制箱空气开关	触　电	① 戴绝缘手套； ② 用高压验电器检验控制箱外壳无电； ③ 合闸送电前确认设备、线路无人
			电弧伤人	侧身操作
		按启动按钮	触　电	① 戴绝缘手套； ② 合闸送电前确认设备、线路无人
			电弧伤人	侧身操作
			液体刺漏伤人	① 启泵前倒好流程； ② 先开后关，平稳操作

（2）更换注聚泵弹簧式安全阀操作，见表 3-95。

表 3-95　更换注聚泵弹簧式安全阀操作的步骤、风险及其控制措施

序号	操作步骤		风　险	控制措施
	操作项	操作关键点		
1	停　泵	检查泵房	紧急情况无法撤离	① 保持应急通道畅通； ② 房门应采取栓系、插销等开启固定措施
		按停止按钮	触　电	① 戴绝缘手套； ② 用验电器检验控制箱外壳无电
			电弧伤人	侧身操作停止按钮
		断开控制箱空气开关	电弧伤人	侧身操作空气开关

续表 3-95

序号	操作步骤		风 险	控制措施
	操作项	操作关键点		
1	停 泵	断开总控室单泵空气开关	触 电	① 戴好绝缘手套; ② 用验电器检验总控室外壳无电
			电弧伤人	侧身操作空气开关
2	倒流程	关闭泵进出口阀门	误操作启泵	悬挂“禁止合闸”警示牌
			液体刺漏伤人	① 平稳操作; ② 确认管线、阀门无腐蚀、无损坏
			丝杠弹出伤人	① 确认丝杠与闸板连接完好; ② 侧身平稳操作
		打开放空阀门	液体刺漏伤人	① 上紧、上正放空弯头; ② 侧身打开放空阀; ③ 平稳操作
3	拆、装安全阀	拆卸安全阀	砸 伤	① 拆卸平稳用力; ② 正确使用活动扳手,平稳操作; ③ 操作人员配合协调一致,平稳操作
			摔 伤	① 及时清理地面聚合物; ② 平稳操作
		安装安全阀	物体砸伤	① 正确使用活动扳手,平稳操作; ② 操作人员配合协调一致,平稳操作
4	倒流程	打开泵进出口阀门	液体刺漏伤人	① 平稳操作; ② 确认管线、阀门无腐蚀、无损坏; ③ 确认放空阀关闭; ④ 侧身操作; ⑤ 确认安全阀连接紧固
			丝杠弹出伤人	① 确认丝杠与闸板连接完好; ② 侧身平稳操作
5	启 泵	启泵前检查	碰伤、摔伤	① 戴安全帽; ② 注意架空管线; ③ 注意注聚泵周围的障碍物和地面设施

续表 3-95

序号	操作步骤		风　险	控制措施
	操作项	操作关键点		
5	启　泵	合总控室单泵空气开关	触　电	① 戴绝缘手套； ② 用高压验电器检验总控室外壳无电； ③ 合闸送电前确认设备、线路无人
			电弧伤人	侧身操作
		合控制箱空气开关	触　电	① 戴绝缘手套； ② 用高压验电器检验控制箱外壳无电； ③ 合闸送电前确认设备、线路无人
			电弧伤人	侧身操作
		按启动按钮	触　电	① 未戴绝缘手套； ② 合闸送电前确认设备、线路无人
			电弧伤人	侧身操作
			液体刺漏伤人	启泵前倒好流程

(3) 低剪切取样器取样操作，见表 3-96。

表 3-96　低剪切取样器取样操作的步骤、风险及其控制措施

序号	操作步骤		风　险	控制措施
	操作项	操作关键点		
1	安装取样器	连接取样球阀	取样器坠落伤人	① 正确连接； ② 平稳托住安装； ③ 选择匹配的取样器
2	取　样	打开球阀进液	液体刺漏伤人	① 选择匹配的取样器； ② 侧身平稳操作； ③ 连接紧固； ④ 确认管线、阀门无腐蚀、无损坏； ⑤ 佩戴护目镜； ⑥ 侧身平稳操作

续表 3-96

序号	操作步骤		风　险	控制措施
	操作项	操作关键点		
2	取　样	关闭球阀取样	液体刺漏伤人	① 确认泄压； ② 压缩活塞用力均衡； ③ 佩戴护目镜； ④ 侧身平稳操作
3	拆卸取样器	拆　卸	取样器坠落伤人	平稳托住，垂直或水平操作
			液体刺漏伤人	侧身平稳操作

(4) 更换调节阀阀芯操作(以 HTL/966Y 型为例)，见表 3-97。

表 3-97　更换调节阀阀芯操作(以 HTL/966Y 型为例)的步骤、风险及其控制措施

序号	操作步骤		风　险	控制措施
	操作项	操作关键点		
1	停　泵	检查泵房	紧急情况无法撤离	① 保持应急通道畅通； ② 房门应采取栓系、插销等开启固定措施
		按停止按钮	触　电	① 戴绝缘手套； ② 用验电器检验控制箱外壳无电
			电弧伤人	侧身操作停止按钮
		断开控制箱空气开关	电弧伤人	侧身操作空气开关
		断开总控室单泵空气开关	触　电	用验电器检验总控室外壳无电
			电弧伤人	侧身操作空气开关
		断开调节阀电源开关	触　电	用验电器检验总控室外壳无电
			电弧伤人	侧身操作空气开关
		悬挂警示牌	人身伤害	悬挂“禁止合闸”警示牌
2	倒流程	关闭泵进出口阀门	液体刺漏伤人	① 侧身平稳操作； ② 确认管线、阀门无腐蚀、无损坏

续表 3-97

<table>
<tr><th rowspan="2">序号</th><th colspan="2">操作步骤</th><th rowspan="2">风　险</th><th rowspan="2">控制措施</th></tr>
<tr><th>操作项</th><th>操作关键点</th></tr>
<tr><td rowspan="4">2</td><td rowspan="4">倒流程</td><td>关闭泵进出口阀门</td><td>丝杠弹出伤人</td><td>① 确认丝杠与闸板连接完好；
② 侧身平稳操作</td></tr>
<tr><td>打开放空阀门</td><td>液体刺漏伤人</td><td>① 上紧、上正放空弯头；
② 侧身打开放空阀；
③ 平稳操作</td></tr>
<tr><td rowspan="2">关闭混配流程上、下流阀门</td><td>液体刺漏伤人</td><td>① 侧身平稳操作；
② 确认管线、阀门无腐蚀、无损坏</td></tr>
<tr><td>丝杠弹出伤人</td><td>① 确认丝杠与闸板连接完好；
② 侧身平稳操作</td></tr>
<tr><td rowspan="7">3</td><td rowspan="7">更换阀芯</td><td rowspan="3">卸电机</td><td>触　电</td><td>用验电器确认电机输入电缆无电</td></tr>
<tr><td>滑倒摔伤</td><td>① 及时清理地面聚合物；
② 平稳操作</td></tr>
<tr><td>电机坠落砸伤</td><td>① 用保险带固定电机；
② 配合协调一致，平稳操作</td></tr>
<tr><td rowspan="2">更换阀芯</td><td>工具击伤</td><td>正确使用 T 形工具，平稳操作</td></tr>
<tr><td>挤伤手指</td><td>平稳操作</td></tr>
<tr><td rowspan="2">装电机</td><td>电机坠落砸伤</td><td>配合协调一致，平稳操作</td></tr>
<tr><td>滑倒摔伤</td><td>① 及时清理地面聚合物；
② 平稳操作</td></tr>
<tr><td rowspan="2">4</td><td rowspan="2">倒流程</td><td rowspan="2">关闭放空阀门</td><td>液体刺漏伤人</td><td>① 侧身平稳操作；
② 确认管线、阀门无腐蚀、无损坏；
③ 确认阀芯固定螺栓紧固</td></tr>
<tr><td>丝杠弹出伤人</td><td>① 确认丝杠与闸板连接完好；
② 侧身平稳操作</td></tr>
</table>

续表 3-97

序号	操作步骤		风　险	控制措施
	操作项	操作关键点		
4	倒流程	打开泵进、出口阀门	液体刺漏伤人	① 确认放空阀关闭； ② 侧身平稳操作； ③ 确认管线、阀门无腐蚀、无损坏
			丝杠弹出伤人	① 确认丝杠与闸板连接完好； ② 侧身平稳操作
		打开混配流程上、下流阀门	液体刺漏伤人	① 确认放空阀关闭； ② 侧身平稳操作； ③ 确认管线、阀门无腐蚀、无损坏
			丝杠弹出伤人	① 确认丝杠与闸板连接完好； ② 侧身平稳操作
5	启　泵	启泵前检查	碰伤、摔伤	① 戴安全帽； ② 注意架空管线； ③ 注意注聚泵周围的障碍物和地面设施
		合调节阀电源开关	触　电	① 戴绝缘手套； ② 用高压验电器检验总控室外壳无电； ③ 合闸送电前确认设备、线路无人操作
			电弧伤人	侧身操作
		合总控室单泵空气开关	触　电	① 戴绝缘手套； ② 用高压验电器检验总控室外壳无电； ③ 合闸送电前确认设备、线路无人操作
			电弧伤人	侧身操作
		合控制箱空气开关	触　电	① 戴绝缘手套； ② 用高压验电器检验控制箱外壳无电
			电弧伤人	侧身操作
		按启动按钮	触　电	戴好绝缘手套
			电弧伤人	侧身操作
			液体刺漏伤人	启泵前倒好流程

（5）更换管汇单流阀操作，见表3-98。

表3-98　更换管汇单流阀操作的步骤、风险及其控制措施

序号	操作步骤		风　险	控制措施
	操作项	操作关键点		
1	停　泵	检查泵房	紧急情况无法撤离	① 保持应急通道畅通； ② 房门应采取栓系、插销等开启固定措施
		按停止按钮	触　电	① 戴绝缘手套； ② 用验电器检验控制箱外壳无电
			电弧伤人	侧身操作停止按钮
		断开控制箱空气开关	电弧伤人	侧身操作空气开关
		断开总控室单泵空气开关	触　电	用验电器检验总控室外壳无电
			电弧伤人	侧身操作空气开关
		悬挂警示牌	人身伤害	悬挂“禁止合闸”警示牌
2	倒流程	关闭泵进、出口阀门	液体刺漏伤人	① 侧身操作； ② 确认管线、阀门无腐蚀、无损坏
			丝杠弹出伤人	① 确认丝杠与闸板连接处完好； ② 侧身平稳操作
		打开放空阀门	液体刺漏伤人	① 上紧、上正放空弯头； ② 侧身打开放空阀； ③ 侧身平稳操作
		关闭混配流程上、下流阀门	液体刺漏伤人	① 侧身平稳操作； ② 确认管线、阀门无腐蚀、无损坏
			丝杠弹出伤人	① 确认丝杠与闸板连接处完好； ② 侧身平稳操作
		打开放空阀	液体刺漏伤人	① 上紧、上正放空弯头； ② 侧身打开放空阀； ③ 侧身平稳操作
3	更换单流阀	拆　卸	滑倒摔伤	① 及时清理地面聚合物； ② 平稳操作

续表 3-98

序号	操作步骤		风险	控制措施
	操作项	操作关键点		
3	更换单流阀	拆卸	千斤顶滑脱伤人	使用匹配的顶杠
		安装	顶杠滑脱	平稳下放千斤顶
			挤伤手指	正确使用撬杠,平稳操作
4	倒流程	关闭放空阀门	液体刺漏伤人	① 侧身平稳操作; ② 确认管线、阀门无腐蚀、无损坏; ③ 确认单流阀固定螺栓紧固
			丝杠弹出伤人	① 确认丝杠与闸板连接处完好; ② 侧身平稳操作
		打开泵进、出口阀门	液体刺漏伤人	① 确认放空阀门关闭; ② 侧身平稳操作; ③ 确认管线、阀门无腐蚀、无损坏
			丝杠弹出伤人	① 确认丝杠与闸板连接处完好; ② 侧身平稳操作
		打开混配流程上、下流阀门	液体刺漏伤人	① 确认放空阀关闭; ② 侧身平稳操作; ③ 确认管线、阀门无腐蚀、无损坏
			丝杠弹出伤人	① 确认丝杠与闸板连接处完好; ② 侧身平稳操作
5	启泵	启泵前检查	碰伤、摔伤	① 戴好安全帽; ② 注意架空管线; ③ 注意注聚泵周围障碍物和地面设施
		合调节阀电源开关	触电	① 戴绝缘手套; ② 用高压验电器检验总控室外壳无电; ③ 合闸送电前确认设备、线路无人操作
			电弧伤人	侧身操作

续表 3-98

序号	操作步骤		风 险	控制措施
	操作项	操作关键点		
5	启 泵	合总控室单泵空气开关	触 电	① 戴绝缘手套； ② 用高压验电器检验总控室外壳无电
			电弧伤人	侧身操作
		合控制箱空气开关	触 电	① 戴绝缘手套； ② 用高压验电器检验控制箱外壳无电
			电弧伤人	侧身操作
		按启动按钮	触 电	戴好绝缘手套
			电弧伤人	侧身操作
			液体刺漏伤人	启泵前倒好流程

（6）手动调试溶解单元操作，见表 3-99。

表 3-99 手动调试溶解单元操作的步骤、风险及其控制措施

序号	操作步骤		风 险	控制措施
	操作项	操作关键点		
1	清 理	检查泵房	紧急情况无法撤离	① 保持应急通道畅通； ② 房门应采取栓系、插销等开启固定措施
		清理电路	触 电	① 戴好绝缘手套； ② 用验电器确认用电设备外壳无电； ③ 侧身操作用电设备
		清理储罐	人身伤害	① 办理进入受限空间的许可证； ② 按规定配备使用防护器材； ③ 操作时储罐外有监护人监护
			高空坠落	① 正确使用安全带； ② 传递工具、物品系保险绳
			砸 伤	地面人员避开危险区域
		清理下料器	挤 伤	螺旋停止旋转后进行清理

续表 3-99

序号	操作步骤		风　险	控制措施
	操作项	操作关键点		
2	检　查	总控制屏电路	触　电	① 戴好绝缘手套； ② 用验电器确认总控制屏外壳无电
		电　机	时间过长造成人身伤害	操作人员保持安全距离
			设备损坏	进行点动检查
3	调　试	调试上料机构	摔伤、扭伤	合理站位，踏实站稳
			中　毒	佩戴防毒面罩
		调试鼓风机	人身伤害	保持安全距离
			烫　伤	用测温仪测温
		调试供水系统	高压漏伤人	① 确认管线、阀门无腐蚀、无损坏； ② 合闸送电前确认设备、管路无人操作
		调试旋转设备	人员伤害	① 劳动保护用品穿戴整齐； ② 长发盘入安全帽； ③ 禁止靠近或接触旋转部位
4	复　位	电路复位	线路烧毁	严禁复位设备自动运行时超负荷
			人身伤害	① 严禁人员接触烧毁电器； ② 确认无漏电现象，地面液体不带电
		管路复位	环境污染	① 及时复位，防止罐内液体溢出； ② 及时复位，防止管路憋压
			人身伤害	① 及时清理地面聚合物溶液； ② 及时复位，防止管路憋压导致压力表打出伤人

(7) 鼓风机保养操作，见表 3-100。

表 3-100　鼓风机保养操作的步骤、风险及其控制措施

序号	操作步骤		风　险	控制措施
	操作项	操作关键点		
1	停　机	检查泵房	紧急情况无法撤离	① 保持应急通道畅通； ② 房门应采取栓系、插销等开启固定措施

续表 3-100

序号	操作步骤		风　险	控制措施
	操作项	操作关键点		
1	停　机	断开控制开关	触　电	① 戴好绝缘手套； ② 用验电器确认用电设备外壳无电
			电弧灼伤	侧身操作用电设备
2	更换滤芯	拆除滤芯	粉尘伤害	① 正确佩戴防尘口罩； ② 佩戴护目镜
		安装滤芯	划　伤	戴好防护手套
3	清理检查	清理机壳、叶轮	划　伤	戴好防护手套
		检查电机	触　电	① 正确佩戴、使用绝缘手套； ② 用验电器确认外壳无电； ③ 侧身操作
			设备损坏	进行点动检查
4	试运检查	检查机体	烫　伤	用测温仪测温
		检查管路	人身伤害	① 保持安全距离； ② 确认管线、阀门无腐蚀、无损坏

(8) 启动变频外输泵(单螺杆泵)操作，见表 3-101。

表 3-101　启动变频外输泵(单螺杆泵)操作的步骤、风险及其控制措施

序号	操作步骤		风　险	控制措施
	操作项	操作关键点		
1	检　查	检查泵房	紧急情况无法撤离	① 保持应急通道畅通； ② 房门应采取栓系、插销等开启固定措施
		检查电路	触　电	① 戴好绝缘手套； ② 用验电器确认； ③ 侧身操作用电设备
		检查设备、管路	摔　伤	① 及时清理地面积液； ② 注意地面管路和障碍物

续表 3-101

序号	操作步骤		风　险	控制措施
	操作项	操作关键点		
2	变频状态启泵	倒流程	液体刺漏伤人	① 严格按顺序倒好流程,先开后关; ② 确认管线、阀门无腐蚀、无损坏
		合闸送电	触　电	① 戴好绝缘手套; ② 未用验电器确认电气设备外壳无电; ③ 侧身操作用电设备
		启　泵	液体刺漏伤人	① 启动频率 10 Hz; ② 确认管线、阀门无腐蚀、无损坏; ③ 全部打开出口阀门; ④ 开启接注泵; ⑤ 泵压平稳后,及时关闭回流阀; ⑥ 确认放空阀关闭
3	启泵后检查	电　路	触　电	① 戴好绝缘手套; ② 用验电器确认用电设备外壳无电
		设　备	机械伤害	① 穿戴劳动保护用品; ② 长发盘入安全帽; ③ 禁止接触或靠近旋转部位
			摔　伤	① 及时清理地面积液; ② 注意地面管路和障碍物

(9) 启甲醛泵(计量泵)操作,见表 3-102。

表 3-102　启甲醛泵(计量泵)操作的步骤、风险及其控制措施

序号	操作步骤		风　险	控制措施
	操作项	操作关键点		
1	启泵前检查	检查泵房	紧急情况无法撤离	① 保持应急通道畅通; ② 房门应采取栓系、插销等开启固定措施
		电路检查	触　电	① 戴好绝缘手套; ② 用验电器确认用电设备外壳无电
			电弧灼伤	侧身操作用电设备

续表 3-102

序号	操作步骤		风　险	控制措施
	操作项	操作关键点		
1	启泵前检查	检查设备管路	中　毒	① 进入泵房佩戴专用面罩； ② 甲醛泵房强制通风； ③ 佩戴防护手套
		检查储罐	高空坠落	① 登高攀爬抓稳踏实； ② 系好安全带
2	启　泵	启　泵	刺漏伤人	① 严格按顺序倒好流程，先开后关； ② 零排量启动； ③ 确认管线、阀门无腐蚀、无损坏； ④ 密切观察出口压力，发现憋压立即停泵
		检　查	人身伤害	① 劳动保护用品穿戴整齐； ② 长发盘入安全帽内； ③ 禁止接触或靠近旋转部位

(10) 注聚站巡回检查，见表 3-103。

表 3-103　注聚站巡回检查的步骤、风险及其控制措施

序号	操作步骤		风　险	控制措施
	操作项	操作关键点		
1	检查控制室	泵　房	紧急情况无法撤离	① 保持应急通道畅通； ② 房门应采取栓系、插销等开启固定措施
		总控制屏	触　电	① 戴好绝缘手套； ② 用高压验电器确认总控制屏外壳无电； ③ 侧身操作用电设备
		低压控制屏	触　电	① 戴好绝缘手套； ② 用验电器确认低压控制屏外壳无电； ③ 侧身操作用电设备
2	检查混配流程	巡　检	高压刺漏伤人	① 侧身平稳操作； ② 确认管线、阀门无腐蚀、无损坏
		调　整	丝杠弹出伤人	① 确认丝杠与闸板连接处完好； ② 侧身平稳操作

续表 3-103

序号	操作步骤		风　险	控制措施
	操作项	操作关键点		
3	检查注聚泵、螺杆泵	检查设备	人身伤害	① 操作人员保持安全距离；② 劳动保护用品穿戴整齐；③ 旋转部位防护罩齐全；④ 长发盘入安全帽
		检查电路	触　电	① 戴好绝缘手套；② 用验电器确认用电设备无电；③ 侧身操作用电设备；④ 断电后进行检修
		调　整	皮带挤伤	① 摘下手套进行盘皮带操作；② 手掌按皮带进行盘皮带操作
			人身伤害	停泵放空后进行填料调整
			高压液体刺漏伤人	放空后进行检修
4	溶解罐、熟化罐检查	攀登罐体	坠落摔伤	① 攀登罐体抓好扶手，平稳攀登；② 雨雪、大风天气禁止登罐；③ 系好安全带
			坠落淹溺	合理站位
		巡检设备	人身伤害	① 运转时禁止靠近或接触搅拌机的旋转部位；② 劳动保护用品穿戴整齐；③ 长发盘入安全帽
5	检查甲醛泵房	进入泵房	中　毒	① 进入泵房佩戴专用面罩；② 甲醛泵房强制通风；③ 佩戴防护手套
		检查流程	刺漏伤人	① 侧身平稳操作；② 确认管线、阀门无腐蚀、无损坏
		检查设备	人身伤害	① 操作人员保持安全距离；② 劳动保护用品穿戴整齐；③ 旋转部位防护罩齐全；④ 长发盘入安全帽

续表 3-104

序号	操作步骤		风险	控制措施
	操作项	操作关键点		
2	配送电	控制屏送电	触电	① 接到送电调度令后禁止主线路维修施工； ② 戴好绝缘手套、穿好绝缘靴再启动空气开关； ③ 用高压验电器确认控制屏外壳无电； ④ 侧身操作用电设备； ⑤ 打开每一组设备电源开关前，确认相对应设备及流程的状态
		启动设备	高压液体刺伤	① 确认流程正确的运行状态； ② 启动外输泵及时通知注聚站接注； ③ 接注管汇按指令打开； ④ 指挥人员进行确认协调； ⑤ 及时启动注聚泵

第五节　直接作业环节

根据中国石油化工集团公司规定，直接作业环节共有用火作业、高处作业、进入受限空间作业、临时用电作业、起重作业、破土作业、施工作业和高温作业等8种，陆上采油专业全部涉及。

一、总则

(1) 凡进行直接作业必须实行作业许可制度，除专业规定的正常工作岗位职责和特殊情况(应急抢险用火作业)外，在工作前办理作业许可票证后，方可进行作业。

(2) 按国家政府规定要求，操作人员属特种作业的，应持有相应的证书。

(3) 需要监督的，监督人员应履行监督职责，并持有相应的证书。

(4) 严格按作业许可票证要求进行作业。

(5) 作业许可票证是作业的凭证和依据，不应随意涂改，不应代签。

(6) 作业结束后，应妥善保管作业许可票证，保存期限为1个年度。

二、用火作业

（一）定义

用火作业是指在具有火灾爆炸危险场所内进行的施工过程。

（二）人员资质与职责

1. 用火作业人职责

（1）用火作业人员应持有效的本岗位工种作业证。

（2）用火作业人员应严格执行“三不用火”的原则；对不符合的，有权拒绝用火。

2. 用火监护人职责

（1）用火监护人应有岗位操作合格证；了解用火区域或岗位的生产过程，熟悉工艺操作和设备状况；有较强的责任心，出现问题能正确处理；有处理应对突发事故的能力。

（2）应参加由各单位安全监督管理部门组织的用火监护人培训班，考核合格后由各单位安全监督管理部门发放用火监护人资格证书，做到持证上岗。

（3）用火监护人在接到许可证后，应在安全技术人员和单位负责人的指导下，逐项检查落实防火措施；检查用火现场的情况。用火过程中，发现异常情况应及时采取措施，不得离开现场，确需离开时，由监护人收回用火许可证，暂停用火。监火时应佩戴明显标志。

（4）当发现用火部位与许可证不相符合，或者用火安全措施不落实时，用火监护人有权制止用火；当用火出现异常情况时有权停止用火；对用火人不执行“三不用火”且不听劝阻时，有权收回许可证，并向上级报告。

（三）票证办理

按中国石化用火作业安全管理规定办理相应的票证。

（四）安全措施

（1）凡在生产、储存、输送可燃物料的设备、容器及管道上用火，应首先切断物料来源并加好盲板；经彻底吹扫、清洗、置换后，打开人孔，通风换气；打开人孔时，应自上而下依次打开，经分析合格方可用火。若间隔时间超过 1 h 继续用火，应再次进行用火分析或在管线、容器中充满水后，方可用火。

（2）在正常运行生产区域内，凡可用可不用的用火一律不用火，凡能拆下来的设备、管线均应拆下来移到安全地方用火，严格控制一级用火。

（3）各级用火审批人应亲临现场检查，督促用火单位落实防火措施后，方可审签许可证。

（4）一张用火作业许可证只限一处用火，实行一处（一个用火地点）、一证（用火作业许可证）、一人（用火监护人），不能用一张许可证进行多处用火。

有足够的净空。安全带应高挂低用。进行高处移动作业时，应设置便于移动作业人员系挂安全带的安全绳。

(4) 劳动保护服装应符合高处作业的要求。对于需要戴安全帽进行的高处作业，作业人员应系好安全帽带。禁止穿硬底和带钉易滑的鞋进行高处作业。

(5) 高处作业严禁上下投掷工具、材料和杂物等。所用材料应堆放平稳，必要时应设安全警戒区，并派专人监护。工具在使用时应系有安全绳，不用时应放入工具套(袋)内。在同一坠落方向上，一般不得进行上下交叉作业。确需进行交叉作业时，中间应设置安全防护层。对于坠落高度超过 24 m 的交叉作业，应设双层安全防护。

(6) 高处作业人员不得站在不牢固的结构物上进行作业，不得在高处休息。在石棉板、瓦棱板等轻型材料上方作业时，必须铺设牢固的脚手板，并加以固定。

(7) 高处作业应使用符合安全要求并经有关部门验收合格的脚手架。夜间高处作业应有充足的照明。

(8) 供高处作业人员上下用的梯道、电梯、吊笼等应完好，高处作业人员上下时手中不得持物。

(9) 在邻近地区设有排放超出允许浓度的有毒、有害气体及粉尘的烟囱、设备的场合，严禁进行高处作业。如在允许浓度范围内，也应采取有效的防护措施。

(10) 遇有不适宜高处作业的恶劣气象条件(如 6 级风以上、雷电、暴雨、大雾等)时，严禁露天高处作业。

四、进入受限空间作业

(一) 定义

“受限空间”是指在中国石化所辖区域内炉、塔、釜、罐、仓、槽车、管道、烟道、下水道、沟、井、池、涵洞、裙座等进出口受限，通风不良，存在有毒有害风险，可能对进入人员的身体健康和生命安全构成危害的封闭、半封闭设施及场所。

(二) 人员资质与职责

1. 作业监护人的资格和权限

(1) 作业监护人应熟悉作业区域的环境和工艺情况，有判断和处理异常情况的能力，掌握急救知识。

(2) 作业监护人在作业人员进入受限空间作业前，负责对安全措施落实情况进行检查，发现安全措施不落实或不完善时，有权拒绝作业。

(3) 作业监护人应清点出入受限空间的作业人数，在出入口处保持与作业人员的联系，严禁离岗。当发现异常情况时，应及时制止作业，并立即采取救护措施。

(4) 作业监护人应随身携带许可证。

（5）作业监护人在作业期间，不得离开现场或做与监护无关的事。

2. 作业人员职责

（1）持有效的许可证方可施工作业。

（2）作业前应充分了解作业的内容、地点（位号）、时间和要求，熟知作业中的危害因素和安全措施。

（3）许可证中所列安全防护措施须经落实确认、监护人同意后，方可进入受限空间内作业。

（4）作业人员在规定安全措施不落实、作业监护人不在场等情况下有权拒绝作业，并向上级报告。

（5）服从作业监护人的指挥，禁止携带作业器具以外的物品进入受限空间。如发现作业监护人不履行职责，应立即停止作业。

（6）在作业中发现异常情况或感到不适应、呼吸困难时，应立即向作业监护人发出信号，迅速撤离现场，严禁在有毒、窒息的环境中摘下防护面罩。

（三）票证办理

按中国石化进入受限空间作业安全管理规定办理相应的票证。

（四）安全措施

（1）生产单位与施工单位现场安全负责人应对现场监护人和作业人员进行必要的安全教育。其内容应包括所从事作业的安全知识、紧急情况下的处理和救护方法等。

（2）制定安全应急预案，其内容包括作业人员紧急状况时的逃生路线和救护方法，监护人与作业人员约定的联络信号，现场应配备的救生设施和灭火器材等。现场人员应熟知应急预案内容，在受限空间外的现场配备一定数量、符合规定的应急救护器具（包括空气呼吸器、供风式防护面具、救生绳等）和灭火器材。出入口内外不得有障碍物，保证其畅通无阻，便于人员出入和抢救疏散。

（3）进入受限空间作业实行“三不进入”。当受限空间状况改变时，作业人员应立即撤出现场，同时为防止人员误入，在受限空间入口处应设置“危险！严禁入内”警告牌或采取其他封闭措施。处理后需重新办理许可证方可进入。

（4）在进入受限空间作业前，应切实做好工艺处理工作，将受限空间吹扫、蒸煮、置换合格；对所有与其相连且可能存在可燃可爆、有毒有害物料的管线、阀门加盲板隔离，不得以关闭阀门代替安装盲板。盲板处应挂标志牌。

（5）为保证受限空间内空气流通和人员呼吸需要，可采用自然通风，必要时采取强制通风，严禁向内充氧气。进入受限空间内的作业人员每次工作时间不宜过长，应轮换作业或休息。

（6）对带有搅拌器等转动部件的设备，应在停机后切断电源，摘除保险或挂接

确认后，方可送电。

六、起重作业

（一）定义

起重作业按起吊工件质量划分为3个等级：大型为100 t以上；中型为40～100 t；小型为40 t以下。

（二）人员资质与职责

1. 起重操作人员

（1）按指挥人员的指挥信号进行操作；对紧急停车信号，不论何人发出，均应立即执行。

（2）当起重臂、吊钩或吊物下面有人，或吊物上有人、浮置物时不得进行起重操作。

（3）严禁使用起重机或其他起重机械起吊超载、重量不清的物品和埋置物体。

（4）在制动器、安全装置失灵，吊钩防松装置损坏，钢丝绳损伤达到报废标准等起重设备、设施处于非完好状态时，禁止起重操作。

（5）吊物捆绑、吊挂不牢或不平衡可能造成滑动，吊物棱角处与钢丝绳、吊索或吊带之间未加衬垫时，不得进行起重操作。

（6）无法看清场地、吊物情况和指挥信号时，不得进行起重操作。

（7）起重机械及其臂架、吊具、辅具、钢丝绳、缆风绳和吊物不得靠近高低压输电线路。确需在输电线路近旁作业时，必须按规定保持足够的安全距离，否则，应停电进行起重作业。

（8）停工或休息时，不得将吊物、吊笼、吊具和吊索悬吊在空中。

（9）起重机械工作时，不得对其进行检查和维修。不得在有载荷的情况下调整起升、变幅机构的制动器。

（10）下放吊物时严禁自由下落（溜），不得利用极限位置限制器停车。

（11）用2台或多台起重机械吊运同一重物时，升降、运行应保持同步；各台起重机械所承受的载荷不得超过各自额定起重能力的80%。

（12）遇6级以上大风或大雪、大雨、大雾等恶劣天气，不得从事露天起重作业。

2. 司索人员

（1）听从指挥人员的指挥，发现险情及时报告。

（2）根据重物具体情况选择合适的吊具与吊索；不准用吊钩直接缠绕重物，不得将不同种类或不同规格的吊索、吊具混合使用；吊具承载不得超过额定起重量，吊索不得超过安全负荷；起升吊物时应检查其连接点是否牢固、可靠。

（3）吊物捆绑应牢靠，吊点与吊物的重心应在同一垂直线上。

(4) 禁止人员随吊物起吊或在吊钩、吊物下停留;因特殊情况需进入悬吊物下方时,应事先与指挥人员和起重操作人员联系,并设置支撑装置。任何人不得停留在起重机运行轨道上。

(5) 吊挂重物时,起吊绳、链所经过的棱角处应加衬垫;吊运零散物件时,应使用专门的吊篮、吊斗等器具。

(6) 不得绑挂、起吊不明重量、与其他重物相连、埋在地下或与地面及其他物体连接在一起的重物。

(7) 人员与吊物应保持一定的安全距离。放置吊物就位时,应用拉绳或撑竿、钩子辅助就位。

3. 起重作业完毕,作业人员应做好的工作

(1) 将吊钩和起重臂放到规定的稳妥位置,所有控制手柄均应放到零位,对使用电气控制的起重机械,应将总电源开关断开。

(2) 对在轨道上工作的起重机,应将起重机有效锚定。

(3) 将吊索、吊具收回放置于规定的地方,并对其进行检查、维护、保养。

(4) 应告知接替工作人员设备、设施存在的异常情况及尚未消除的故障。

(5) 对起重机械进行维护保养时,应切断主电源并挂上标志牌或加锁。

(三) 票证办理

按中国石化起重作业安全管理规定办理相应的票证。

(四) 安全措施

(1) 起重作业时必须明确指挥人员,指挥人员应佩戴明显的标志。

(2) 起重指挥人员必须按规定的指挥信号进行指挥,其他操作人员应清楚吊装方案和指挥信号。

(3) 起重指挥人员应严格执行吊装方案,发现问题要及时与方案编制人协商解决。

(4) 正式起吊前应进行试吊,检查全部机具、地锚的受力情况。发现问题应先将工件放回地面,待故障排除后重新试吊。确认一切正常后,方可正式吊装。

(5) 吊装过程中出现故障,起重操作人员应立即向指挥人员报告。没有指挥令,任何人不得擅自离开岗位。

(6) 起吊重物就位前,不得解开吊装索具。

七、破土作业

(一) 定义

破土作业是指在炼化企业生产厂区、油田企业油气集输站(天然气净化站、油库、液化气充装站、爆炸物品库)和销售企业油库(加油加气站)内部地面、埋地电

（二）人员资质与职责

对从事高温作业员工进行上岗前和入暑前的职业健康检查，在岗期间健康检查的周期为1年。凡有职业禁忌证，如Ⅱ期及Ⅲ期高血压、活动性消化性溃疡、慢性肾炎、未控制的甲亢、糖尿病和大面积皮肤疤痕的患者，均不得从事高温作业。

（三）票证办理

按中国石化高温作业安全管理规定办理相应的票证。

（四）安全措施

（1）各单位应针对高温生产制订高温防护计划，采取保障员工身体健康的综合措施，并对高温防护工作进行监督检查。

（2）各单位应改进生产工艺流程和操作过程，减少高温和热辐射对员工的影响。

（3）各单位应按照国家标准《工作场所物理因素测量》对高温作业场所进行定期监测。

（4）对室内热源，在不影响生产工艺的情况下，可以采用喷雾降温；当热源（炉、蒸汽设备等）影响员工操作时，应采取隔热措施。

（5）高温作业场所应采用自然通风或机械通风。

（6）根据工艺特点，对产生有毒气体的高温工作场所，应采用隔热、向室内送入清洁空气等措施，减少高温和热辐射对员工的影响。

（7）特殊高温作业，如高温车间的天车驾驶室、车间内的监控室、操作室等应有良好的隔热措施，使室内热辐射强度小于700 W/m^2，气温不超过28 ℃。

（8）夏季野外露天作业，宜搭建临时遮阳棚供员工休息。

（9）各单位应根据高温岗位的情况，为高温作业员工配备符合要求的防护用品，如防护手套、鞋、护腿、围裙、眼镜、隔热服装、面罩、遮阳帽等。

（10）各单位应针对从事高温作业的员工，制定合理的劳动休息制度，根据气温的变化，适时调整作息时间。对超过《工作场所有害因素职业接触限值 第2部分：物理因素》中高温作业职业接触限值的岗位，应采取轮换作业等办法，尽量缩短员工一次连续作业时间。

（11）发现有中暑症状患者，应立即将其送到凉爽地方休息，并进行急救治疗和必要的处理。

（12）对高温作业的员工，各单位应按有关规定在作业现场提供含盐清凉饮料，并符合卫生要求。

第四章　职业健康危害与预防

第一节　概　述

职业活动是人类社会生活中最普遍、最基本的活动，是创造财富、做出贡献和推动社会发展的重要过程。在职业活动中，因接触粉尘、放射性物质和其他有毒有害因素而产生的危害已经严重影响了劳动者的身体健康。

我国的职业危害分布于全国30多个行业，以化工、石油、石化、煤炭、冶金、建材、有色金属、机械行业职业危害发生率较高。其中石油化工相关行业是我国高危产业，油田企业主要从事石油、天然气的勘探开发，石油化工，工程建设，设备仪器制造及多种经营等业务，在油、气、水、电、路、讯、机修、供应、公用设施等方面具有完备的综合配套生产能力，属于资源丰富、资金密集、技术密集、人才密集的国有特大型企业，有以下劳动特点：

(1) 劳动环境艰苦，作业强度高。

油田企业的工作场所多地处偏僻、远离市区，其中石油、天然气勘探开采行业多在野外流动作业，对体力要求高，且劳动者在生产活动中可能遭受到寒冷、高温、大风、霜冻、雨雪等恶劣自然条件的影响，如我国北方油田，冬季气温可低至−37 ℃，而南方油田夏季气温可高达40 ℃，劳动环境艰苦、工作强度高。

(2) 劳动组织形式特殊。

石油的勘探、开采、储运、加工以及其他生产过程都需要实行轮班作业。油田企业内常见的为“三班两运转”或“四班三运转”。在轮班制度下，工人的生理时钟常受不规则的工作时间干扰。轮班工作不符合人体的生物节律，可能造成整体的生理功能失调，从而直接影响劳动者的工作效率与身体健康，且夜间工作容易发生事故。

(3) 职业病危害因素复杂。

① 石油原油中含有多种烃类有机化合物，主要为烷烃(液态烷烃、石蜡)、环烷烃(环己烷、环戊烷)和芳香烃(苯、甲苯、二甲苯、乙苯、萘、蒽等)。此外，还含有少量含硫化合物(硫醇、硫醚、二硫化物、噻吩)、含氧化合物(环烷酸、酚类)、含氮化合物(吡咯、吡啶、喹啉、胺类)以及胶质和沥青。石油通常与天然气共生，天然气是甲烷(约97％)、少量乙烷(1％～2％)和丙烷(0.3％～0.5％)的混合气体，并常含有

物驱技术最为有效，聚合物驱技术成为我国石油持续高产稳产的重要技术措施。在聚合物添加过程中，人工割袋、加料、抖袋、废袋打包等多个环节产生大量粉尘，若加药间内粉尘浓度超标，可能提高尘肺病等职业病的发病概率，对员工的身体健康造成危害。

注聚站所使用的聚合物干粉为聚丙烯酰胺(有效质量分数为90%)，是一种白色或微黄色的粉末，基本无毒，其毒性主要是残余的丙烯酰胺单体(一般质量分数为0.5%)。丙烯酰胺属高毒类物质，对眼睛和皮肤有一定的刺激，可溶于水，水溶液很容易通过皮肤吸收。它会对人产生周围神经损害，引起神经系统和肝脏的损伤，侵入途径主要是皮肤和呼吸道。

二、毒物的产生及危害

在采油生产中，采油井可能含有硫化氢气体。水、油或乳剂的储存罐有可能产生硫化氢气体。劳动者在井口可能接触到逸散出的石油烃类及硫化氢、氮氧化物、一氧化碳等有害物质。化验室进行油品分析时，需要使用溶剂汽油做溶剂，在原油加热过程中可向空气中逸散苯、甲苯、二甲苯、乙苯及其他石油烃类等有害物质。在三次采油过程中需使用各种化学药剂，如聚合物驱使用聚丙烯酰胺聚合物和表面活性剂聚合物(石油磺酸盐和聚丙烯酰胺)等。

各种有毒有害物质都会对劳动者的健康带来危害。以硫化氢为例，硫化氢是一种神经毒剂，是窒息性和刺激性气体，对中枢神经系统、呼吸系统、心脏等损害严重。硫化氢在体内大部分经氧化代谢形成硫代硫酸盐和硫酸盐而解毒，在代谢过程中谷胱甘肽可能起激发作用；少部分可经甲基化代谢而形成毒性较低的甲硫醇和甲硫醚，但高浓度甲硫醇对中枢神经系统有麻醉作用。体内代谢产物可在24 h内随尿排出，部分随粪便排出，少部分以原形经肺呼出。硫化氢的急性毒作用靶器官和中毒机制可因其不同的浓度和接触时间而异。浓度越高则中枢神经抑制作用越明显，浓度相对较低时黏膜刺激作用明显。人吸入70～150 mg/m^3 /1～2 h出现呼吸道及眼刺激症状，吸入2～5 min后嗅觉疲劳，不再闻到臭气。吸入300 mg/m^3/1 h，吸入6～8 min出现眼急性刺激症状，稍长时间接触引起肺水肿。吸入760 mg/m^3/15～60 min，发生肺水肿、支气管炎及肺炎、头痛、头昏、步态不稳、恶心、呕吐。吸入1 000 mg/m^3/数秒钟，很快出现急性中毒，呼吸加快后因呼吸麻痹而死亡。

三、噪声的产生及危害

油田注水泵站、注聚泵站、集输泵站、加药装置、特种车辆等都会产生噪声。长期在噪声环境中的劳动者会有患上多种噪声职业禁忌证的风险，长期接触噪声会对人的听觉系统、神经系统、心血管系统、消化系统以及代谢功能等产生损坏。劳动者会出现头晕、失眠等神经衰弱症状，还会使人心情烦躁、反应迟钝、注意力分散、工作效率降低，不能很好地处理突发事件，导致事故发生。

此外，采油过程实行的昼、夜轮班作业制可引起员工生物节律紊乱，产生精神（心理）性职业紧张。劳动者在野外工作时可能接触高温、低温、高湿、低湿、高压、低压等职业病危害因素，还可能遭受山洪、泥石流、地震、雷击、暴风雪等自然灾害，以及突发意外、食物中毒、水源性疾病、传染性疾病等危害。

第三节　职业病危害因素的防控措施

职业病危害因素给劳动者健康带来影响，严重者导致职业病，给个人造成无尽的痛苦。防止职业病危害在技术上虽然不断成熟，但由于油田的特殊性，要控制的场所甚多，因此，在防止粉尘、毒物、噪声问题上，必须从管理、技术、防护等方面进行综合权衡。

一、粉尘危害控制措施

在管理措施方面：

（1）制订职业病防治计划和实施方案；

（2）建立健全职业健康管理制度、操作规程；

（3）开展职业危害评价，落实评审报告专家意见；

（4）加强除尘设备的维护管理，及时清理积尘，减少二次扬尘；

（5）对作业场所定期进行粉尘监测和接尘工人健康监护；

（6）建立健全职业病危害事故应急预案，并定期组织演练。

在技术措施方面：

（1）优化生产工艺、设备、原辅材料、操作条件、通风除尘设施是消除、减弱粉尘危害的根本途径；

（2）在设计中合理布置、减少积尘平面和地面，墙壁应平整光滑、墙角呈圆角、便于清扫；

（3）设置通风除尘设施，局部机械通风除尘是通过收尘系统对工房内的尘源进行通风除尘，使局部作业环境得到改善，吸尘罩是局部机械通风的关键部件，要做到形式适宜、位置正确、风量适中、强度足够、检修方便；

（4）建立健全工作场所职业病危害因素监测与评价制度；

（5）在产生粉尘的作业场所设置职业病危害因素监测点公告牌，并及时公布日常监测及定期检测结果。

在劳动保护方面：

（1）加强职业卫生意识和防护意识宣传教育；

（2）正确佩戴、使用防护用品；

（3）正确佩戴隔绝式压风呼吸器；

（4）穿防尘服、戴防尘眼镜；

（5）正确佩戴防尘口罩、自吸过滤式防尘口罩、电动送风过滤式防尘口罩；

（6）戴防尘安全帽。

二、生产性毒物控制措施

在管理措施方面：

（1）完善职业健康管理制度、操作规程，规范作业；

（2）开展职业危害评价，落实评审报告专家意见，建立隐患定期排查整改制度；

（3）建立健全职业健康档案；

（4）对作业场所开展日常监测、定期检测和告知检测结果；

（5）加强对作业人员的防尘教育及职业卫生知识培训；

（6）完善应急预案，定期开展演练。

在技术措施方面：

（1）对存在硫化氢危害的新、改、扩建工程项目，硫化氢中毒防护设施应与主体工程同时设计、同时施工、同时建成投用；

（2）对存在硫化物的生产工艺要绘制动态分布图，制定方案；

（3）生产布局合理，符合有害与无害作业分开的原则；

（4）积极采用有效的职业病防治技术、工艺、设备、材料，限制使用和淘汰职业病危害严重的技术、工艺、设备、材料；

（5）生产装置及工艺设备应管道化、密闭化，尽可能实现负压生产，防止有毒物质向外泄漏；

（6）生产过程机械化、自动化可使工作人员远离毒物发生源，不接触或少接触有毒物质。

在劳动保护方面：

（1）按照有毒有害物质防治标准配备防护用品，对可能发生硫化氢泄漏的场所应设置醒目的中文警示标志，如硫化氢告知牌等，设置风向标、固定式检测报警仪、硫化氢报警仪；

（2）根据不同岗位的工作环境配备防护器材，当硫化氢质量浓度低于 50 mg/m^3 时可使用过滤式防毒用具，当硫化氢质量浓度大于 50 mg/m^3 时使用隔离式呼吸防护用具，装置多种型号过滤式防护用具时应选用防硫化氢型滤毒罐；

（3）进入密闭容器等危险场所作业要落实安全防护措施，由专人监护；

(4) 实验室按照规范设置通风橱,配备样桶清洗机、防毒面罩、洗眼器等防护用品,有配套的更衣间、洗浴间、孕妇休息间等卫生设施;

(5) 对应急预案定期进行演练,并及时进行修订完善。

三、噪声控制措施

在管理措施方面:

(1) 完善职业健康管理制度、操作规程,规范作业;

(2) 开展职业危害评价,落实评审报告专家意见及控制措施;

(3) 对噪声场所危害因素进行治理,使之达到相关标准要求;

(4) 建立健全职业健康档案;

(5) 对作业场所开展日常监测、定期检测及告知检测结果;

(6) 制定应急预案,定期开展演练。

在技术措施方面:

(1) 在新建、改建、扩建项目的职业卫生"三同时"工作中,应加强对噪声源的工程控制,工程噪声设计符合 GBZ1—2010《工业企业设计卫生标准》;

(2) 噪声强度大于等于 85 dB(A)的工作场所应考虑工程措施,包括设置隔声监控室、安装隔声罩、对作业场所进行吸声处理、装配消声器等,达到降噪效果;

(3) 采用机械化、自动化程度高的生产工艺和生产设备,实现远距离的监视操作;

(4) 生产区域合理布局,将高噪声车间与低噪声车间、值班室分开布置;

(5) 采取消声、隔声、吸声、隔振、阻尼等声学技术措施阻断或屏蔽噪声源向外传播。

在劳动保护方面:

(1) 凡噪声强度大于等于 80 dB(A)的工作场所均设置警示标志,进入此类工作场所作业的员工应佩戴护耳器,护耳器应合适、有效;

(2) 采取轮班作业及其他方式减少作业人员的接触时间及强度;

(3) 加强对接触噪声作业人员的职业卫生知识培训;

(4) 加强日常监测,及时公布定期检测结果;

(5) 按照职业健康管理规定,做好上岗前体检和定期体检等工作。

第五章　HSE 设施设备与器材

第一节　概　述

HSE 设施设备与器材的分类方法较多，《中国石化安全设施管理规定》(中国石化安[2011]753 号)中的“安全设施分类表”按事故的考虑将 HSE 设施设备与器材分为预防事故设施、控制事故设施、减少与消除设施事故影响 3 大类，共 13 种，见表 5-1。

表 5-1　HSE 设施设备与器材分类表

类　别	种　类	项　目
A. 预防事故设施	一、检测报警设施	① 用于安全的压力、温度、液位等报警设施
		② 可燃气体和有毒气体检测报警系统、便携式可燃气体和有毒气体检测报警器
		③ 火灾报警系统
		④ 硫化氢、二氧化硫等有毒有害气体检测报警器
		⑤ 对讲机
		⑥ 报警电话
		⑦ 电视监视系统
		⑧ 遇险频率收信机
	二、设备安全防护设施	⑨ 安全锁闭设施
		⑩ 电器过载保护设施
		⑪ 防雷设施
		⑫ 防碰天车

续表 5-1

类　别	种　类	项　目
A. 预防事故设施	三、防爆设施	⑬ 防爆电器
		⑭ 防爆仪表
		⑮ 防爆工器具
		⑯ 除尘设施
	四、作业场所防护设施	⑰ 手提电动工具触电保护器
		⑱ 通风设施
		⑲ 防护栏(网)、攀升保护器
		⑳ 液压大钳
		㉑ 液压猫头
		㉒ 井场照明隔离电源
		㉓ 低压照明灯(36 V 以下)
		㉔ 防喷器及控制装置
		㉕ 节流管汇
		㉖ 钻具止回阀、旋塞
	五、安全警示标志	㉗ 危险区警示标志
		㉘ 逃生避难标志
		㉙ 风向标
B. 控制事故设施	六、泄压放空设施	㉚ 安全阀
		㉛ 呼吸阀
		㉜ 井下安全阀
	七、紧急处理设施	㉝ 紧急切断阀
		㉞ 井喷点火系统
		㉟ 紧急停车系统
		㊱ 不间断电源
		㊲ 事故应急电源
		㊳ 应急照明系统
		㊴ 安全仪表系统

续表 5-1

类　别	种　类	项　目
C. 减少与消除事故影响设施	八、防止火灾蔓延设施	㊵ 防火门(窗)
		㊶ 车用阻火器
		㊷ 防火涂料
	九、消防灭火设施	㊸ 移动式灭火器
		㊹ 其他消防器材(如蒸汽灭火、消防竖管、干沙、锹等)
	十、紧急个体处置设施	㊺ 洗眼器
		㊻ 急救器材(符合机械伤害、触电、灼烫、有毒有害物伤害、突发疾病急救的基本要求,如担架、急救药品与器械)
	十一、环境保护设施	㊼ 污水处理回收设施
		㊽ 生活、工业、有毒有害垃圾回收、处理设施
		㊾ 各类消声器、防噪声设施
		㊿ 声级计
		51 其他环境检测仪器
	十二、应急救援、避难设施	52 应急救援车辆及车载装备
		53 救生绳索和救生软梯
		54 高空(二层台)逃生器、钻台滑梯
	十三、职业健康防护用品	55 防毒面具、防毒口罩
		56 隔热服、防寒服
		57 各类空气呼吸器
		58 防护眼镜(防化学液、防尘、防高温、防射线、防强光)
		59 防尘口罩、防尘衣、披肩帽
		60 安全帽、安全带、安全绳、缓冲器
		61 防酸碱服、面罩、手套、靴等
		62 防噪声耳塞(罩)
		63 助力设施(如井架攀爬器等)

HSE设施设备与器材按用途可分为个人防护用品、设备与工艺系统保护装置、安全与应急设施设备和器材等。

本章未涉及专项培训的内容；因各专业、各地等情况不同，配置也不一样，故未有常规工作服装（鞋、帽、衣服）的要求；由于各油田及所属公司的管理要求不同，各专业配备的标准不同，所以只根据专业的不同，列出常用的HSE设施设备与器材，系统介绍结构、原理、使用（操作）、检查和维护的要求。

请特别注意，在使用HSE设施设备与器材前应详细阅读所用产品的“使用说明书”。

第二节　劳动防护用品

劳动防护用品是指员工在劳动过程中，为防御各种职业毒害和伤害而穿戴的各种防护用品。按照防护部位，劳动防护用品分为以下9类：

第1类：头部防护用品，如安全帽、工作帽等。

第2类：眼睛防护用品，如电气焊防护眼镜等。

第3类：耳部防护用品，如耳塞、耳罩等。

第4类：面部防护用品，如防护面罩等。

第5类：呼吸道防护用品，如防毒面具、呼吸器等。

第6类：手部防护用品，如手套、指套等。

第7类：足部防护用品，如防砸鞋、绝缘鞋、导电鞋等。

第8类：身体防护用品，如工作服、防寒服、雨衣、防火服等。

第9类：防坠落类，如安全带、安全绳、安全网等。

图5-1所示为特种劳动防护用品安全标志。本标志的含义：一是采用古代盾牌的形状，取“防护”之意；二是字母“LA”表示“劳动安全”的汉语拼音首字母；三是标志边框、盾牌及“安全防护”为绿色，“LA”及背景为白色，标志编号为黑色。

图5-1　劳动防护用品安全标志

穿戴的劳动防护用品一般应满足以下要求：

① 外观无缺陷或损坏，附件齐全、无损坏，安全标志清晰；

② 劳动防护用品应经检验合格，不得超期使用；

③ 严格按照使用说明书正确使用劳动防护用品。

一、安全帽

安全帽是防止头部受坠落物及其他特定因素造成伤害的防护用品。在任何可能造成头部伤害的工作场所都应佩戴安全帽。

1. 类型

安全帽产品的生产企业多，使用范围广，品种繁多，结构也各异，其分类如下：

按帽壳的制造材料分为塑料安全帽、玻璃钢安全帽、橡胶安全帽、竹编安全帽、铝合金安全帽和纸胶安全帽等。

按帽壳的外部形状分为单顶筋、双顶筋、多顶筋、“V”字顶筋、“米”字顶筋、无顶筋和钢盔式等多种形式。

按帽檐的尺寸分为大檐、中檐、小檐和卷檐安全帽，其帽檐尺寸分别为 50～70 mm、30～50 mm 以及 0～30 mm。

按作业场所分为一般作业类和特殊作业类安全帽。一般作业类安全帽用于具有一般冲击伤害的作业场所，如建筑工地等；特殊作业类安全帽用于有特殊防护要求的作业场所，如低温、带电、有火源等场所。

2. 结构

安全帽由帽壳、帽衬、下颌带、附件组成，如图 5-2 所示。

图 5-2　安全帽的结构

3. 使用要求

佩戴安全帽时应做到：

(1) 在有效期限内。

(2) 外观无破损，附件齐全。

(3) 安全帽的帽檐必须与目视方向一致，不得歪戴和斜戴。

(4) 佩戴时必须按头围的大小调整帽箍并系紧下颌带。

4. 注意事项

(1) 不同类别的安全帽，其技术性能要求也不一样，应根据实际需求加以选购。

(2) 安全帽不得充当器皿、坐垫使用。

(3) 不能随意在安全帽上拆卸或添加附件。

(4) 经受过一次冲击或做过试验的安全帽应报废。

(5) 安全帽的存放应避开高温，日晒，潮湿或被酸、碱等化学试剂污染的环境，避免与硬物混放。

二、眼面部防护用品

1. 作用和种类

眼面部防护用品种类很多，依据防护部位和性能，分为以下几种：

(1) 防护眼镜。

防护眼镜是在眼镜架内装有各种护目镜片，防止不同有害物质伤害眼睛的眼部防护用品，如防冲击、辐射、化学药品等防护眼镜，护目镜如图 5-3 所示，防风镜如图 5-4 所示。

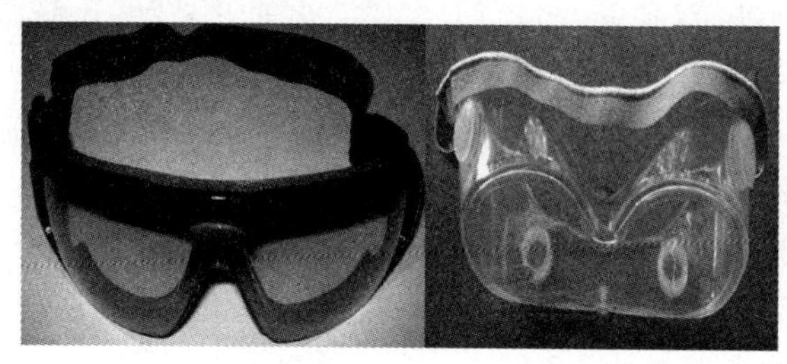

图 5-3 护目镜

图 5-4 防风镜

防护眼镜按照外形结构分为普通型、带侧光板型、开放型和封闭型。

防护眼镜的标记由防护种类、材料和其他项目(包括遮光号、波长、密度等)组成。

(2) 防护面罩。

防护面罩是防止有害物质伤害眼面部(包括颈部)的护具，分为手持式、头戴式、全面罩、半面罩等多种形式。

(3) 防冲击眼护具。

防冲击眼护具是用来防止高速粒子对眼部的冲击伤害的，主要是供大型切削、破碎、研磨、清砂、木工等各种机械加工行业的作业人员使用。防冲击眼护具包括防护眼镜、眼罩和面罩 3 类。

(4) 洗眼器。

洗眼器是当发生有毒有害物质(如化学液体等)喷溅到工作人员身体、脸、眼或发生火灾引起工作人员衣物着火时，采用的一种迅速将危害降到最低的有效的安全防护用品。

切记，洗眼器产品只是在紧急情况下暂时减缓有害物对身体的进一步侵害，进一步的处理和治疗需要遵从医生的指导。

4220 型复合式冲淋洗眼器如图 5-5 所示。

2. 使用

使用者在选择眼面部防护用品时，应注意选择符合国家相关管理规定、标志齐全、经检验合格的眼面部防护用品，应检查其近期检验报告，并且要根据不同的防护目的选择不同的品种。

(1) 根据不同的使用目的正确地选择防冲击眼护具的级别，同时，使用时还应注意检查产品的标志。

(2) 使用前应检查防冲击眼护具的零部件是否灵活、可靠，依据炉窑护目镜技术要求中的规定检查眼镜的表面质量。使用中发生冲击事故、镜片严重磨损、视物不清、表面出现裂纹等任何影响防护质量的问题均应及时检查或更换。

(3) 应保持防护眼镜的清洁卫生，禁止与酸、碱及其他有害物接触，避免受压、受热、受潮及受阳光照射，以免影响其防护性能。

图 5-5　洗眼器

三、防噪音耳塞和耳罩

在任何可能造成耳部伤害的工作场所，都应佩戴防噪音耳塞或耳罩。防噪音耳塞主要用于隔绝声音进入中耳和内耳，达到隔音的目的，从而使人能够得到宁静的工作环境。防噪音耳罩是保护在强噪音、震动环境中的工作人员听力健康的劳动保护用品。

1. 防噪音耳塞

(1) 结构。

按其声衰减性能分为防低、中、高频声耳塞，一般由硅胶或低压泡模材质、高弹性聚酯材料制成，如图 5-6 所示。

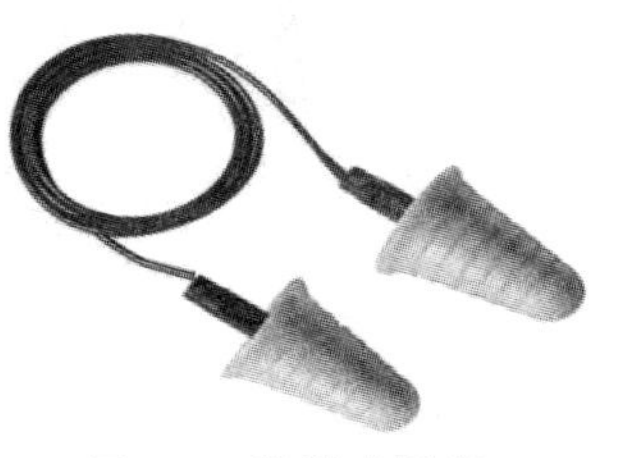

图 5-6　防噪音耳塞

(2) 使用要求。

① 拉起上耳角，将耳塞的 2/3 塞入耳道中。

② 按住耳塞约 20 s，直至耳塞膨胀并堵住耳道。

③ 用完后取出耳塞时，将耳塞轻轻地旋转拉出。

(3) 注意事项。

① 耳塞插入外耳道不可太深或太浅，以免造成不易取出或容易脱落。

② 使用防噪音耳塞前要洗净双手。

③ 及时对防噪音耳塞进行更换或清洗。

2. 防噪音耳罩

(1) 结构。

一般由双防噪音耳罩和连接装置组成，耳罩外层为硬塑料壳，内层加入吸音、隔音和防震材料，佩戴防噪音耳罩一般可以降低噪音 15～35 dB，如图 5-7 所示。

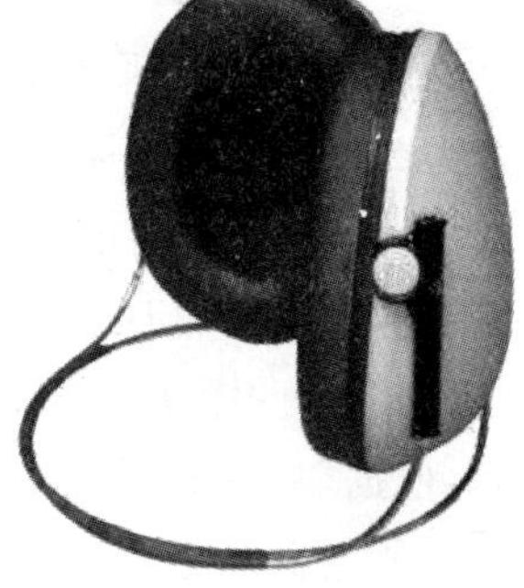

图 5-7　防噪音耳罩

(2) 使用要求。

使用时，罩紧耳朵即可。

(3) 注意事项。

防噪音耳罩应避免暴晒、高温、潮湿和雨淋。发现外部损伤和内部填充材料损坏应及时报废。

四、正压式空气呼吸器

1. 工作原理

正压式空气呼吸器属于自给式开路循环呼吸器，它是使用压缩空气的带气源的呼吸器，它依靠使用者背负的气瓶供给所呼吸的气体。

气瓶中高压压缩空气被高压减压阀降为中压 0.7 MPa 左右输出，经中压管送至需求阀，然后通过需求阀进入呼吸面罩，吸气时需求阀自动开启供使用者吸气，并保持一个可自由呼吸的压力。呼气时，需求阀关闭，呼气阀打开。在一个呼吸循环过程中，面罩上的呼气阀和口鼻上的吸气阀都为单方向开启，所以整个气流沿着一个方向构成一个完整的呼吸循环过程。

2. 结构

正压式空气呼吸器主要由压缩空气瓶、背板、面罩、一些必要的配件(如高压减压阀、供气阀、夜光压力表)等组成。RHZKF 型正压式空气呼吸器如图 5-8 所示。

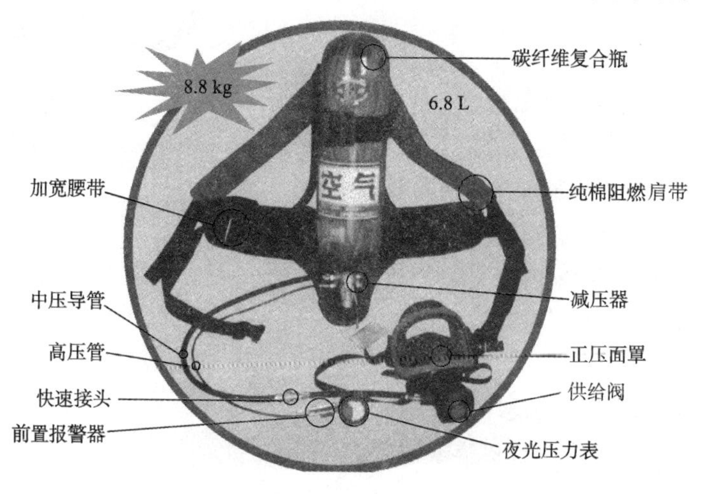

图 5-8　RHZKF 型正压式空气呼吸器

3. 操作

员工在使用前应认真阅读使用说明书。一般操作步骤如下(见图 5-9)：

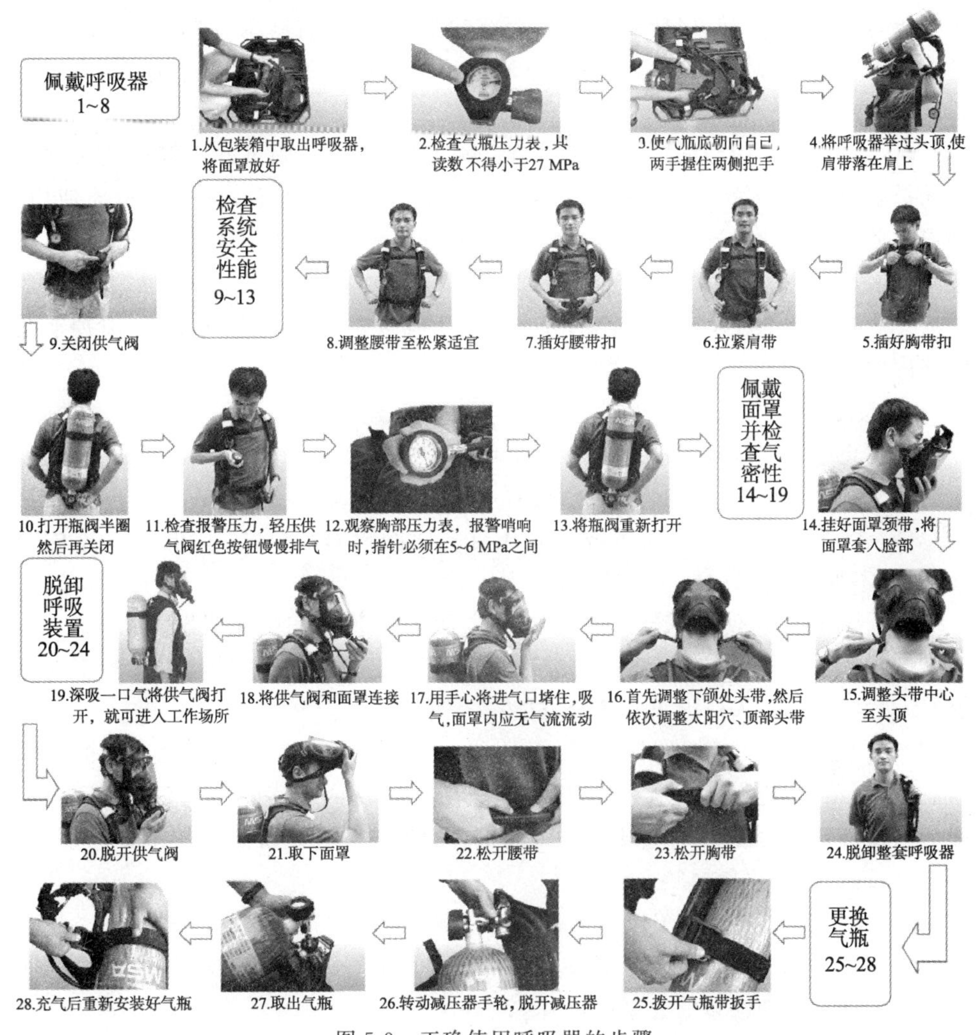
佩戴呼吸器
1~8
1.从包装箱中取出呼吸器，将面罩放好
2.检查气瓶压力表，其读数不得小于27 MPa
3.使气瓶底朝向自己，两手握住两侧把手
4.将呼吸器举过头顶，使肩带落在肩上
5.插好胸带扣
6.拉紧肩带
7.插好腰带扣
8.调整腰带至松紧适宜
检查系统安全性能
9~13
9.关闭供气阀
10.打开瓶阀半圈然后再关闭
11.检查报警压力，轻压供气阀红色按钮慢慢排气
12.观察胸部压力表，报警哨响时，指针必须在5~6 MPa之间
13.将瓶阀重新打开
佩戴面罩并检查气密性
14~19
14.挂好面罩颈带，将面罩套入脸部
15.调整头带中心至头顶
16.首先调整下颌处头带，然后依次调整太阳穴、顶部头带
17.用手心将进气口堵住，吸气，面罩内应无气流流动
18.将供气阀和面罩连接
19.深吸一口气将供气阀打开，就可进入工作场所
脱卸呼吸装置
20~24
20.脱开供气阀
21.取下面罩
22.松开腰带
23.松开胸带
24.脱卸整套呼吸器
更换气瓶
25~28
25.拨开气瓶带扳手
26.转动减压器手轮，脱开减压器
27.取出气瓶
28.充气后重新安装好气瓶

图 5-9　正确使用呼吸器的步骤

(1) 使用前应进行整体外观检查、气瓶的气体压力测试、连接管路的密封性测试和报警器的灵敏度测试。

(2) 佩戴步骤。

首先把需求阀置于待机状态，将气瓶阀打开(至少拧开 2 整圈以上)，弯腰将双臂穿入肩带，双手正握抓住气瓶中间的把手，缓慢举过头顶，迅速背在身后，沿着斜后方向拉紧肩带，固定腰带，系牢胸带。调节肩带、腰带，以合身、牢靠、舒适为宜。

背上呼吸器时，必须用腰部承担呼吸器的重量，用肩带做调节，千万不要让肩膀承担整个重量，否则，容易疲劳及影响双上肢的抢险施工。再将内面罩朝上，把面罩上的一条长脖带套在脖子上，使面罩挎在胸前，再由下向上戴上面罩。双手密切配合，收紧面罩系带，以使全面罩与面部贴合良好，无明显压痛为宜。立即用手掌堵住面罩进气口，用力吸气，面罩内产生负压，这时应没有气体进入面罩，表示面罩的气密性合格。

然后对好需求阀与面罩的快速接口并确保连接牢固，固定好压管以使头部的运动自如。深呼吸 2～3 次，感觉舒畅，呼吸器供气均匀即可投入正常抢险使用。如果在使用空气呼吸器的过程中报警器发出报警汽笛声，使用者一定要立即离开危险地区。

在确保周围的环境空气安全时才可以脱下呼吸器；关闭气瓶阀手轮，泄掉连接管路内的余压。

4. 检查

使用正压式空气呼吸器前必须进行下列检查：

(1) 检查全面罩。面罩及目镜破损的严禁使用。

(2) 检查气瓶压力余气报警器。开启气瓶阀检查贮气压力，低于额定压力 80％的，不得使用。

(3) 戴好面罩，使面罩与面部贴合良好，面部应感觉舒适，无明显压痛。

(4) 深呼吸 2～3 次，对正压式空气呼吸器管路进行气密性能检查。气密性能良好，打开气瓶阀，人体能正常呼吸方能投入使用。

(5) 正压式空气呼吸器使用后，必须按下列要求使其尽快恢复使用前的技术状态：清洁污垢，检查有无损坏情况；对空气瓶充气；用中性消毒液(不得使用含苯酚的消毒液)洗涤面罩、呼气阀及供气调节器的弹性膜片。最后在清水中漂洗，使其自然干燥，不得烘烤暴晒。

(6) 按使用前的准备工作要求对正压式空气呼吸器进行气密性试验。

正压式空气呼吸器必须定期检查。不常使用的一月检查一次，经常使用的一周检查一次。定期检查的主要项目有：

(1) 全面罩的镜片、系带、环状密封、呼气阀、吸气阀、空气供给阀等机件应完整好用，连接正确可靠，清洁无污垢。

(2) 气瓶压力表工作正常，连接牢固。

(3) 背带、腰带完好、无断裂现象。

(4) 气瓶与支架及各机件连接牢固，管路密封良好。

(5) 气瓶压力一般为 28～30 MPa。压力低于 28 MPa 时应及时充气。

(6) 整机气密性检查。打开气瓶开关，待高压空气充满管路后关闭气瓶开关，观察压力表变化，其指示值在 1 min 内下降不应超过 2 MPa。

(7) 余气报警器检查。打开气瓶开关，待高压空气充满管路后关闭气瓶开关，观察压力变化，当压力表数值下降至 5～6 MPa 时，应发出报警音响，并连续报警至压力表数值显示“0”为止。超过此标准为不合格。

(8) 空气供给阀和全面罩的匹配检查。正确佩戴正压式空气呼吸器后，打开气瓶开关，在呼气和屏气时，空气供给阀应停止供气，没有“咝咝”响声。在吸气时，空气供给阀应供气，并有“咝咝”响声。反之应更换全面罩或空气供给阀。

(9) 维修检验正压式空气呼吸器时必须认真填写记录卡片，并在其背托上粘贴检验合格证或标志。维修检验档案和记录卡片，应存档保留 2 年以上。

(10) 气瓶应严格按国家有关高压容器的使用规定进行管理和使用，使用期以气瓶标明期为准，一般每 3 年进行一次水压试验。

(11) 充装气瓶时必须按照安全规则执行。充装好的气瓶应放置于储存室，轻拿轻放，码放整齐，码放高度不应超过 1.2 m，防止阳光暴晒和靠近热源。

(12) 正压式空气呼吸器存放场所的室温应为 5～30 ℃，相对湿度 40%～80%，空气中不应有腐蚀性气体。长期不使用的全面罩应处于自然状态存放，其橡胶件应涂滑石粉，以延长使用寿命。

5. 注意事项

(1) 正压式空气呼吸器的高压、中压压缩空气不应直吹人的身体，以防造成伤害。

(2) 正压式空气呼吸器不准用作潜水呼吸器。

(3) 拆除阀门、零件及拔开快速接头时，不应在有气体压力的情况下进行。

(4) 正压式空气呼吸器减压阀、报警器和中压安全阀的压力值出厂时已调试好，非专职维修人员不得调试，呼气阀中的弹簧也不得任意调换。

(5) 用压缩空气吹除正压式空气呼吸器的灰尘、粉屑时应注意操作人员的手、脸、眼，必要时应戴防护眼镜、手套。

(6) 气瓶压力表应每年校验一次。

(7) 气瓶充气不能超过额定工作压力。

(8) 不准使用已超过使用年限的零部件。

(9) 正压式空气呼吸器的气瓶不准充填氧气，以免气瓶内存在的油迹遇高压氧气后发生爆炸，也不能向气瓶充填其他气体、液体。

(10) 正压式空气呼吸器的密封件和少数零件，装配时只准涂少量硅脂，不准涂油或油脂。

(11) 正压式空气呼吸器的压缩空气应保持清洁。

五、绝缘手套

1. 作用

绝缘手套是作业人员在其标示电压以下的电气设备上进行操作时佩戴的手部

防护用品。

2. 类型

根据使用方法可分为常规型绝缘手套和复合绝缘手套。常规型绝缘手套自身不具备机械保护性能，一般要配合机械防护手套（如皮质手套等）使用；复合绝缘手套是自身具备机械保护性能的绝缘手套，可以不用配合机械防护手套使用。

3. 结构

绝缘手套如图 5-10 所示。

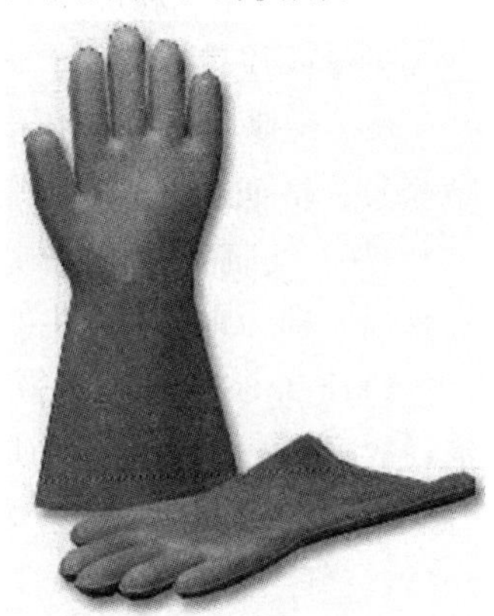

图 5-10 绝缘手套

4. 使用要求

(1) 检查绝缘手套是否在检验有效期内，要求每 6 个月检验一次。

(2) 使用前对绝缘手套进行外部检查：绝缘手套表面必须平滑，内外面应无针孔、疵点、裂纹、砂眼、杂质、修剪损伤、夹紧痕迹等各种明显缺陷和明显的波纹及明显的铸模痕迹，不允许有染料溅污痕迹。佩戴前还应对绝缘手套进行气密性检查，具体方法是将手套从口部向上卷，稍用力将空气压至手掌及指头部分，检查上述部位有无漏气，如有漏气现象则不能使用。

(3) 使用绝缘手套时，可戴上一副棉纱手套，防止手部出汗而操作不便。

(4) 戴绝缘手套时，应将外衣袖口放入手套的伸长部分里。

(5) 使用时注意防止尖锐物体刺破手套。

5. 不安全行为

(1) 使用未检验的绝缘手套。

(2) 将绝缘手套当作普通防护手套使用。

(3) 使用后未将绝缘手套上的污物擦洗干净，绝缘手套放于地上。

(4) 绝缘手套上堆压物件。

(5) 绝缘手套与油、酸、碱或其他影响橡胶质量的物质接触，并距离热源 1 m 以内。

六、绝缘靴

1. 作用

绝缘靴用于电气作业人员的保护，防止在一定电压范围内的触电事故。

2. 类型

根据帮面材料可分为电绝缘皮鞋、电绝缘布面胶鞋、电绝缘全橡胶鞋和电绝缘全聚合材料鞋，根据鞋帮高低可分为低帮电绝缘鞋、高腰电绝缘鞋、半筒电绝缘鞋和高筒电绝缘鞋。

3. 结构

绝缘靴如图 5-11 所示。

4. 使用要求

(1) 检查绝缘靴是否在检验有效期内,要求每 6 个月检验一次。

(2) 使用前应对绝缘靴进行外部检查,查看表面有无损伤、磨损或破漏、划痕等。

图 5-11　绝缘靴

5. 不安全行为

(1) 使用未检验的绝缘靴。

(2) 将绝缘靴当作雨鞋使用或作为其他使用。

(3) 绝缘靴未存放在干燥、阴凉的地方,其上堆压物件。

(4) 绝缘靴与石油类、有机溶剂、酸碱等腐蚀性化学药剂接触。

七、安全带

1. 作用

安全带(Z 类安全带)是高处作业工人预防坠落伤亡的防护用品。

2. 类型

根据安全带的产品性能可分为:Y——一般性能,J——抗静电性能,R——抗阻燃性能,F——抗腐蚀性能和 T——适合特殊环境的安全带。如“Z-JF”代表坠落悬挂、抗静电、抗腐蚀安全带。

3. 结构

一般由带子、绳子和金属配件组成,如图 5-12 所示。安全带的主要技术指标包括:外观、形式和尺寸、零部件破坏负荷测试、整体静负荷测试、整体冲击试验及标志。

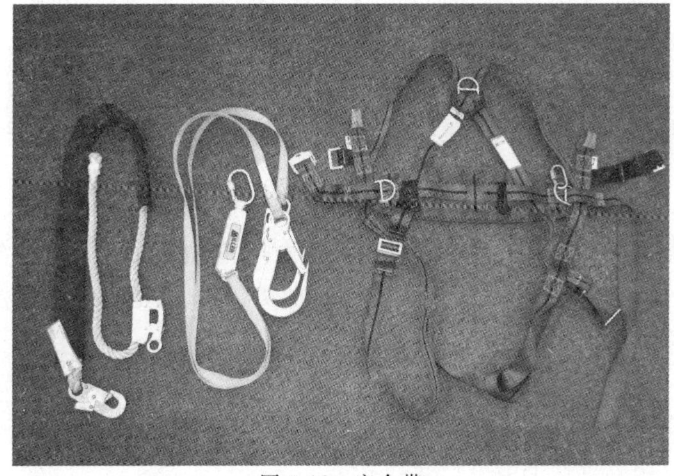

图 5-12　安全带

4. 使用要求

(1) 检查安全带是否在有效期内。

(2) 对安全带的带子、绳子和金属配件进行外观检查。

(3) 将安全带穿过手臂至双肩,保证所有织带没有缠结,自由悬挂,肩带必须保持垂直,不要靠近身体中心。

(4) 将胸带通过穿套式搭扣连接在一起,多余长度的织带穿入调整环中。

(5) 将腿带与臀部两边织带上的搭扣连接,将多余长度的织带穿入调整环中。

(6) 从肩部开始调整全身的织带,确保腿部织带的高度正好位于臀部的下方,然后对腿部织带进行调整,试着做单腿前伸和半蹲,调整两侧腿部织带至长度相同,胸部织带要交叉在胸部中间位置,并且大约离开胸骨底部 3 个手指的距离。

(7) 在头顶上方选择尽可能近、承重能力大的牢固挂点。

5. 注意事项

(1) 不得使用超期的安全带。

(2) 应高挂低用。

(3) 不得将绳打结使用。

(4) 严禁任意拆掉安全带上的各种部件。

(5) 严禁擅自对部件进行改造。

第三节　设备与工艺系统保护装置

设备与工艺系统保护装置是指为设备与工艺系统的安全运行而特别设置的保护装置。

在石油天然气工业中,设备与工艺系统保护装置可分为:

(1) 机械设备保护装置,如机械式的限位、自锁、联锁等保护装置。

(2) 电气设备保护装置,如电子式的自锁、联锁、漏电等保护装置。

(3) 石油天然气输送系统保护装置,如压力、液位、温度、流量等保护装置。

一、漏电保护器

漏电保护器是指当电路中发生漏电或触电时,能够自动切断电源的保护装置,包括各类漏电保护开关(断路器)、漏电保护插头(座)、漏电保护断电器、带漏电保护功能的组合电器等。

1. 主要用途

(1) 防止由于电气设备和电气线路漏电引起的触电事故。

(2) 防止用电过程中的单相触电事故。

(3) 及时切断电气设备运行中的单相接地故障,防止因漏电引起的电气火灾事故。

2. 使用范围

(1) 触电、防火要求较高的场所和新、改、扩建工程使用各类低压用电设备、插座,均应安装漏电保护器。

(2)对新制造的低压配电柜(箱、屏)、动力柜(箱)、开关箱(柜)、操作台、试验台,以及机床、起重机械、各种传动机械等机电设备的动力配电箱,在考虑设备的过载、短路、失压、断相等保护的同时,必须考虑漏电保护。用户在使用以上设备时应优先采用带漏电保护的电气设备。

(3) 建筑施工场所、临时线路的用电设备,必须安装漏电保护器。

(4) 手持式电动工具(除Ⅲ类外:因Ⅲ类工具由安全电压电源供电)、移动式生活日用电器(除Ⅲ类外)、其他移动式机电设备以及触电危险性大的用电设备,必须安装漏电保护器。

(5) 潮湿、高温、金属占有系数大的场所及其他导电良好的场所,如机械加工、冶金、化工、船舶制造、纺织、电子、食品加工、酿造等行业的生产作业场所,以及锅炉房、水泵房、食堂、浴室、医院等辅助场所,必须安装漏电保护器。

3. 参数选择

(1) 电压型漏电保护器的主要参数是漏电动作电压和动作时间。漏电动作电压即为漏电时能使漏电保护器动作的最小电压,额定漏电动作电压一般不超过安全电压。

(2) 电流型漏电保护器的主要参数是漏电动作电流和动作时间。漏电动作电流即为漏电时能使漏电保护器动作的最小电流。

(3) 以防止触电事故为目的的漏电保护器应采取高灵敏度、快速型。动作时间为1 s以下者,额定漏电动作电流和动作时间的乘积不大于30 mA·s,这是选择漏电保护器的基本要求。

4. 工作原理

漏电保护器的基本结构由3部分组成,即检测机构、判断机构和执行机构。因为电气设备在正常工作时,从电网流入的电流和流回电网的电流总是相等的,但当电气设备漏电或有人触电时,流入电气设备的电流就有一部分直接流入大地,这部分流入大地并经过大地回到变压器中性点的电流就是漏电电流。有了漏电电流,壳体对地电压就不为零了,这个电压称为漏电电压。检测机构的任务是将漏电电流或漏电电压的信号检测出来,然后送给判断机构。判断机构的任务是判断检测机构送来的信号是否达到动作电流或动作电压,如果达到动作电流或电压,它就会把信号传给执行机构。执行机构的任务是按判断机构传来的信号迅速动作,实现断电。

5. 安装与使用

(1) 漏电保护器安装时应检查产品合格证、认证标志、试验装置,发现异常情况必须停止安装。

(2) 漏电保护器的保护范围应是独立回路,不能与其他线路有电气上的连接。一台漏电保护器容量不够时,不能两台并联使用,应选用容量符合要求的漏电保护器。

(3) 安装漏电保护器后,不能撤掉或降低对线路、设备的接地或接零保护要求及措施,安装时应注意区分线路的工作零线和保护零线,工作零线应接入漏电保护器,并应穿过漏电保护器的零序电流互感器。经过漏电保护器的工作零线不得作为保护零线,不得重复接地或接设备的外壳。线路的保护零线不得接入漏电保护器。

(4) 潮湿、高温、金属占有系数大的场所及其他导电良好的场所,以及锅炉房、水泵房、食堂、浴室、医院等辅助场所,必须设置独立的漏电保护器,不得用一台漏电保护器同时保护两台以上的设备(或工具)。

(5) 安装带过电流保护的漏电保护器时,应另外安装过电流保护装置。采用熔断器作为短路保护时,熔断器的安秒特性与漏电保护器的通断能力应满足要求。

(6) 漏电保护器经安装检查无误,并操作试验按钮检查动作情况正常,方可投入使用。

(7) 漏电保护器的安装、检查等应由电工负责。电工应参加有关漏电保护器知识的培训、考核,内容包括漏电保护器的原理、结构、性能、安装使用要求、检查测试方法、安全管理等。

(8) 回路中的漏电保护器停送电操作应按倒闸操作程序及有关安全操作规程进行。

(9) 使用者应掌握漏电保护器的安装使用要求、保护范围、操作及定期检查的方法。使用者不得自行装拆、检修漏电保护器。

(10) 漏电保护器发生故障,必须更换合格的漏电保护器。

6. 维护

(1) 对运行中的漏电保护器应进行定期检查,每月至少检查一次,并做好检查记录。检查内容包括外观检查、试验装置检查、接线检查、信号指示及按钮位置检查。

(2) 检查漏电保护器时,应注意操作试验按钮的时间不能太长,次数不能太多,以免烧坏内部元件。

(3) 运行中的漏电保护器发生动作后,应根据动作的原因排除故障,方能进行

合闸操作。严禁带故障强行送电。

(4) 漏电保护器的检修应由专业生产厂进行，检修后的漏电保护器必须由专业生产厂按国家标准进行试验，并出具检验合格证。检修后仍达不到规定要求的漏电保护器必须报废销毁，任何单位、个人不得回收利用。

二、安全阀

1. 作用

安全阀是一种安全保护用阀，它的启闭件在外力作用下处于常闭状态，当设备或管道内的介质压力升高，超过规定值时自动开启，通过向系统外排放介质来防止管道或设备内介质压力超过规定数值。安全阀属于自动阀类，主要用于锅炉、压力容器和管道，控制压力不超过规定值，对人身安全和设备运行起重要保护作用。

2. 类型

安全阀根据动作方式的不同可分为：直接载荷式、带动力辅助装置、带补充载荷和先导式安全阀。

3. 结构原理

弹簧直接载荷式安全阀及其内部结构（参照 GB/T 12243—2005）如图 5-13 所示。

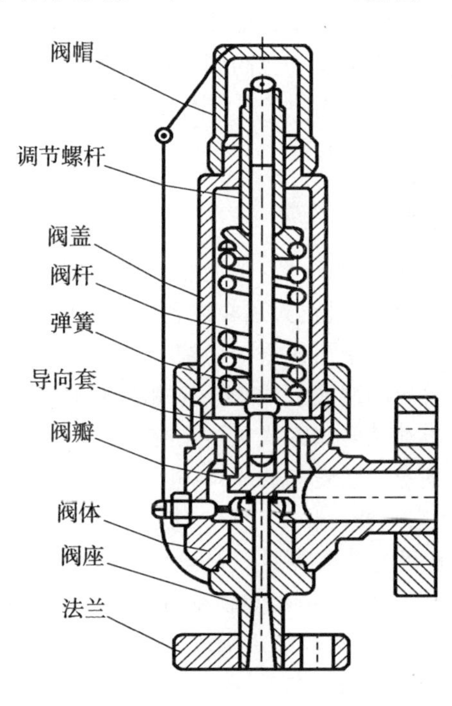

图 5-13　弹簧直接载荷式安全阀及其内部结构

当安全阀阀瓣下的介质压力超过弹簧的压紧力时，阀瓣顶开，介质被排出。随着安全阀的打开，介质不断排出，系统内的介质压力逐步降低。当系统内压力低于弹簧作用力时安全阀关闭。

4. 安全要求

(1) 安装应满足的要求。

安全阀安装于一个进口支管上时，该支管通道的最小横截面积应不小于安全阀进口截面积。进口支管应短而直，不应设置在某一支管的正对面。

对安装安全阀的管道或者容器应给予足够的支撑，以保障振动不会传递到安全阀，且所有相关管道的安装方式应避免对安全阀产生过大的应力，以防导致阀门变形和泄漏。

安全阀的安装位置应尽可能靠近被保护的系统，便于进行功能试验和维修。

安全阀排放管道的安装应不影响安全阀的排量，同时应充分考虑安全阀排放反作用力对安全阀进口连接部位的影响。安全阀的排放或疏液应位于安全地点。应特别注意危险介质的排放及疏液，以及任何可能导致排放管道系统阻塞的条件。

安装完毕，排放管线上应标注指示介质流向的箭头。

(2) 日常使用中，为确保良好的工作状态，安全阀应加强维护与检查，保持阀体清洁，防止阀体及弹簧锈蚀，防止阀体被油垢、异物堵塞，要经常检查阀的铅封是否完好，防止弹簧式安全阀调节螺母被随意拧动，发现泄漏应及时更换或检修。

(3) 安全阀应定期进行检验，包括开启压力、回座压力、密封程度等，其要求与安全阀的调试相同。

三、车用阻火器

阻火器又名防火器，阻火器的作用是防止外部火焰蹿入存有易燃易爆气体的设备、管道内，或阻止火焰在设备、管道间蔓延。阻火器是应用火焰通过热导体的狭小孔隙时，由于热量损失而熄灭的原理设计制造的。阻火器的阻火层结构有砾石型、金属丝网型或波纹型。适用于可燃气体管道，如汽油、煤油、轻柴油、苯、甲苯、原油等油品的储罐或火炬系统，气体净化通化系统，气体分析系统，煤矿瓦斯排放系统，加热炉燃料气的管网，也可用于乙炔、氧气、氮气、天然气管道。本书重点介绍车用阻火器。

1. 作用与结构类型

车用阻火器是一种安装在内燃机排气管路后，允许排气流通过，并能够阻止排气流内的火焰和火星喷出的安全防火、阻火装置，车用阻火器也称车用防火帽、车用阻火罩等，如图 5-14 所示。

2. 车用阻火器的维护保养

(1) 安装时一定要与排气管口径吻合并固定，否则车辆以及内燃机在运动的

过程中，阻火器容易脱落。

(2) 车辆在进入易燃易爆场所时，要确保阻火器处于关闭状态。

(3) 经常检查阻火器壳体是否有裂痕，配件是否齐全，及时清理阻火器内的积炭。

图 5-14 车用阻火器

四、消声器

1. 作用

消声器是一种允许气流通过而使声能衰减的装置，将其安装在气流通道上便能降低空气动力性噪声。

2. 类型

消声器种类繁多，按主要类型和工作原理分为以下几种：

(1) 阻性消声器。利用声波在多孔性吸收材料中传播时，摩擦将声能转化为热能而散发掉，以达到消声的目的。

(2) 抗性消声器。利用声波的反射、干涉及共振等原理，吸收或阻碍声能向外传播。

(3) 微穿孔板消声器。建立在微孔声结构基础上的既有阻性又有抗共振式消声器。

(4) 复合式消声器。为达到宽频带、高吸收的消声效果，将阻性消声器和抗性消声器组合为复合式消声器。该类消声器既有阻性吸声材料，又有共振器、扩张室、穿孔屏等声学滤波器件。

(5) 扩容减压、小孔喷注式排气放空消声器。为降低高温、高速、高压排气喷流噪声而设计的排气放空消声器。

消声器的分类见表 5-1。

表 5-1 消声器的分类

序 号	类 型	形 式	消声频率特性	备 注
1	阻性消声器	直管式、片式、折板式、声流式、蜂窝式、弯头式	具有中、高频的消声性能	适用于消除风机、燃气轮机的进气噪声等
2	抗性消声器	扩张室式、共振腔式、干涉式	具有低、中频消声性能	适用于消除空气机、内燃机、汽车的排气噪声等

表 5-1 续表

序号	类型	形式	消声频率特性	备注
3	阻抗复合式消声器	阻扩型、阻共型、阻扩共型	具有低、中、高频消声性能	适用于消除鼓风机、发动机试车台的噪声
4	微穿孔板消声器	单层微穿孔板消声器、双层微穿孔板消声器	具有宽频带消声性能	可用于高温、潮湿有水气、有油雾、有粉尘及要求特别清洁卫生的场所
5	喷注型消声器	小孔喷注型、降压扩容型、多孔扩散型	宽频带消声特性	适用于消除压力气体排放噪声，以及锅炉排气、工艺气体排放噪声

3. 结构原理

采油作业中的主要噪音来源为注水泵房内的大功率电机，为控制其对员工的危害，通常在其外部加设消声器，其结构如图 5-15 所示。

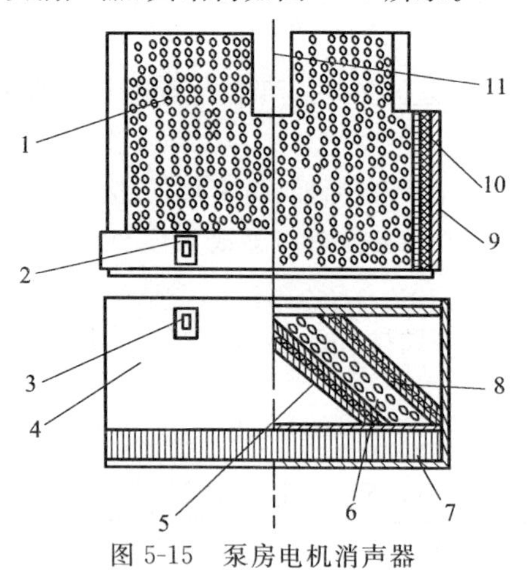

图 5-15　泵房电机消声器

1—消声器主体；2—挂钩合页；3—挂钩；4—消声器后盖；5—圆锥吸声壁；6—锥形吸声通风道；7—进风槽；8—内圆锥吸声壁；9—多孔钢板；10—吸声棉；11—竖槽

油田泵房电机消声器由消声器主体和消声器后盖组成。消声器主体内壁为多孔钢板，多孔钢板与消声器主体外壳之间填充吸声棉，消声器主体一端有与后盖相连的挂钩合页，另一端有竖槽。消声器后盖为圆筒形，消声器后盖内有圆锥吸声壁和内圆锥吸声壁组成的锥形吸声通风道，消声器后盖有进风槽，另一端有与消声器主体连接的挂钩。

4．注意事项

(1) 消声器安装于需要消声的设备或管道上。消声器与设备或管道的连接一定要牢靠，且不应与风机接口直接连接。

(2) 消声器法兰和风机管道法兰连接处应加弹性垫并密封，以避免漏声、漏气或刚性连接引起固体传声。

(3) 消声器露天使用时应加防雨罩，作为进气消声使用时应加防尘罩，含粉尘的场合应加滤清器。

第四节　安全与应急设施设备和器材

为生产场所的安全和应急状态下的处置要求专门配置的设施设备和器材，称为安全与应急设施设备和器材。请特别注意，有些设施设备和器材既是日常工作中的安全需要，也是应急状态下处置的需要。

在石油天然气工业中，安全与应急设施设备和器材可分为：

(1) 安全标志与信号，如标志牌、信号灯、风力风向仪或风向袋(风斗)、应急逃生通道等。

(2) 消防系统，如消防栓、灭火器等。

(3) 救生与逃生，如逃生通道、救生艇等。

(4) 通信系统，如防爆手机、无线电对讲机等。

(5) 检测报警系统，如有毒有害气体检测仪、火灾检测报警系统等。

(6) 防火防爆，如防火墙、防爆墙等。

(7) 紧急关断，如紧急关断阀等。

(8) 放空系统，如安全阀、阻火器等。

(9) 防雷防静电，如防雷装置、防静电接地等。

一、安全标志

(一) 安全色与色光

1．安全色

(1) 安全色：传递安全信息含义的颜色，包括红、蓝、黄、绿四种颜色。

(2) 对比色：使安全色更加醒目的反衬色，包括黑、白两种颜色。

(3) 色域：在色度学中，色品图上的一块面积或空间内的一个体积。这部分色品图或色空间通常包括所有可由特殊选择配色参量而复现的色。

2．颜色表征

(1) 安全色。

① 红色:表示禁止、停止、危险以及消防设备的意思。凡是禁止、停止、消防和有危险的器件或环境均应涂以红色的标记作为警示的信号。

② 蓝色:表示指令,要求人们必须遵守的规定。

③ 黄色:表示提醒人们注意。凡是警告人们注意的器件、设备及环境都应以黄色表示。

④ 绿色:表示给人们提供允许、安全的信息。

(2) 对比色。

安全色与对比色同时使用时,应按表 5-2 中的规定搭配使用。

表 5-2 安全色和对比色

安全色	对比色	安全色	对比色
红色	白色	黄色	黑色
蓝色	白色	绿色	白色

注:黑色与白色互为对比色。

① 黑色:黑色用于安全标志的文字、图形符号和警告标志的几何边框。

② 白色:白色作为安全标志红、蓝、绿的背景色,也可用于安全标志的文字和图形符号。

(3) 安全色与对比色的相间条纹。

① 红色与白色相间条纹:表示禁止人们进入危险的环境。

② 黄色与黑色相间条纹:表示提示人们特别注意的意思。

③ 蓝色与白色相间条纹:表示必须遵守规定的信息。

④ 绿色与白色相间条纹:与提示标志牌同时使用,更为醒目地提示人们。

3. 安全色光

(1) 安全色光的种类。

安全色光(以下简称色光)为红、黄、绿、蓝 4 种色光。白色光为辅助色光。

(2) 色光表示事项及使用场所。

① 红色光是表示禁止、停止、危险、紧急、防火事项的基本色光,用在表示禁止、停止、危险、紧急、防火等事项的场所。

② 黄色光是表示注意事项的基本色光,用在有必要促使注意事项的场所。

③ 绿色光是表示安全、通行、救护的基本色光,用在有关安全、通行及救护的事项或其场所。

④ 蓝色光是表示引导事项的基本色光,用在指示停车场的方向及所在位置。

⑤ 白色光作为辅助色光,主要用于文字、箭头等,通常用作指引,用于指示方向和所到之处。

（二）安全标志

安全标志是用以表达特定安全信息的标志，由图形符号、安全色、几何形状（边框）或文字构成。安全标志分禁止标志、警告标志、指令标志和提示标 4 四大类型。

1. 禁止标志

（1）禁止标志的含义是禁止人们不安全行为的图形标志。

（2）禁止标志的基本形式是带斜杠的圆边框，如图 5-16 所示。

图 5-16　禁止标志

2. 警告标志

（1）警告标志的基本含义是提醒人们对周围环境引起注意，以避免可能发生的危险。

（2）警告标志的基本形式是正三角形边框，如 5-17 所示。

图 5-17　警告标志

3. 指令标志

(1) 指令标志的含义是强制人们必须做出某种动作或采用防范措施的图形标志。

(2) 指令标志的基本形式是圆形边框,如图 5-18 所示。

图 5-18 指令标志

4. 提示标志

(1) 提示标志的含义是向人们提供某种信息(如标明安全设施或场所等)的图形标志。

(2) 提示标志的基本形式是正方形边框,如图 5-19 所示。

5. 安全标志牌的使用要求

(1) 标志牌的高度应尽量与人眼的视线高度相一致。悬挂式和柱式的环境信息标志牌的下缘距地面的高度不宜小于 2 m,局部信息标志的设备高度应视具体情况确定。

(2) 标志牌应设在与安全有关的醒目地方,并使大家看见后,有足够的时间来注意它所表示的内容。环境信息标志宜设在有关场所的入口处和醒目处,局部信息标志应设在所涉及的相应危险地点或设备(部件)附近的醒目处。

(3) 标志牌不应设在门、窗、架等可移动的物体上,以免这些物体位置移动后,看不见安全标志。标志牌前不得放置妨碍认读的障碍物。

(4) 标志牌的平面与视线夹角应接近 90°,观察者位于最大观察距离时,最小

夹角不低于75°。

(5) 标志牌应设置在明亮的环境中。

(6) 多个标志牌设置在一起时,应按警告、禁止、指令、提示的顺序,先左后右、先上后下地排列。

(7) 标志牌的固定方式分附着式、悬挂式和柱式3种。悬挂式和附着式的固定应稳固不倾斜,柱式的标志牌和支架应牢固地连接在一起。

图5-19　提示标志

二、风向标

1. 风向标的原理

当风的来向与风向标成某一交角时,风对风向标产生压力,这个力可以分解成平行和垂直于风向标的两个风力。由于风向标头部受风面积比较小,尾翼受风面积比较大,因而感受的风压不相等,垂直于尾翼的风压产生风压力矩,使风向标绕垂直轴旋转,直至风向标头部正好对风的来向时,由于翼板两边受力平衡,风向标就稳定在某一方位。

风向标的箭头永远指向风的来向，其原理其实非常简单：箭尾受风面积比箭头大，若箭头及箭尾均受风，箭尾必被风推后，使箭头移往风的来向。

2. 风向的规定

由于受到摩擦力的影响，风速会随着高度上升而增加。风速表安放于空旷地区的标准高度是离地面 10 m。空旷地区是指风速表与任何障碍物的距离不少于该障碍物 10 倍高度的范围。

风向是指风吹来的方向，如北风是由北吹向南的风。风向可以用风向标来测量。风向标的箭头指向的是风吹来的方向，我们用它来描述风向。

随着季节的转化，各地区风向也随着季节发生一定变化，采气场站设置风向标的目的，就是让在岗员工掌握风向变化。当井场发生火警或含硫气井管线发生泄漏时，便于上岗人员往上风方向疏散或处理事故，防止人员受伤或设备受到较大损失。风向标基本上是一个不对称形状的物体，重心固定于垂直轴上。当风吹过，对空气流动产生较大阻力的一端便会顺风转动，显示风向。现场常用的风向标有风向袋和风速风向仪，风速风向仪又分为固定式风速风向仪和手持式风速风向仪，如图 5-20 所示。

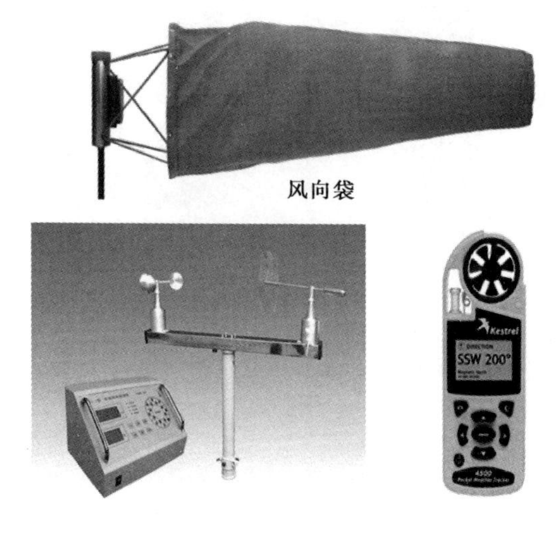

图 5-20　风向标

3. 风向标的设计制作要求

(1) 风小时能反映风向的变动，即有良好的启动性能。

(2) 具有良好的动态特性，即能迅速准确地跟踪外界的风向变化。

由于风向标的动态特性，常规风向袋用于指示风向，提供风速参考。风向标由

布质防水风向袋、优质不锈钢轴承风动系统、不锈钢风杆 3 个部分组成。布质风向袋采用轻质防水布制作，具有灵活度高、使用寿命长的优点，不锈钢轴承风动系统由不锈钢主轴、不锈钢风动轴、双进口优质轴承、防水部件等构成，具有精度高、风阻小、回转启动风速小、可靠性高、使用寿命长等优点。

三、消防设施

消防设施是指火灾自动报警系统、自动灭火系统、消火栓系统、防烟排烟系统、应急广播和应急照明、安全疏散设施等。

消防设施归纳起来共有 13 类：建筑防火及疏散设施，消防给水，防烟及排烟设施，消防电气与通信设施，自动喷水与灭火系统，火灾自动报警系统，气体自动灭火系统，水喷雾自动灭火系统，低倍数泡沫灭火系统，高、中倍数泡沫灭火系统，蒸汽灭火系统，移动式灭火器材，其他灭火系统。

消防设施的保养与维护一般应满足以下要求：

(1) 室外消火栓由于处在室外，经常受到自然和人为的损坏，所以要经常维护。

(2) 室内消火栓给水系统至少每半年要进行一次全面检查。

(3) 自动喷水灭火系统，每 2 个月应对水流指示器进行一次功能试验，每个季度应对报警阀进行一次功能试验。

(4) 消防水泵是水消防系统的心脏，因此应每月启动运转一次，检查水泵运行是否正常，出水压力是否达到设计规定值。每年应对水消防系统进行一次模拟火警联动试验，以检验火灾发生时水消防系统是否迅速开通投入灭火作业。

(5) 高、低倍数泡沫灭火系统每半年应检查泡沫液及其储存器、过滤器、产生泡沫的有关装置，对地下管道应至少 5 年检查一次。

(6) 气体灭火系统每年至少检修一次，自动检测、报警系统每年至少检查两次。

(7) 火灾自动报警系统投入运行 2 年后，其中点型感温、感烟探测器应每隔 3 年由专门的清洗单位全部清洗一遍，清洗后应做响应阈值及其他必要功能试验，不合格的严禁重新安装使用。

(8) 灭火器应每半年检查一次，到期的应及时更换。

油田企业基层员工应重点掌握常见灭火器的相关知识。

1. 火灾类型

根据可燃物的类型和燃烧特性，火灾分为 A、B、C、D、E、F 6 类。

A 类火灾是指固体物质火灾。这种物质通常具有有机物质性质，一般在燃烧时能产生灼热的余烬，如木材、煤、棉、毛、麻、纸张等火灾。

B 类火灾是指液体或可熔化的固体物质火灾，如煤油、柴油、原油、甲醇、乙醇、沥青、石蜡等火灾。

C类火灾是指气体火灾，如煤气、天然气、甲烷、乙烷、丙烷、氢气等火灾。

D类火灾是指金属火灾，如钾、钠、镁、铝镁合金等火灾。

E类火灾是指带电火灾，即物体带电燃烧的火灾。

F类火灾是指烹饪器具内的烹饪物（如动植物油脂）火灾。

2. 灭火器类型

按使用方式，灭火器分为便携式和推车式。

按驱动压力形式分为贮气瓶式灭火器和贮压式灭火器。

按充装的灭火剂分为：

(1) 水基型灭火器（水型包括清洁水或带添加剂的水，如湿润剂、增稠剂、阻燃剂或发泡剂等）。

(2) 干粉型灭火器（干粉有“BC”或“ABC”型，或为D类火特别配制的类型）。

(3) 二氧化碳灭火器。

(4) 洁净气体灭火器。

3. 常用灭火器的结构原理及使用要求

总体上灭火器的组成部分包括：储罐，内装灭火剂和驱动气体；阀门，用以控制灭火剂的流动；喷嘴或喷射软管，用以将灭火剂喷射至炉火上；灭火剂，可扑灭火灾或控制燃烧；驱动气体，用以驱动灭火剂喷出。灭火器如图5-21所示。

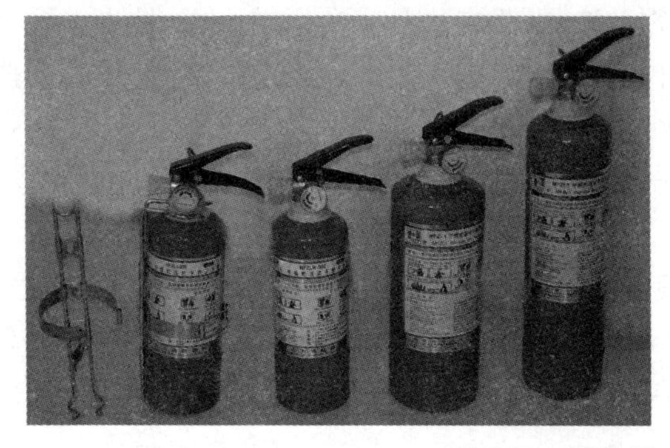

图5-21 灭火器

(1) 泡沫灭火器。

① 结构。

10 L手提式泡沫灭火器和100 L大型推车式泡沫灭火器的结构如图5-22所示。

② 灭火原理。

此类灭火器的外机筒内盛装有碳酸氢钠（小苏打）与发泡剂的混合药液，瓶胆内盛装有硫酸铝溶液，两者相混合后，酸碱中和就会产生大量的泡沫群。

泡沫之所以能灭火，主要是由于其密度小，能够覆盖在着火物质的表面上，阻隔空气进入燃烧区内；其次，由于泡沫导热性很差，可以有效地阻止热量向外传递；再次，尽管泡沫的热容量很低，但是也能吸收一定的热量。

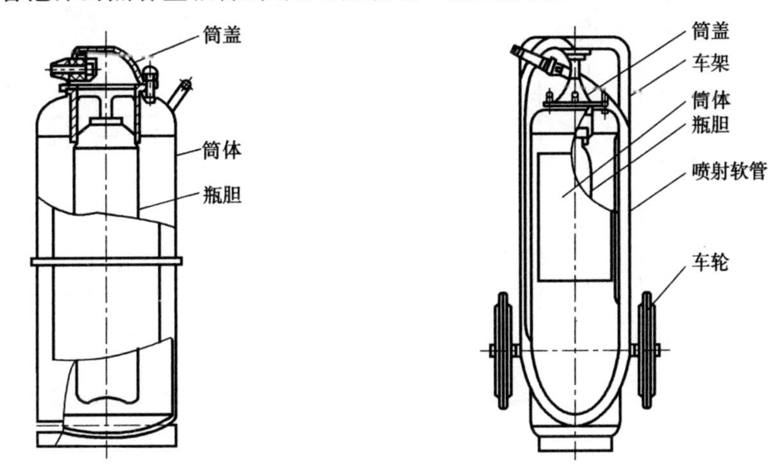

图 5-22　泡沫灭火器

③ 适用灭火对象。

主要适用于扑救油类及一般固体物质的初期火灾（即 A、B 类），不适用于扑救可燃气体，碱金属，电器以及醇类、醚类、酯类等火灾。

④ 使用要求。

使用此类灭火器时首先应考虑其灭火对象和燃烧范围及风向的影响；然后将灭火器倾斜 45°并适当摇动，使药液充分混合。若是容器内易燃液体（油类）着火，要将泡沫喷射在容器的前沿内壁上，使其平稳地覆盖在油面上，切不可直接向油面喷射，以减小油面的搅动和泡沫层的破坏。此外，在用泡沫扑救的同时不能再用水扑救。因为水有稀释和破坏泡沫的作用。如果扑救的是固体物质火灾，要以最快的速度接近火源，向燃烧物上大面积喷射泡沫。

⑤ 注意事项。

使用过程中，泡沫灭火器的底部和机盖不能朝人。如果灭火器已经颠倒，泡沫仍喷射不出，应将机身平放在地上，用铁丝疏通喷嘴，切不可拆卸机盖，以免机盖飞出伤人。

泡沫灭火器内装药液，每年更换一次，冬季要做好防冻保护，以免失效。

（2）二氧化碳灭火器。

① 结构和组成。

二氧化碳灭火器的结构如图 5-23 和图 5-24 所示，主要由钢瓶、开关、喇叭喷射口及手柄组成。开关的形式有鸭嘴式和手轮式 2 种。

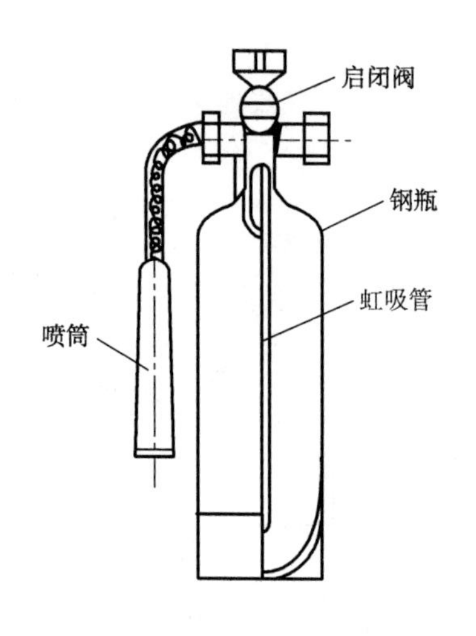

图 5-23　手轮式二氧化碳灭火器

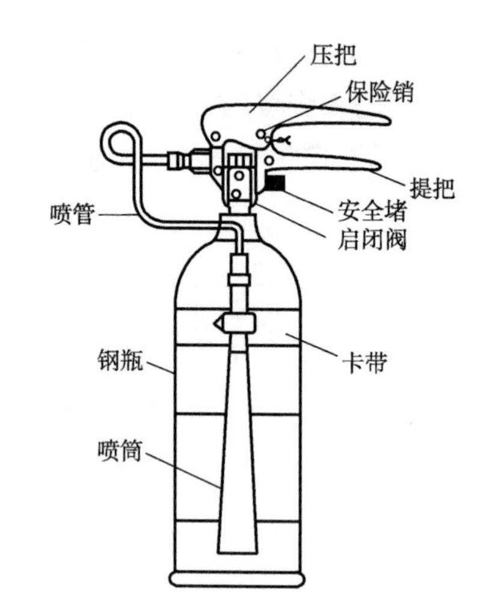

图 5-24　鸭嘴式二氧化碳灭火器

② 灭火原理。

二氧化碳之所以能够灭火，主要是它不燃烧也不助燃，能够稀释可燃气体，减少燃烧区内空气的含氧量。此外，二氧化碳还有极低的汽化温度(－78.5 ℃)，可冷却可燃物质。

③ 适用灭火对象。

二氧化碳主要适用于扑救小型油类、电器、图书档案、精密仪器等的火灾。特别是扑救室内初期火灾更为有效。不适用扑救可燃气体、普通固体及可燃金属的火灾。

④ 使用要求。

使用者将灭火器提至起火地点后，应迅速使喇叭口对准火源，打开保险和开关，向火源喷射。由于开关种类不同，打开方法也不同。使用鸭嘴式开关时一只手拔去保险销后，紧握鸭嘴开关，另一只手握住喇叭口的木柄部位向火源喷射。手轮式开关的操作方法与鸭嘴式开关基本一致，但应注意手轮式开关开启的方向应向左旋转，并且应将其迅速地打到最大开启位置，以免造成少量开启，使灭火效果降低。

⑤ 注意事项。

使用此类灭火器时，一定要采用正常的操作方法，以免出现冻伤事故。灭火时查清燃烧物的性质后，方能确定是否使用该类灭火器；扑救火灾时应视火势大小与火源保持适当的灭火距离，以获得最佳的灭火效果。

二氧化碳灭火器必须每 3 个月进行一次检查保养。每年对所有的二氧化碳灭火器进行称重检查，二氧化碳重量减少 10%以上应及时送往厂家检查和补充。此外，每 3 年应对二氧化碳灭火器进行一次耐压试验，以确保使用安全。

（3）干粉灭火器。

① 结构和组成。

干粉灭火器的结构如图 5-25 所示，主要由机身、二氧化碳气瓶、气管、粉管、喷嘴（或喷管）、提把和开关等组成。

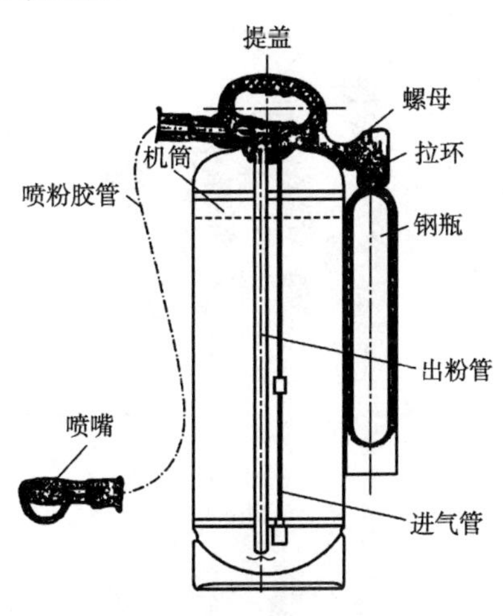

图 5-25　干粉灭火器

② 灭火原理。

干粉是一种干燥的细微固体粉末，主要由钠盐干粉（如碳酸氢钠）、钾盐干粉（如氯化钾）或氨基干粉与少量的添加剂（如流动促进剂、防潮剂等），经研磨混合而成。

干粉之所以能够灭火，主要是干粉灭火剂装在机筒内，在惰性气体（二氧化碳）的压力作用下喷出，形成浓云般的粉雾覆盖在燃烧物表面，使燃烧的连锁反应终止。同时，干粉还兼具有驱散空气、窒息炉火的作用。

③ 适用灭火对象。

干粉灭火器是一种新型灭火器，主要适用于扑救可燃气体、可燃液体和常压气体火灾等，不适用扑救可燃金属的火灾。

④ 使用要求。

使用干粉灭火器时，将其提至火场后，选择上风有利地形，一只手握住喷嘴，另一只手拔掉保险并紧握提柄，提起机身对准炉火进行迅速扑救。

⑤ 注意事项。

干粉灭火器使用前，首先要上下翻动数次，使干粉预先松动，以确保干粉有效喷出。此外，由于干粉灭火剂的冷却作用较弱，故扑救炽热物后要注意防止复燃。

干粉灭火器要防潮、防晒，不要存放于高温场所，每年抽查一次干粉，检查有无受潮结块，驱动气体的气瓶也应每年称重一次，二氧化碳气体的总体重量减少10%以上应及时送往厂家检查和补充。

四、低压验电器

验电器是用于检验电气设备、电器是否有电的一种专用安全工具，分为高压验电器和低压验电器两种。低压验电器为了工作和携带方便，常做成钢笔式或螺丝刀式，由高值电阻、氖管、弹簧、金属触头和笔身组成，如图 5-26 所示。

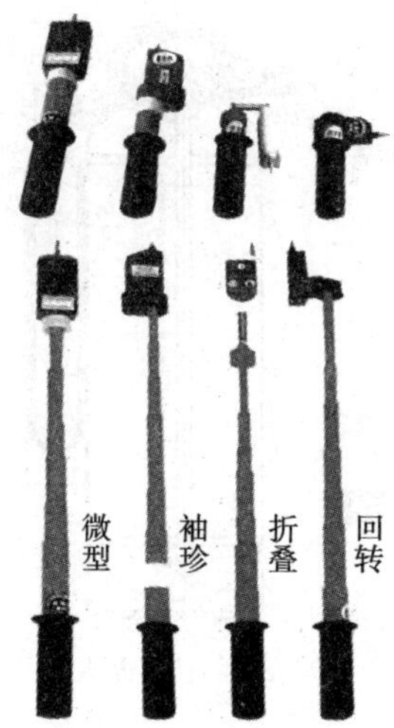

图 5-26　低压验电器

1. 使用方法

（1）对低压验电器外观及附件进行检查。

（2）使用前必须核对低压验电器的电压等级与所操作的电气设备的电压等级是否相同。

（3）在使用前要在确知有电的设备或电路上试验一下，以证明其性能是否良好。

（4）手拿验电器，用一个手指触及金属笔卡，金属笔尖顶端接触被检查的带电部分，看氖管灯泡是否发亮，如果发亮，则说明被检查的部分是带电的，并且灯泡愈亮，说明电压愈高。

2. 注意事项

（1）不准擅自调整、拆装。

（2）应存放在干燥、阴凉的地方。

（3）不要接触带腐蚀性的化学溶剂和洗涤剂，或用带腐蚀性的化学溶剂和洗涤剂进行擦拭。

五、便携式气体检测仪

1. 气体检测仪的分类

按检测介质分类，有可燃性气体（含甲烷）检测仪、有毒有害气体（硫化氢、二氧化碳、一氧化碳）检测仪、氧气检测仪等。

按检测原理分类，可燃性气体检测仪有催化燃烧型、半导体型、热导型和红外线吸收型等；有毒有害气体检测仪有电化学型、半导体型等；氧气检测仪有电化学型等。

按使用方式分类，有便携式和固定式。如图5-27所示为便携式可燃气体检测仪和便携式硫化氢检测仪。

便携式可燃气体检测仪

便携式硫化氢检测仪

图5-27 便携式气体检测仪

按使用场所分类，有常规型和防爆型。

按功能分类，有气体检测仪、气体报警仪和气体检测报警仪。

按采样方式分类，有扩散式和泵吸式。

2. 依据标准

气体检测报警仪应符合GB 12358《作业环境气体检测报警仪通用技术要求》和GB 3836《爆炸性气体环境用电气设备》的要求，并符合以下要求：

(1) 仪器的检验证书齐全，包括质量检验、计量检定、防爆检验和出厂校验等合格证书。

(2) 仪器检测有声光报警功能。

(3) 仪器有故障和电源欠压报警功能。

3. 操作规程

(1) 在非危险场所(纯净空气的地方)，按下开关键，打开报警仪。

(2) 暖机及“零”位调整大约需1 min，在暖机的同时检查电池的电量。

(3) 暖机完成后，可以进入危险场所进行检测。

(4) 检测结束，持续按下开关键直到倒计时结束后，电源被关闭。

(5) 严格按照产品使用说明书进行操作。

4. 安全注意事项

(1) 首次使用前，需对报警仪进行校准。

(2) 勿使报警仪经常接触浓度高于检测范围的高浓度气样，否则会直接影响传感器的使用寿命。

(3) 擦拭仪器表面，严禁使用溶剂、肥皂或上光剂。

(4) 探头处不得有快速流动气体直接吹过，否则会影响测试结果。

(5) 便携式气体报警仪严禁在危险场所更换电池，且必须使用碱性干电池。

(6) 可燃气体报警系统出现故障要及时修理，不允许长时间停止运行，若自己不能解决，要及时上报维修计划，请有资质的单位前来维修。

(7) 如果仪器受到物理震动，必须重新进行响应和报警功能测试。

(8) 仅可用于与传感器种类相对应的气体或蒸气的检测。

(9) 确认仪器工作场所的氧气浓度符合仪器正常工作条件的要求。

(10) 不要用于探测可燃尘雾。

(11) 使用前和使用中经常检查传感器是否堵塞。

(12) 不要在易燃环境下给锂电池充电。

(13) 每天使用仪器之前都要认真检查仪器功能是否灵敏可靠。

(14) 要对仪器操作、管理人员进行相关知识的培训，理论、实操考试合格后方可使用。

(15) 不正确的使用或违章使用可能导致严重的人身伤害。

5. 维护

(1) 仪器应存放在通风、干燥、清洁、不含腐蚀性气体的室内。贮存温度为 0～40 ℃，相对湿度低于 85%。

(2) 使用充电电池的仪器要及时充电；使用普通电池的仪器要及时更换电池，保证仪器能正常工作。

(3) 使用传感器的检测仪器要根据使用寿命定期更换传感器。

(4) 固定式检测仪安装后要经过标定验收合格，并出具检验合格报告后，方可投入使用。

(5) 仪器的维修与标定工作应由有资质的单位承担。

(6) 仪器要求专人保管和使用，并加以维护。

(7) 仪器要有档案和使用及维护记录。

(8) 产品在运输中应防雨、防潮，避免强烈的震动与撞击。

六、防雷接地装置

防雷接地装置是埋入土壤中用作散流的导体，通过向大地泄放雷电流使防雷装置对地电压不致过高。其接地电阻越小越好，独立的防雷接地装置的电阻应小于等于 4 Ω。在接地电阻满足要求的前提下，防雷接地装置可以和其他接地装置

共用。

通常用埋设于土壤中的人工垂直接地体(宜采用角钢、圆钢、钢管)或人工水平接地体(宜采用圆钢、扁钢)等形式作为接地装置。

七、防静电接地

1. 静电接地装置

静电接地装置由接地线和接地极 2 部分组成。

(1) 接地线。

接地线必须有良好的导电性能、适当的截面积和足够的强度。油罐、管道、装卸设备的接地线常使用厚度不小于 4 mm、截面积不小于 48 mm^2 的扁钢;油罐汽车可用直径不小于 6 mm 的铜线或铝线;橡胶管一般用直径 3～4 mm 的多股铜线。

(2) 接地极。

接地极应使用直径 50 mm、长 2.5 m、管壁厚度不小于 3 mm 的钢管,清除管子表面的铁锈和污物(不要进行防腐处理),挖一个深约 0.5 m 的坑,将接地极垂直打入坑底土中。接地极应尽量埋在湿度大、地下水位高的地方。接地极与接地线间的所有接点均应拴接或卡接,确保接触良好。

2. 检查维护

(1) 应定期检查静电接地装置的技术状况,确保其完好。

(2) 用仪器定期检测静电接地装置的电阻值,如发现不符合要求,应及时修复。

八、人体静电释放器

人体静电释放器是一种由不锈钢制成的人体静电泄放装置,如图 5-28 所示。其内设置一个无源电路系统,当人体触摸钢球时,能将自身所携带的静电通过此装置受控、匀压、匀流地泄放到大地中,从而避免因静电放电而存在火灾隐患。

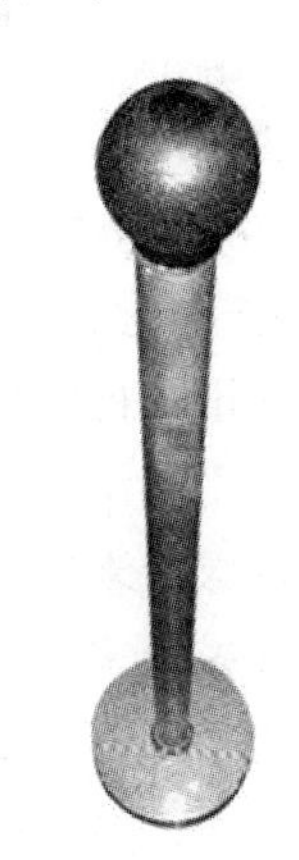

图 5-28 人体静电释放器

九、绝缘棒

1. 作用

绝缘棒主要用于接通或断开隔离开关、跌落式熔断器,装卸携带型接地线以及带电测量和试验等。

2. 类型

根据其制作材料及外形的不同,绝缘棒可分为实心棒、空心管和泡沫填充管 3 类。其长度可按电压等级及使用场合而定,为便于携带和使用方便,将其制成多段，各段之间用金属螺丝连接，使用时可拉长、缩短。

3. 结构原理

绝缘棒一般用电木、胶木、环氧玻璃棒或环氧玻璃布管制成，如图 5-29 所示。

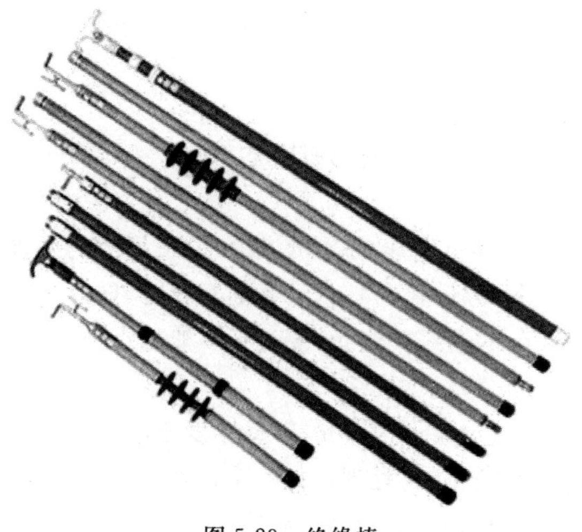

图 5-29 绝缘棒

4. 使用要求

(1) 检查绝缘棒是否在检验有效期内，要求每 6 个月检验一次。

(2) 使用前必须核对绝缘棒的电压等级与所操作电气设备的电压等级是否相同。

(3) 使用绝缘棒时，工作人员应戴绝缘手套、穿绝缘靴，以加强绝缘棒的保护作用。

5. 不安全行为

(1) 使用未检验的绝缘棒。

(2) 使用绝缘棒未戴绝缘手套、未穿绝缘靴。

(3) 绝缘棒未存放在干燥的地方。

(4) 绝缘棒未放在特制的架子上，或未垂直悬挂在专用挂架上。

(5) 绝缘棒与其他物品碰撞导致表面绝缘层损坏。

第六章　应急管理

第一节　应急预案

应急预案又称应急计划，是针对可能发生的重大事故(件)或灾害，为保证迅速、有序、有效地开展应急与救援行动，降低事故损失而预先制订的有关计划或方案。具体到基层单位和岗位，应急预案相对简单，一般称之为应急程序，主要包括应急组织、应急报告、应急指挥和应急处置。

(1) 应急组织。基层单位成立由队(站)长、指导员任组长，副队长任副组长，班组长及岗位职工为成员的应急指挥小组，明确指挥序列、各岗位应急职责和处置措施。

(2) 应急报告。发现事件第一人，应立即拨打 119、120 等报警电话，随后向队值班干部进行汇报，报告内容包括(但不限于)：单位名称、发生时间、地点和部位、装置名称或介质名称、容器容积、事件波及范围、人员伤亡情况、事件简要情况、已采取的措施、其他救援要求等。

(3) 应急指挥。按照应急程序指挥序列，班组长成为现场总指挥，在队应急小组成员到达现场后，班组长向队干部移交现场指挥权，待三级单位应急处置人员到达现场后，队干部向三级领导移交现场指挥权，三级领导指挥现场应急处置。

(4) 应急处置。

应急预案的一般处置流程如图 6-1 所示。

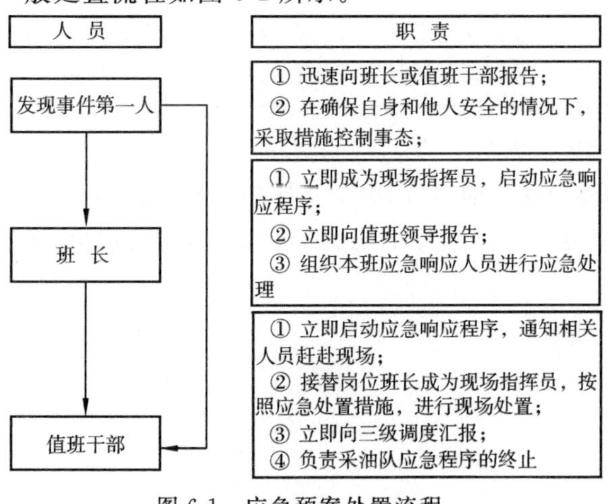

图 6-1　应急预案处置流程

① 火灾应急处置。

火灾事故是指在原油生产、储存、运输等环节发生的火势较小，易于控制或扑灭的火灾事故。当现场火势不能扑灭时，按照表 6-1 中的程序实施救援。

表 6-1　火灾应急处置程序

步　骤	处　置	负责人
报　警	报火警(119)，同时向班长报告	发现火情第一人
	向队值班干部报告	班长或发现火情第一人
报　警	向三级调度室汇报	值班干部
切断泄漏源	戴好绝缘手套，切断电源、气源及相关流程	班长或发现火情第一人
应急程序启动	组织应急小组人员进行灭火，控制事态	队长或值班干部
现场指挥	向三级调度和主管领导汇报现场情况	队长或值班干部
人员疏散	组织现场与抢险无关的人员撤离	值班干部或班长
接应救援	安排专人引导救援队伍、车辆到达灭火现场	队长或值班干部
伤员救护	对受伤人员进行紧急处理，送急救中心(120)	队应急人员
注意事项	① 进入火区的应急小组人员须穿防护服，现场指挥人员必须佩戴明显标志； ② 人员疏散应根据风向标的指示，撤离至上风方向的紧急集合点，并清点人数； ③ 施工人员疏散时应关闭现场阀门，切断用电电源； ④ 报警时须讲明着火地点、着火介质、火势、人员伤亡情况； ⑤ 操作灭火器时应站在上风方向	

② 机械伤害应急处置。

机械伤害事故多发于抽油机、电动机等机械设备的旋转部位。当发生机械伤害事故时，应戴好绝缘手套，立即停止运转设备，若伤势严重，按照表 6-2 中的程序实施救援。

表 6-2　机械伤害应急处置程序

步　骤	处　置	负责人
报　警	拨打 120 救援电话	现场第一发现人
	向班长或值班干部报告	现场人员或班长
	向三级安全组和调度室汇报	队长或值班干部
应急程序启动	通知应急小组人员增援	队长或值班干部
现场救护	将受伤人员转移到安全地带，实施止血、包扎等现场紧急救护	班　长
接应救援	安排专人引导救援队伍、车辆到达救援现场	队应急人员
	帮助 120 救治受伤人员	队应急人员
注　意	① 进入现场的应急小组人员须懂得现场救护； ② 施工人员疏散及现场抢救时应保证现场秩序，不得妨碍现场救治； ③ 报警时须讲明地点、人员伤害情况； ④ 组织人员给 120 救护车指引方向，给现场救护赢得时间	

③ 高处坠落应急处置。

高空坠落事故多发于登高攀爬、高处作业等环节。首先检查受伤人员体征状况，当伤势严重时，按照表 6-3 中的程序实施救援。

表 6-3　高处坠落应急处置程序

步　骤	处　置	负责人
报　警	拨打 120 救援电话	现场第一发现人
	向班长或值班干部报告	现场人员或班长
	向三级安全组和调度室汇报	队长或值班干部
应急程序启动	通知应急小组人员增援	队长或值班干部
现场救护	将受伤人员转移到安全地带，实施止血、包扎等现场紧急救护	班　长
接应救援	安排专人引导救援队伍、车辆到达救援现场	队应急人员
	帮助 120 救治受伤人员	队应急人员

续表 6-3

步　骤	处　置	负责人
注　意	① 进入现场的应急小组人员须懂得现场救护； ② 抢救时应保证现场秩序，不得妨碍现场救治； ③ 报警时须讲明地点、人员伤害情况； ④ 组织人员给 120 救护车指引方向，给现场救护赢得时间	

④ 触电应急处置。

触电事故多发于拉、合电源控制开关，启、停用电设备等用电操作环节。当现场发生触电事故时，首先应戴好绝缘手套，切断电源，使触电者脱离带电体。若触电人员不能得到有效救治，按照表 6-4 中的程序实施救援。

表 6-4　触电应急处置程序

步　骤	处　置	负责人
报　警	拨打 120 救援电话	现场第一发现人
	向班长或值班干部报告	现场人员或班长
	向三级安全组和调度室汇报	队长或值班干部
应急程序启动	通知应急小组人员增援	队长或值班干部
现场救护	将受伤人员转移到安全地带，应用人工呼吸、心脏复苏方法施行急救	班　长
接应救援	安排专人引导救援队伍、车辆到达救援现场	队应急人员
	帮助 120 救治受伤人员	队应急人员
注　意	① 人员触电后，在保证个人安全的前提下，必须在第一时间切断电源； ② 进入现场的应急小组人员须懂得现场救护； ③ 抢救时应保证现场秩序，不得妨碍现场救治； ④ 报警时须讲明地点、人员伤害情况； ⑤ 组织人员给 120 救护车指引方向，给现场救护赢得时间	

⑤ 中暑应急处置。

中暑事故多发于夏季野外作业或进入高温、高湿度受限空间作业等环节。当发生人员中暑时，首先将中暑人员移至阴凉通风处，解开领口衣扣进行降温。若中暑人员症状不能得到有效缓解时，按照表 6-5 中的程序进行救援。

表 6-5 中暑应急处置程序

步 骤	处 置	负责人
报 警	拨打 120 救援电话	现场第一发现人
	向班长或值班干部报告	现场人员或班长
	向三级安全组和调度室汇报	队长或值班干部
应急程序启动	通知应急小组人员增援	队长或值班干部
现场救护	使用清凉饮料缓解中暑症状	班 长
	口服人丹等急救药品控制症状	班 长
接应救援	安排专人引导救援队伍、车辆到达救援现场	队应急人员
	帮助 120 救治受伤人员	队应急人员
注 意	① 检查中暑人员中暑的程度,视程度轻重采取救治措施; ② 进入现场的应急小组人员须懂得现场救护; ③ 抢救时应保证现场秩序,不得妨碍现场救治; ④ 报警时须讲明地点、人员伤害情况; ⑤ 组织人员给 120 救护车指引方向,给现场救护赢得时间; ⑥ 因中暑引发其他突发事件,启动相应应急程序	

⑥ 生产井井喷失控应急处置。

生产井井喷多因井口配件不全,地层压力突然升高,导致失控事故,可按表 6-6 中的程序进行处置。

表 6-6 生产井井喷失控应急处置程序

步 骤	处 置	负责人
报 警	向班长或值班干部报告	发现井喷第一人
	向队值班干部报告	班 长
	向三级调度室汇报	值班干部
现场应急处理	戴好绝缘手套停井、切断电源	班 长
	关闭井口回压闸门或安装闸门	班组成员
	关闭计量站闸门	班组成员
人员疏散	组织现场与抢险无关的人员撤离	值班干部或班长
接应救援	安排专人引导救援队伍、车辆到达灭火现场	队应急人员

续表 6-6

步　骤	处　置	负责人
警　戒	划定警戒范围，阻止无关人员进入抢险区域，禁止将火种带入抢险区域	队应急人员
注　意	① 抢喷时必须有专人指挥； ② 必须使用专用工具； ③ 设置危险区，并设置明显标志，危险区内严禁吸烟动火； ④ 抢险车辆安装防火帽，不允许其他车辆进入危险区	

⑦ 油井或管线泄漏污染应急处置。

油井或管线泄漏污染事故多发于野外作业或管线设备老化等环节，可按表6-7中的程序进行处置。

表 6-7　油井或管线泄漏污染应急处置程序

步　骤	处　置	负责人
报　警	拨打电话，向班长或值班干部报告	现场第一发现人
	向三级安全环保组和调度室汇报	队长或值班干部
应急程序启动	通知应急小组人员增援	队长或值班干部
现场指挥	向三级调度和主管领导汇报现场情况	队长或值班干部
人员疏散	组织现场与抢险无关的人员撤离	值班干部或班长
处置与恢复	安排专人切断电源和泄漏流程	队应急人员
	采取污染防控措施，防止污染扩散	队应急人员
	抢修泄漏流程	队应急人员
	恢复生产	队长或值班干部
	治理污染，恢复原地貌	污染治理队伍
注　意	报警时须讲明地点、泄漏情况； 组织人员给应急抢修人员指引方向，给现场处置赢得时间； 如引发其他突发事件，启动相应应急程序	

第二节　应急设备与器材

应急设备与器材是指为应对油气生产开发过程中出现的各类生产突发事件、严重自然灾害、突发性公共卫生事件、水体污染事件等应急处置过程中所必需的保障性物质。从广义上概括，凡是在处置突发事件应对过程中所用的物资都可以称为应急设备与器材。目前，基层队站的主要应急器材包括消防器材、抢险器材、救护器材、环境保护器材。

一、消防器材

（1）消防斧。主要用于发生火灾时清理着火或易燃材料，切断火势蔓延的途径，劈开被烧变形的门窗，解救被困人员。消防斧的斧头应采用符合标准技术要求的钢材制造。斧头不得有裂纹、夹层、锈斑现象，涂漆表面应光滑，色泽均匀一致，无漏漆、起泡、剥落和缩皱现象。斧柄应采用硬质木材，表面应光滑，无腐朽、节疤和虫蛀孔，并涂清漆。消防斧应贮存在干燥、通风、无腐蚀性化学物品的场所。

（2）消防锹。主要用于铲取消防砂灭火。锹柄应采用硬质木材，表面应光滑，无腐朽、节疤和虫蛀孔，并涂清漆。消防锹应贮存在干燥、通风、无腐蚀性化学物品的场所。

（3）消防桶。消防桶是扑救火灾时用于盛装黄沙，扑灭油脂、镁粉等燃烧物；也可用于盛水，扑灭一般物质的初起火灾

（4）消防砂。砂池应保持一定干湿度，不宜太湿润。若砂池有拉门，砂池拉门应保持良好，门一般不上锁。砂池附近应保留至少 2 把消防锹。

消防器材配备见表 6-8。

表 6-8　消防器材配备

序号	名　称	配备数量	位　置
1	消防斧	2 把	设置于计量站外便于取用的地方
2	消防锹	2 把	设置于计量站外便于取用的地方
3	消防桶	2 只	设置于计量站外便于取用的地方
4	消防砂	1 m^3	设置于计量站外便于取用的地方

二、抢险器材

抢险器材配备见表 6-9。

表 6-9　抢险器材配备

序号	名　称	配备数量	位　置
1	铁　锹	4 把	基层队应急库房
2	手钢锯	4 把	基层队应急库房
3	300 mm 扳手	4 把	基层队应急库房
4	375 mm 扳手	4 把	基层队应急库房
5	600 mm 管钳	2 把	基层队应急库房
6	900 mm 管钳	2 把	基层队应急库房
7	1 200 mm 管钳	2 把	基层队应急库房
8	卡　子	4 把	基层队应急库房
9	5 kg 锤头	2 把	基层队应急库房
10	0.75 kg 锤头	2 把	基层队应急库房
11	250 闸门	4 只	基层队应急库房
12	井口法兰	1 个	基层队应急库房
13	可燃气体检测仪	1 个	基层队应急库房
14	H_2S 气体检测仪	1 个	基层队应急库房
15	基层钢圈	12 个	基层队应急库房
16	卡　箍	2 个	基层队应急库房
17	卡箍螺丝	24 个	基层队应急库房
18	卡箍头	6 个	基层队应急库房

三、救护器材

基层单位班组应配置急救包，主要包括：速效止血粉、止血带、纱布、绷带、三角巾、一次性手套、固定夹板、剪刀等。

四、环境保护器材

1. 吸油毡

吸油毡是以 100%聚丙烯为原料制成的超细纤维吸附材料，为油类及石油类液体专用吸附棉。吸油毡主要用于海事船舶、水面溢油应急处理，尤其适用于处理大面积原油的溢漏油事故，具有只吸油、不亲水、比重小、吸油倍数高、吸油速度快、吸油前后浮于水面、不变形的优点。

2. 固体浮子式PVC围油栏

固体浮子式PVC围油栏是一种经济通用围油栏，用于拦截水面上溢油和其他漂浮物，特别适合在水面上长期布放。可用于河流、水池等水域。固体浮子式PVC围油栏的性能特点有：

(1) 受力状态好、整体强度高、使用寿命长。

(2) 水中姿态好、稳定、滞油能力强。

(3) 乘波性好、布放方便。

(4) 易清洗、易维修。

固体浮子式PVC围油栏的结构特征有：

(1) 双面涂覆PVC增强塑料布为栏体材料。

(2) 上、中、下各有脊绳，加强带和配重链为纵向受力元件，使围油栏裙体在水流中形成水下滞油凹面，并使围油栏柔性段形成水上滞油凹面。

(3) 横木型浮子，浮子间有柔性段。

(4) 每节4.20 m，节间连接方便。

(5) 每节围油栏有固锚座。

第三节　应急演练

一、应急演练计划

演练组织单位根据实际情况，并依据相关法律法规和应急预案的规定，制订年度应急演练计划，原则上每季度演练次数不少于一次，内容包括着火、触电、井喷失控、机械伤害等。

二、应急演练组织

(1) 确定演练目的，明确开展应急演练的原因、演练要解决的问题和期望达到的效果等。

(2) 分析演练需求，在对事先设定事件的风险及应急预案进行认真分析的基础上，确定需调整的演练人员、需锻炼的技能、需检验的设备、需完善的应急处置流程和需进一步明确的职责等。

(3) 确定演练范围，演练事件类型、等级、地域、参演机构及人数、演练方式等。准备工作就绪后，开展演练。

三、应急演练评价

应急演练评价是全面分析演练记录及相关资料的基础上，对比参演人员表现与演练目标要求，对演练活动及其组织过程做出客观评价，并编写演练评价报告的过程。演练评价报告的主要内容包括：单位、类型、级别、地点、时间、存在问题及改进措施，具体见表 6-10。

表 6-10　应急预案演练评价报告

<table>
<tr><td>单　位</td><td></td><td>应急预案类型</td><td></td><td>级　别</td><td></td></tr>
<tr><td>地　点</td><td colspan="5"></td></tr>
<tr><td>起止时间</td><td colspan="5">从　年　月　日　时　分开始到　时　分结束</td></tr>
<tr><td colspan="6">应急组织：
现场指挥：　　　　　副指挥：
参加人员(签名)：</td></tr>
<tr><td colspan="6">演练过程：

记录人：
签　名：
年　月　日</td></tr>
</table>

参考文献

[1] 罗英俊.采油技术手册上册、下册.北京:石油工业出版社,2006.

[2] 张琪.采油工程原理与设计.东营:中国石油大学出版社,2006.

[3] 邹艳霞.采油工艺技术.北京:石油工业出版社,2011.

[4] 卢世红.中国石油化工集团公司安全生产监督管理制度.北京:中国石化出版社,2004.

[5] 唐磊.采油基本技能操作读本.北京:石油工业出版社,2006.